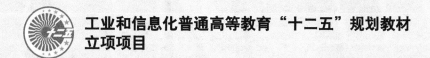

工业和信息化普通高等教育"十二五"规划教材立项项目

高等数学

（下册）

保定学院 数学与计算机系 编

U0318902

人民邮电出版社

北 京

图书在版编目（CIP）数据

高等数学. 下册 / 保定学院数学与计算机系编. --
北京 ：人民邮电出版社，2014.2（2020.1重印）
ISBN 978-7-115-34110-5

Ⅰ. ①高… Ⅱ. ①保… Ⅲ. ①高等数学－高等职业教
育－教材 Ⅳ. ①013

中国版本图书馆CIP数据核字 (2013) 第313504号

内 容 提 要

　　本书系统介绍了高等数学的基本概念、基本理论和基本方法，分为上、下两册. 上册含函数、极限和连续，导数与微分，微分中值定理与导数的应用，不定积分，定积分及其应用. 下册含向量代数与空间解析几何、多元函数微分学、多元函数积分学、无穷级数、常微分方程等内容. 每章均配有习题，书末附有习题参考答案，便于教与学.

　　本书还引入数学工具软件 Matlab，配合书中内容，介绍了用 Matlab 解数学问题的基本方法.

　　本书可用作高等理工科院校、综合性大学及高等师范院校（非数学专业）少学时的高等数学课程教材.

◆ 编　　　　　保定学院 数学与计算机系
　　责任编辑　李海涛
　　责任印制　彭志环　焦志炜

◆ 人民邮电出版社出版发行　　北京市丰台区成寿寺路 11 号
　　邮编　100164　电子邮件　315@ptpress.com.cn
　　网址　http://www.ptpress.com.cn
　　涿州市京南印刷厂印刷

◆ 开本：700×1000　1/16
　　印张：15.5　　　　　　　　2014 年 2 月第 1 版
　　字数：290 千字　　　　　　2020 年 1 月河北第 5 次印刷

定价：35.00 元

读者服务热线：(010)81055256　印装质量热线：(010)81055316
反盗版热线：(010)81055315

前言

近年来，随着我国经济建设与科学技术的飞速发展，高等教育进入了一个飞速发展时期，已经突破了以前的精英教育模式，发展成为一种在终身学习的大背景下极具创造性和再创造的基础教育．高等学校教育理念不断更新，教学改革不断深入，办学规模不断扩大，数学课程开设的专业覆盖面也不断扩大．数学课程的教育意义已经不再满足于为其他学科提供基础知识的工具性属性，而定位于思维方法的养成训练教育．严谨的数学思维方法将惠及几乎所有的学科领域，高等学校作为培育人才的摇篮，其数学课程的开设具有特别重要的意义．

本教材是依据"高等教育面向 21 世纪教学内容和课程体系改革计划"而编写的，教材的内容主要包括函数的极限理论、连续函数及其性质、导数微分及其应用、多元函数微分学、多元函数积分学、向量代数与空间解析几何、无穷级数及常微分方程等．

本教材是为普通高等学校非数学专业学生编写的．教材中概念、定理及理论叙述准确，知识点突出，难点分散，证明和计算过程严谨，例题讲解突出解题过程的规范性，突出解题思路形成过程，突出解题思维的可视化．

本书《高等数学（下册）》编写分工为：第 6 章由王新哲、王鑫编写；第 7 章由程宇编写；第 8 章由李华君、崔嵬编写；第 9 章由王淑燕编写；第 10 章由白红信编写；书中数学史话部分由庞晓丽编写，MATLAB 由周和月、纪跃编写．本书由周和月统稿．

由于编者水平有限，书中难免存在错误和不妥之处，恳切希望广大读者批评指正．

编　者
2013 年 12 月

目录

Contents

第6章　向量代数与空间解析几何

向量是研究空间解析几何的工具，空间解析几何是学习高等数学的基础. 解析几何是用代数的方法研究几何问题的一门学科. 本章简要介绍向量的基本概念、运算以及空间解析几何的基础知识。

重点难点提示

知 识 点	重　点	难　点	要　求
向量的概念及其线性运算	●		理解
向量的坐标	●		掌握
向量的数量积和向量积	●	●	掌握
曲面方程及其常用曲面	●	●	掌握
空间曲线及其方程			了解
平面方程	●		掌握
直线方程	●		掌握
用 Matlab 绘制空间几何图形			掌握

6.1　二、三阶行列式简介

6.1.1　二阶行列式

二阶行列式起源于用消元法解二元线性方程组 $\begin{cases} a_{11}x_1 + a_{12}x_2 = b_1 & \cdots\cdots(1) \\ a_{21}x_1 + a_{22}x_2 = b_2 & \cdots\cdots(2) \end{cases}$.

把 $(1) \times a_{22} - (2) \times a_{12}$ 得 $(a_{11}a_{22} - a_{12}a_{21})x_1 = b_1 a_{22} - a_{12}b_2$，

当 $a_{11}a_{22} - a_{12}a_{21} \neq 0$ 时，则 $x_1 = \dfrac{b_1 a_{22} - a_{12}b_2}{a_{11}a_{22} - a_{12}a_{21}}$.

同理，$x_2 = \dfrac{a_{11}b_2 - b_1 a_{21}}{a_{11}a_{22} - a_{12}a_{21}}$.

为了便于记忆，引入记号 $\begin{vmatrix} a_{11} & a_{12} \\ a_{21} & a_{22} \end{vmatrix} = a_{11}a_{22} - a_{12}a_{21}$，称它为**二阶行列式**，其中 $a_{ij}\ (i, j = 1, 2)$ 表示第 i 行第 j 列的元素.

二阶行列式的计算规则：

$$\begin{vmatrix} a_{11} & a_{12} \\ a_{21} & a_{22} \end{vmatrix}$$

$$-\qquad\qquad +$$

令 $D = \begin{vmatrix} a_{11} & a_{12} \\ a_{21} & a_{22} \end{vmatrix}$, $D_1 = \begin{vmatrix} b_1 & a_{12} \\ b_2 & a_{22} \end{vmatrix}$, $D_2 = \begin{vmatrix} a_{11} & b_1 \\ a_{21} & b_2 \end{vmatrix}$.

当 $D \neq 0$ 时，二元线性方程组的解为 $x_1 = \dfrac{D_1}{D}, x_2 = \dfrac{D_2}{D}$.

6.1.2　三阶行列式

同样，三阶行列式起源于用消元法解三元线性方程组 $\begin{cases} a_{11}x_1 + a_{12}x_2 + a_{13}x_3 = b_1 \\ a_{21}x_1 + a_{22}x_2 + a_{23}x_3 = b_2 \\ a_{31}x_1 + a_{32}x_2 + a_{33}x_3 = b_3 \end{cases}$.

经计算消去 x_2, x_3，得

$$x_1 = \frac{b_1 a_{22} a_{33} + a_{12} a_{23} b_3 + a_{13} b_2 a_{32} - a_{13} a_{22} b_3 - a_{12} b_2 a_{33} - b_1 a_{23} a_{32}}{a_{11} a_{22} a_{33} + a_{12} a_{23} a_{31} + a_{13} a_{21} a_{32} - a_{13} a_{22} a_{31} - a_{12} a_{21} a_{33} - a_{11} a_{23} a_{32}},$$

为了便于记忆，引入记号

$$\begin{vmatrix} a_{11} & a_{12} & a_{13} \\ a_{21} & a_{22} & a_{23} \\ a_{31} & a_{32} & a_{33} \end{vmatrix} = a_{11} a_{22} a_{33} + a_{12} a_{23} a_{31} + a_{13} a_{21} a_{32} - a_{13} a_{22} a_{31} - a_{12} a_{21} a_{33} - a_{11} a_{23} a_{32},$$

称它为**三阶行列式**，其中 a_{ij} $(i, j = 1, 2, 3)$ 表示第 i 行第 j 列的元素.

三阶行列式计算规则：

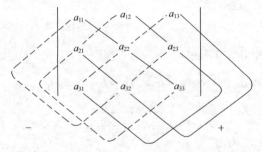

三阶行列式可以用二阶行列式表示：

$$\begin{vmatrix} a_{11} & a_{12} & a_{13} \\ a_{21} & a_{22} & a_{23} \\ a_{31} & a_{32} & a_{33} \end{vmatrix} = a_{11} \begin{vmatrix} a_{22} & a_{23} \\ a_{32} & a_{33} \end{vmatrix} - a_{12} \begin{vmatrix} a_{21} & a_{23} \\ a_{31} & a_{33} \end{vmatrix} + a_{13} \begin{vmatrix} a_{21} & a_{22} \\ a_{31} & a_{32} \end{vmatrix}.$$

【例6.1】　计算三阶行列式 $\begin{vmatrix} 2 & -4 & -3 \\ 5 & 0 & 1 \\ 6 & -5 & 8 \end{vmatrix}$ 的值.

解　方法一：$\begin{vmatrix} 2 & -4 & -3 \\ 5 & 0 & 1 \\ 6 & -5 & 8 \end{vmatrix}$

$= 2 \times 0 \times 8 + 5 \times (-5) \times (-3) + 6 \times 1 \times (-4) - (-3) \times 0 \times 6 - (-4) \times 5 \times 8 - 2 \times (-5) \times 1$

$= 221.$

方法二：$\begin{vmatrix} 2 & -4 & -3 \\ 5 & 0 & 1 \\ 6 & -5 & 8 \end{vmatrix} = 2 \times \begin{vmatrix} 0 & 1 \\ -5 & 8 \end{vmatrix} - (-4) \begin{vmatrix} 5 & 1 \\ 6 & 8 \end{vmatrix} + (-3) \begin{vmatrix} 5 & 0 \\ 6 & -5 \end{vmatrix} = 221.$

令　$D = \begin{vmatrix} a_{11} & a_{12} & a_{13} \\ a_{21} & a_{22} & a_{23} \\ a_{31} & a_{32} & a_{33} \end{vmatrix}$，$D_1 = \begin{vmatrix} b_1 & a_{12} & a_{13} \\ b_2 & a_{22} & a_{23} \\ b_3 & a_{32} & a_{33} \end{vmatrix}$，

$D_2 = \begin{vmatrix} a_{11} & b_1 & a_{13} \\ a_{21} & b_2 & a_{23} \\ a_{31} & b_3 & a_{33} \end{vmatrix}$，$D_3 = \begin{vmatrix} a_{11} & a_{12} & b_1 \\ a_{21} & a_{22} & b_2 \\ a_{31} & a_{32} & b_3 \end{vmatrix}$.

当 $D \neq 0$ 时，三元线性方程组的解为 $x_1 = \dfrac{D_1}{D}, x_2 = \dfrac{D_2}{D}, x_3 = \dfrac{D_3}{D}$.

习题 6-1

1．计算下列二、三阶行列式.

（1）$\begin{vmatrix} -1 & 2 \\ 3 & 5 \end{vmatrix}$，　　　　（2）$\begin{vmatrix} 1 & 2 & 3 \\ 4 & 5 & 6 \\ 7 & 8 & 9 \end{vmatrix}$.

2．求线性方程组 $\begin{cases} 2x - y = 3 \\ 3x + y = 2 \end{cases}$ 的解.

6.2　向量及其线性运算

6.2.1　向量的概念

在科学技术和日常生活中，我们除用到数量（只有大小的量）外，还要用到一种量，它不仅有大小而且有方向，如：力、位移、速度、加速度等，称这种量为**向量（矢量）**.

我们用有向线段⃗ 表示向量，其中有向线段的长度表示向量的大小，有向线

段的方向表示向量的方向. 有向线段的起点和终点分别称为**向量的起点和终点**，以点 A 为起点、点 B 为终点的向量记为 $\overrightarrow{AB}$.

向量也用黑体字母或在字母上加箭头表示，例如，$\boldsymbol{a}$、$\boldsymbol{r}$、$\boldsymbol{v}$、$\boldsymbol{F}$ 或 $\vec{a}$、$\vec{r}$、$\vec{v}$、$\vec{F}$.

向量的大小称为**向量的模（长度）**，记作 $|\boldsymbol{a}|$. 模等于 1 的向量称为**单位向量**，记作 $\boldsymbol{e}$ ；与向量 $\boldsymbol{a}$ 方向相同的单位向量称为**向量 $\boldsymbol{a}$ 的单位向量**，记作 $\boldsymbol{e}_a$ ；模等于 0 的向量称为**零向量**，记作 $\boldsymbol{0}$。**规定**：零向量的方向是任意的.

由于数学上关注的是向量的大小和方向，不考虑它的起点的位置，称这种向量为**自由向量**，简称**向量**，今后我们讨论自由向量.

定义 6.1 如果向量 $\boldsymbol{a}$ 和 $\boldsymbol{b}$ 的大小相等，且方向相同，称**向量 $\boldsymbol{a}$ 和 $\boldsymbol{b}$ 相等**，记作 $\boldsymbol{a} = \boldsymbol{b}$.

显然，经过平行移动后完全重合的向量相等.

定义 6.2 如果向量 $\boldsymbol{a}$ 和 $\boldsymbol{b}$ 的大小相等，但方向相反，称**向量 $\boldsymbol{b}$ 为向量 $\boldsymbol{a}$ 的负向量**，记作 $\boldsymbol{b} = -\boldsymbol{a}$.

显然，向量 $\overrightarrow{BA}$ 是向量 $\overrightarrow{AB}$ 的负向量.

定义 6.3 如果把两个向量 $\boldsymbol{a}$ 与 $\boldsymbol{b}$ 的起点放在同一点，它们的终点和公共起点在同一条直线上，称**向量 $\boldsymbol{a}$ 与 $\boldsymbol{b}$ 平行或共线**，记作 $\boldsymbol{a} /\!/ \boldsymbol{b}$.

显然，零向量与任何一个向量都平行.

定义 6.4 如果把向量 $a_1, a_2, \ldots, a_k$ $(k \geqslant 3)$ 的起点放在同一点，它们的终点和公共起点在同一个平面上，称**向量 $a_1, a_2, \ldots, a_k$ 共面**.

定义 6.5 将两个非零向量 $\boldsymbol{a}$ 与 $\boldsymbol{b}$ 的起点放在同一点，它们所在的射线之间的夹角 θ （$0 \leqslant \theta \leqslant \pi$）称为**向量 $\boldsymbol{a}$ 与 $\boldsymbol{b}$ 的夹角**，记作 $\angle(\boldsymbol{a}, \boldsymbol{b})$.

规定：零向量与任何一个向量的夹角为 0 到 π 之间的任意值.

定义 6.6 如果两个非零向量 $\boldsymbol{a}$ 与 $\boldsymbol{b}$ 的夹角 $\angle(\boldsymbol{a}, \boldsymbol{b}) = \dfrac{\pi}{2}$ ，称**向量 $\boldsymbol{a}$ 与 $\boldsymbol{b}$ 垂直**，记作 $\boldsymbol{a} \perp \boldsymbol{b}$.

显然，如果 $\angle(\boldsymbol{a}, \boldsymbol{b}) = 0$ 或 π ，则 $\boldsymbol{a} /\!/ \boldsymbol{b}$.

6.2.2 向量的线性运算

1. 向量的加法

定义 6.7 设 $\boldsymbol{a}$、$\boldsymbol{b}$ 为两个向量，平移向量 $\boldsymbol{b}$，让 $\boldsymbol{b}$ 的起点与 $\boldsymbol{a}$ 的终点重合，从 $\boldsymbol{a}$ 的起点向 $\boldsymbol{b}$ 的终点作向量 $\boldsymbol{c}$，称向量 $\boldsymbol{c}$ 为向量 $\boldsymbol{a}$ 与 $\boldsymbol{b}$ 的和，记作 $\boldsymbol{a} + \boldsymbol{b}$，如图 6-1 所示.

称此运算法则为**加法的三角形法则**.

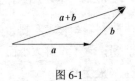

图 6-1

定义 6.8 设 a，b 为两个不平行的向量，让 a，b 的起点重合在点 A 处，以 a、b 为邻边作平行四边形 $ABCD$，从公共起点 A 到对角顶点 C 作向量 $\overrightarrow{AC}$，称向量 $\overrightarrow{AC}$ 为向量 a 与 b 的和 $a+b$. 如图 6-2 所示.

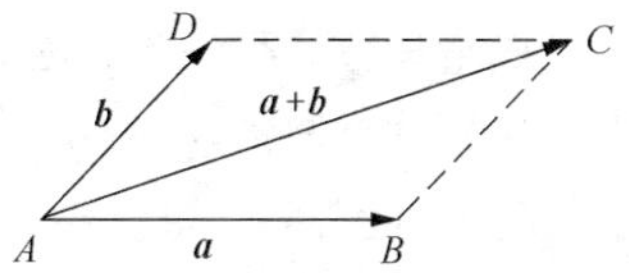

图 6-2

称此运算法则为**加法的平行四边形法**.

向量的加法满足如下运算规律：

（1）交换律：$a+b=b+a$；

（2）结合律：$(a+b)+c=a+(b+c)$；

（3）$a+0=a$；

（4）$a+(-a)=0$.

由于向量的加法满足交换律和结合律，n 个向量 $a_1,a_2,...,a_n(n\geqslant 3)$ 的和记作 $a_1+a_2+...+a_n$.

让第一个向量 a_1 的终点与第二个向量 a_2 的起点重合，让第二个向量 a_2 的终点与第三个向量 a_3 的起点重合，依次类推，从第一个向量 a_1 的起点向最后一个向量 a_n 的终点作向量 c，称向量 c 为向量 $a_1,a_2,\cdots,a_n(n\geqslant 3)$ 的和，记作 $a_1+a_2+...+a_n$，如图 6-3 所示.

称此运算法则为**加法的多边形法则**.

2．向量的减法

定义 6.9 设 a，b 为两个向量，称向量 $a-b=a+(-b)$ 为向量 a 与 b 的差，记作 $a-b$.

让向量 a，b 的起点重合，从向量 b 的终点向向量 a 的终点作向量 c，则 $c=a-b$. 如图 6-4 所示.

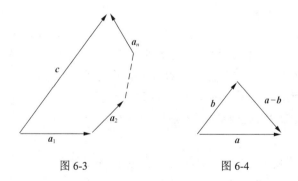

图 6-3   图 6-4

称此运算法则为**减法的三角形法则**.

向量的加、减法满足三角不等式：$|a\pm b|\leqslant|a|+|b|$.

3．向量与数的乘法

定义 6.10 设 a 为向量，λ 为实数，记 λa 为一个向量，其中 λa 的模 $|\lambda a|=|\lambda||a|$，λa 的方向：当 $\lambda>0$ 时，λa 与 a 同向；当 $\lambda<0$ 时，λa 与 a 反向，称向量 λa 为向

量 a 与实数 λ 的乘积，记作 λa.

向量与数的乘法满足如下运算规律：

（1）结合律：$\lambda(\mu a)=\mu(\lambda a)=(\lambda\mu)a$；

（2）分配律：$(\lambda+\mu)a=\lambda a+\mu a$；$\lambda(a+b)=\lambda a+\lambda b$.

向量的加法和数与数量的乘法称为**向量的线性运算**.

【例 6.2】 如图 6-5 所示，在平行四边形 $ABCD$ 中，设 $\overrightarrow{AB}=a$，$\overrightarrow{AD}=b$.

试用向量 a，b 表示向量 $\overrightarrow{MA}$、$\overrightarrow{MD}$.

解 由平行四边形的对角线互相平分知：

$$a+b=\overrightarrow{AC}=2\overrightarrow{AM}，$$

故 $\overrightarrow{MA}=-\dfrac{1}{2}(a+b)$.

$b-a=\overrightarrow{BD}=2\overrightarrow{MD}$，故 $\overrightarrow{MD}=\dfrac{1}{2}(b-a)$.

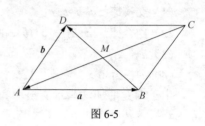

图 6-5

利用数与向量的乘法可把向量 a 表示为：$a=|a|e_a$.

如果向量 $a\neq0$，则 a 的单位向量 $e_a=\dfrac{\alpha}{|\alpha|}$. 称此过程为**向量 a 的单位化**.

定理 6.1 设向量 $a\neq0$，则向量 b 与 a 平行 $\Leftrightarrow$ 存在唯一一个实数 λ，使得 $b=\lambda a$.

定理 6.2 设向量 a，b 不共线，则向量 r，a，b 共面 $\Leftrightarrow$ 存在唯一一对实数 λ,μ，使得 $r=\lambda a+\mu b$.

6.2.3 向量的坐标

1. 空间直角坐标系

在空间中选定一点 O，过点 O 作三条互相垂直的数轴，依次记为 x 轴(横轴)、y 轴(纵轴)、z 轴(竖轴)，这三条数轴都以点 O 为原点、有相同的单位长度，且它们的正向符合右手法则，称此几何图形为**空间直角坐标系**，记作 $Oxyz$，其中点 O 称为坐标系的**原点**，三条数轴称为**坐标轴**，分别称为 ox 轴，oy 轴，oz 轴.

设与三条坐标轴方向相同的三个单位向量为 i,j,k，空间直角坐标系也可记为 $[O;i,j,k]$，称三个单位向量 i,j,k 为**坐标向量**.

在空间直角坐标系 $Oxyz$ 中，由两个坐标轴所确定的平面称为**坐标面**，分别称为 xOy 面，yOz 面，zOx 面. 如图 6-6 所示.

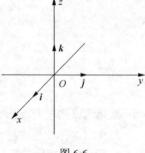

图 6-6

2．向量的坐标

在空间直角坐标系 $Oxyz$ 下，对于任一向量 r 都有空间中的一点 M ，使 $\overrightarrow{OM} = r$ ．易见，向量 r 与点 M 是一一对应的．

定义 6.11 设点 M 的坐标为 (x, y, z) ， $\overrightarrow{OM} = r$ ，称坐标 (x, y, z) 为**向量 r 的坐标**，记作 $r = (x, y, z)$ ．

在空间直角坐标系 $[O; i, j, k]$ 下，如果 $r = (x, y, z)$ ，则 $r = xi + yj + zk$ ．称此式为向量 r 的坐标分解式， xi 、 yj 、 zk 称为向量 r 沿三个坐标轴方向的分向量．

定理 6.3 设向量 $\overrightarrow{AB}$ 两个端点的坐标为 $A(x_1, y_1, z_1), B(x_2, y_2, z_2)$ ，则 $\overrightarrow{AB} = (x_2 - x_1, y_2 - y_1, z_2 - z_1)$ ．

定理 6.4 设向量 $a = (a_x, a_y, a_z), b = (b_x, b_y, b_z)$ ， λ 为一实数，则

（1） $a + b = (a_x + b_x, a_y + b_y, a_z + b_z)$ ；

（2） $a - b = (a_x - b_x, a_y - b_y, a_z - b_z)$ ；

（3） $\lambda a = (\lambda a_x, \lambda a_y, \lambda a_z)$ ．

定理 6.5 设向量 $r = (x, y, z)$ ，则

（1） $|r| = \sqrt{x^2 + y^2 + z^2}$ ；

（2）当 $r \neq 0$ 时， $e_r = (\dfrac{x}{\sqrt{x^2 + y^2 + z^2}}, \dfrac{y}{\sqrt{x^2 + y^2 + z^2}}, \dfrac{z}{\sqrt{x^2 + y^2 + z^2}})$ ．

定理 6.6 设向量 $a = (a_x, a_y, a_z), b = (b_x, b_y, b_z)$ ，则

（1） $a = b \Leftrightarrow a_x = b_x, a_y = b_y, a_z = b_z$ ；

（2） $a // b \Leftrightarrow \dfrac{a_x}{b_x} = \dfrac{a_y}{b_y} = \dfrac{a_z}{b_z}$ ．

【例 6.3】 已知两点 $A(x_1, y_1, z_1)$ 和 $B(x_2, y_2, z_2)$ 以及实数 $\lambda \neq -1$ ，在线段 AB 上求一点 M ，使 $\overrightarrow{AM} = \lambda \overrightarrow{MB}$ ．

解 如图 6-7 所示。

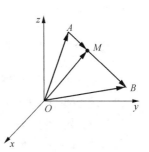

图 6-7

方法一：因为 $\overrightarrow{AM} = \overrightarrow{OM} - \overrightarrow{OA}$ ， $\overrightarrow{MB} = \overrightarrow{OB} - \overrightarrow{OM}$ ，并且 $\overrightarrow{AM} = \lambda \overrightarrow{MB}$ ，所以 $\overrightarrow{OM} - \overrightarrow{OA} = \lambda(\overrightarrow{OB} - \overrightarrow{OM})$ ．因为 $\lambda \neq -1$ ，所以 $\overrightarrow{OM} = \dfrac{1}{1 + \lambda}(\overrightarrow{OA} + \lambda \overrightarrow{OB})$ ．

由点 $A(x_1, y_1, z_1)$ ， $B(x_2, y_2, z_2)$ 知， $\overrightarrow{OA} = (x_1, y_1, z_1)$ ， $\overrightarrow{OB} = (x_2, y_2, z_2)$ ，则 $\overrightarrow{OM} = (\dfrac{x_1 + \lambda x_2}{1 + \lambda}, \dfrac{y_1 + \lambda y_2}{1 + \lambda}, \dfrac{z_1 + \lambda z_2}{1 + \lambda})$ ．

因此，$M\left(\dfrac{x_1+\lambda x_2}{1+\lambda},\ \dfrac{y_1+\lambda y_2}{1+\lambda},\ \dfrac{z_1+\lambda z_2}{1+\lambda}\right)$.

方法二：设点 $M(x,y,z)$，则 $\overrightarrow{AM}=(x-x_1,\ y-y_1,\ z-z_1)$，$\overrightarrow{MB}=(x_2-x,\ y_2-y,\ z_2-z)$.

因为 $\overrightarrow{AM}=\lambda\overrightarrow{MB}$，且 $\lambda\neq-1$，所以 $x=\dfrac{x_1+\lambda x_2}{1+\lambda}$，$y=\dfrac{y_1+\lambda y_2}{1+\lambda}$，$z=\dfrac{z_1+\lambda z_2}{1+\lambda}$.

因此，$M\left(\dfrac{x_1+\lambda x_2}{1+\lambda},\ \dfrac{y_1+\lambda y_2}{1+\lambda},\ \dfrac{z_1+\lambda z_2}{1+\lambda}\right)$.

称点 M 为有向线段 $\overrightarrow{AB}$ 的定比分点.

当 $\lambda=1$ 时，点 M 是有向线段 $\overrightarrow{AB}$ 的中点，故 $M=\left(\dfrac{x_1+x_2}{2},\dfrac{y_1+y_2}{2},\dfrac{z_1+z_2}{2}\right)$.

3．向量的方向角

定义 6.12　非零向量 r 与三条坐标轴的夹角 α,β,γ 称为向量 r 的方向角；向量 r 的方向角的余弦 $\cos\alpha,\cos\beta,\cos\gamma$ 称为**向量 r 的方向余弦**.

定理 6.7　设非零向量 $r=(x,y,z)$，则向量 r 的方向余弦为

$$\cos\alpha=\frac{x}{|r|}=\frac{x}{\sqrt{x^2+y^2+z^2}},\ \cos\beta=\frac{y}{|r|}=\frac{y}{\sqrt{x^2+y^2+z^2}},\ \cos\gamma=\frac{z}{|r|}=\frac{z}{\sqrt{x^2+y^2+z^2}}.$$

显然，$e_r=(\cos\alpha,\ \cos\beta,\ \cos\gamma)$，并且 $\cos^2\alpha+\cos^2\beta+\cos^2\gamma=1$.

【例 6.4】　已知两点 $A(2,2,\sqrt{2}))$ 和 $B(1,2,0)$，求向量 $\overrightarrow{AB}$ 的方向余弦和方向角.

解　因为 $\overrightarrow{AB}=(-1,1,-\sqrt{2})$，所以 $\cos\alpha=-\dfrac{1}{2}$，$\cos\beta=\dfrac{1}{2}$，$\cos\gamma=-\dfrac{\sqrt{2}}{2}$.

因此，$\alpha=\dfrac{2\pi}{3}$，$\beta=\dfrac{\pi}{3}$，$\gamma=\dfrac{3\pi}{4}$.

习题 6-2

1．设 a，b 为两个非零向量，给出下列等式成立的充要条件.

（1）$|a+b|=|a-b|$

（2）$|a+b|=|a|+|b|$

（3）$|a-b|=|a|+|b|$

2．已知平面四边形 $ABCD$，点 K，L，M，N 分别为边 AB，BC，CD，DA 的中点，证明：$\overrightarrow{KL}=\overrightarrow{NM}$.

3．设向量 $u=a+b-c$，$v=2a-3b+2c$，计算 $2u+v$.

4．已知两点 $M_1(4,\sqrt{2},1)$ 和 $M_2(3,0,2)$，计算向量 $\overrightarrow{M_1M_2}$ 的模、单位向量、方向余弦.

6.3 数量积与向量积

6.3.1 数量积

在力学中，如果一个物体在常力 f 的作用下产生位移 s，那么力 f 所作的功为 $w = |f||s|\cos\theta$，其中 θ 为力 f 与位移 s 的夹角.下面把它引入到数学中.

定义 6.13 设 a，b 为两个向量，则 a，b 的模与它们的夹角 θ 的余弦的乘积：$|a||b|\cos\theta$ 称为**向量 a 和 b 的数量积（内积、点积）**，记作 $a \cdot b$.

注 1：数量积是一个数量.

定理 6.8 设 a、b 为两向量，则

（1）$a \cdot a = |a|^2$；

（2）$a \perp b \Leftrightarrow a \cdot b = 0$（此时认为零向量与任何向量垂直）.

数量积满足如下运算规律.

（1）交换律：$a \cdot b = b \cdot a$；

（2）分配律：$(a+b) \cdot c = a \cdot c + b \cdot c$；

（3）数乘结合律：$(\lambda a) \cdot b = a \cdot (\lambda b) = \lambda(a \cdot b)$，$(\lambda a) \cdot (\mu b) = \lambda\mu(a \cdot b)$.

注 2：数量积不满足结合律：$(a \cdot b) \cdot c \neq a \cdot (b \cdot c)$.

定理 6.9 设向量 $a = (a_x, a_y, a_z)$，$b = (b_x, b_y, b_z)$，则 $a \cdot b = a_x b_x + a_y b_y + a_z b_z$.

推论 6.1 设向量 $a = (a_x, a_y, a_z)$，$b = (b_x, b_y, b_z)$，则

（1）$a \perp b \Leftrightarrow a_x b_x + a_y b_y + a_z b_z = 0$；

（2）当 $a \neq 0$，$b \neq 0$ 时，$\cos\angle(a, b) = \dfrac{a \cdot b}{|a||b|} = \dfrac{a_x b_x + a_y b_y + a_z b_z}{\sqrt{a_x^2 + a_y^2 + a_z^2}\sqrt{b_x^2 + b_y^2 + b_z^2}}$.

【例 6.5】 已知三点 $M(1, 1, 1)$，$A(2, 2, 1)$ 和 $B(2, 1, 2)$，求 $\angle AMB$.

解 设 $a = \overrightarrow{MA}$，$b = \overrightarrow{MB}$，则 $a = (1, 1, 0)$，$b = (1, 0, 1)$.

因为 $\cos\angle AMB = \cos\angle(a, b) = \dfrac{a \cdot b}{|a||b|} = \dfrac{1}{\sqrt{2} \cdot \sqrt{2}} = \dfrac{1}{2}$，所以 $\angle AMB = \dfrac{\pi}{3}$.

6.3.2 向量积

在力学中，如果一个力 f 作用于一个杠杆的 P 点，则力 f 对杠杆的支点 O 的力矩是一个向量 M，它的模 $|M| = |\overrightarrow{OP}||f|\sin\theta$，其中 θ 为 $\overrightarrow{OP}$ 与 f 的夹角，它的方向垂直于向量 $\overrightarrow{OP}$ 与 f 所决定的平面，并且 $\overrightarrow{OP}$，f，M 构成右手系. 下面把它引入到数学中.

定义 6.14 设 a，b 为两个向量，如果向量 c 的模 $|c| = |a||b|\sin\angle(a, b)$；向量 c 的方向与向量 a 与 b 垂直，并且 a, b, c 构成右手系，称向量 c 为向量 a 与 b 的向量

积（外积、叉积），记作 $a \times b$，如图 6-8 所示.

注$_3$：向量积是一个向量.

定理 6.10 向量 a 与 b 的向量积的模 $|a \times b|$ 等于以向量 a,b 为邻边的平行四边形的面积.

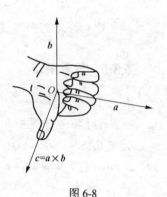

定理 6.11 设 a,b 为两向量，则

（1）$a \times a = 0$；

（2）$a // b \Leftrightarrow a \times b = 0$.

向量积满足如下运算规律：

（1）反交换律：$a \times b = -b \times a$；

图 6-8

（2）分配律：$(a + b) \times c = a \times c + b \times c$.

（3）数乘结合律：$(\lambda a) \times b = a \times (\lambda b) = \lambda (a \times b)$（$\lambda$ 为数）.

注$_4$：向量积也不满足结合律：$(a \times b) \times c \neq a \times (b \times c)$.

定理 6.12 设向量 $a = (a_x, a_y, a_z)$，$b = (b_x, b_y, b_z)$

则 $a \times b = (a_y b_z - a_z b_y)i + (a_z b_x - a_x b_z)j + (a_x b_y - a_y b_x)k$，

即：$a \times b = \begin{vmatrix} i & j & k \\ a_x & a_y & a_z \\ b_x & b_y & b_z \end{vmatrix} = \begin{vmatrix} a_y & a_z \\ b_y & b_z \end{vmatrix} i - \begin{vmatrix} a_x & a_z \\ b_x & b_z \end{vmatrix} j + \begin{vmatrix} a_x & a_y \\ b_x & b_y \end{vmatrix} k$.

【例 6.6】 设 $a = (2, 1, -1)$，$b = (1, -1, 2)$，求 $a \times b$.

解 $a \times b = \begin{vmatrix} i & j & k \\ 2 & 1 & -1 \\ 1 & -1 & 2 \end{vmatrix} = i - 5j - 3k$.

【例 6.7】 已知三角形 ABC 的三个顶点为 $A(1,2,3), B(3,4,5), C(2,4,7)$，求三角形 ABC 的面积 S.

解 易见，$S = \dfrac{1}{2} S_{\square ABCD} = \dfrac{1}{2} |\overrightarrow{AB} \times \overrightarrow{AC}|$.

因为 $\overrightarrow{AB} = (2,2,2)$，$\overrightarrow{AC} = (1,2,4)$，所以 $\overrightarrow{AB} \times \overrightarrow{AC} = \begin{vmatrix} i & j & k \\ 2 & 2 & 2 \\ 1 & 2 & 4 \end{vmatrix} = 4i - 6j + 2k$.

因此，$S = \dfrac{1}{2} \sqrt{4^2 + (-6)^2 + 2^2} = \sqrt{14}$.

习题 6-3

1．设 $a = 3i - j - 2k$，$b = i + 2j - k$，求

（1）$a \cdot b$ 及 $(a + b) \times b$；

（2）a, b 的夹角 θ 的余弦.

2．设 $a=(3,5,-2)$ ， $b=(2,1,4)$ ，问 λ 与 μ 有怎样的关系，使得 $\lambda a+\mu b$ 与 z 轴垂直？

3．证明：如果 $a\times b=c\times d$ ， $a\times c=b\times d$ ，则 $a-d$ 与 $b-c$ 共线．

4．已知三角形 ABC 的三个顶点 $A(1,2,3)$ ， $B(2,-1,5)$ ， $C(3,2,-5)$ ，求三角形 ABC 中 AB 边上的高．

6.4 曲面方程及其常用曲面

6.4.1 曲面方程

在空间解析几何中，我们把曲面看作是动点运动的轨迹．

定义 6.15 如果曲面 S 与三元方程 $F(x,y,z)=0$ 有如下关系：

（1）曲面 S 上任一点 $M(x,y,z)$ 的坐标 (x,y,z) 都满足方程 $F(x,y,z)=0$ ；

（2）方程 $F(x,y,z)=0$ 的任一组解 (x,y,z) 都是曲面 S 上某一点的坐标．

则称方程 $F(x,y,z)=0$ 为曲面 S 的方程，曲面 S 称为方程 $F(x,y,z)=0$ 的图形．

【例 6.8】 求球心在点 $M_0(x_0,y_0,z_0)$ 、半径为 R 的球面的方程．

解 如图 6-9 所示，设 $M(x,y,z)$ 是球面上的任一点，则 $|\overrightarrow{M_0M}|=R$ ．

因为 $|\overrightarrow{M_0M}|=\sqrt{(x-x_0)^2+(y-y_0)^2+(z-z_0)^2}$ ，所以 $(x-x_0)^2+(y-y_0)^2+(z-z_0)^2=R^2$ ．即球面上的点的坐标都满足此方程．

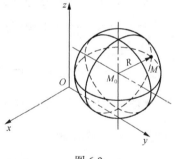

图 6-9

反过来，如果 x,y,z 为方程的任一组解，则点 $M(x,y,z)$ 与点 $M_0(x_0,y_0,z_0)$ 的距离 $|\overrightarrow{M_0M}|=R$ ．即点 M 在球面上．

因此，球心在点 $M_0(x_0,y_0,z_0)$ 、半径为 R 的球面的方程为 $(x-x_0)^2+(y-y_0)^2+(z-z_0)^2=R^2$ ，称它为**球面的标准方程**．

特别，球心在原点 $O(0,0,0)$ 、半径为 R 的球面方程为 $x^2+y^2+z^2=R^2$

【例 6.9】 方程 $x^2+y^2+z^2-2x+4y=0$ 表示怎样的曲面？

解 经配方知：原方程为 $(x-1)^2+(y+2)^2+z^2=5$ ．

它表示球心在点 $M_0(1,-2,0)$ 、半径为 $R=\sqrt{5}$ 的球面．

把球面的标准方程展开可知：球面的方程为三元二次方程

$Ax^2+Ay^2+Az^2+Dx+Ey+Fz+G=0$ ，

其中①方程中缺交叉项 xy,yz,zx ；②平方项 x^2,y^2,z^2 的系数相同且不为零．

反之，此三元二次方程的图形为球面，称此三元二次方程为**球面的一般方程**．

6.4.2　常用曲面方程

1．旋转曲面

定义 6.16　一条平面曲线 C 绕此平面上的一条直线 L 旋转一周所形成的曲面称为**旋转曲面**（见图 6-10），曲线 C 称为**旋转曲面的母线**，直线 L 称为**旋转曲面的轴**.

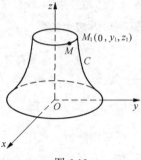

图 6-10

设曲线 C 在 yOz 坐标面上，它的方程为 $f(y,z)=0$，把曲线 C 绕 z 轴旋转一周，得到以 z 轴为轴的旋转曲面 Σ，下面建立旋转曲面方程.

设 $M_1(0,y_1,z_1)$ 是曲线 C 上的任一点，则 $f(y_1,z_1)=0$，当曲线 C 绕 z 轴旋转时，点 M_1 绕 z 轴旋转到另一点 $M(x,y,z)$，此时 $z=z_1$ 且点 M 到 z 轴的距离 $d=\sqrt{x^2+y^2}=|y_1|$，把 $\begin{cases} y_1=\pm\sqrt{x^2+y^2} \\ z=z_1 \end{cases}$ 代入方程 $f(y_1,z_1)=0$ 中得旋转曲面方程 $f(\pm\sqrt{x^2+y^2},z)=0$. 显然，曲线 C 绕 z 轴旋转所形成的旋转曲面方程 $f(\pm\sqrt{x^2+y^2},z)=0$ 可以看作把曲线 C 的方程 $f(y,z)=0$ 中非旋转轴的变量 y 改写成 $\pm\sqrt{x^2+y^2}$ 得到的。

此方法具有一般性. 曲线 C 绕 y 轴旋转所形成的旋转曲面的方程为把曲线 C 的方程 $f(y,z)=0$ 中非旋转轴的变量 z 改写成 $\pm\sqrt{x^2+z^2}$ 的方程 $f(y,\pm\sqrt{x^2+z^2})=0$.

【**例 6.10**】　将 xOz 坐标面上的双曲线 $\dfrac{x^2}{a^2}-\dfrac{z^2}{c^2}=1$ 分别绕 x 轴和 z 轴旋转一周，求所生成的旋转曲面的方程.

解　$\dfrac{x^2}{a^2}-\dfrac{z^2}{c^2}=1$ 绕 x 轴旋转所产生的旋转曲面的方程为 $\dfrac{x^2}{a^2}-\dfrac{y^2+z^2}{c^2}=1$，如图 6-11 所示；$\dfrac{x^2}{a^2}-\dfrac{z^2}{c^2}=1$ 绕 z 轴旋转所产生的旋转曲面的方程为 $\dfrac{x^2+y^2}{a^2}-\dfrac{z^2}{c^2}=1$，如图 6-12 所示.

称这两种曲面分别为双叶旋转双曲面（见图 6-11）和单叶旋转双曲面（见图 6-12）.

2．圆锥面

定义 6.17　一条直线 L 绕另一条与它相交的直线旋转一周所形成的曲面称为**圆锥面**，两条直线的交点称为圆锥面的**顶点**，两条直线的夹角 $\alpha\left(0<\alpha<\dfrac{\pi}{2}\right)$ 称为圆锥面的**半顶角**，如图 6-13 所示.

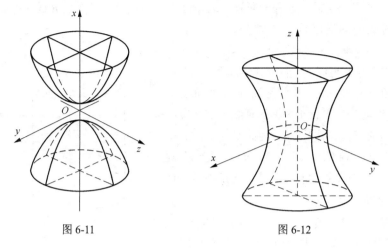

图 6-11 图 6-12

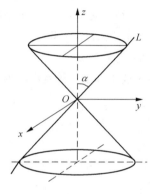

图 6-13

显然，圆锥面是一种旋转曲面.

【例 6.11】 求顶点在原点 O，旋转轴为 z 轴，半顶角为 α 的圆锥面的方程.

解 如图 6-13 所示，yOz 平面上的直线 L 的方程为

$z = y \cot \alpha$.

因为旋转轴为 z 轴，所以圆锥面的方程为

$z = \pm \sqrt{x^2 + y^2} \cot \alpha$.

$z^2 = k^2(x^2 + y^2)$ ，其中 $k = \cot \alpha$.

3. 柱面

定义 6.18 一条直线 L 沿着一条曲线 Γ 平行移动所形成的曲面称为**柱面**（见图 6-14），曲线 Γ 称为**柱面的准线**，直线 L 称为**柱面的母线**.

图 6-14

【例 6.12】 问方程 $x^2 + y^2 = R^2$ 表示怎样的曲面？

解 方程 $x^2 + y^2 = R^2$ 在 xOy 面上表示圆心在原点 O、半径为 R 的圆.

在空间直角坐标系下，方程 $x^2 + y^2 = R^2$ 不含坐标 z，它表示不论空间点的坐标 (x, y, z) 中 z 怎样，只要坐标 x, y 满足这个方程，那么这些点就在这个曲面上. 也就是说，过 xOy 面上的圆 $x^2 + y^2 = R^2$ 且平行于 z 轴的直线一定在方程 $x^2 + y^2 = R^2$ 表示的曲面上. 因此，这个曲面是由平行于 z 轴的直线 L 沿 xOy 面上的圆 $x^2 + y^2 = R^2$ 平行移动所形成的，它是柱面，称它为**圆柱面**（见图 6-15）.

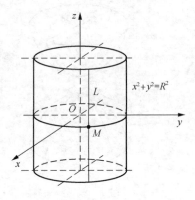

图 6-15

此结论具有一般性：在空间直角坐标系下，只含 x, y 而缺 z 的方程 $F(x, y) = 0$ 所表示的曲面是母线平行于 z 轴的柱面，其准线是 xOy 面上的曲线 C：$F(x, y) = 0$.

同理，只含 x, z 而缺 y 的方程 $F(x, z) = 0$ 和只含 y, z 而缺 x 的方程 $F(y, z) = 0$ 分别表示母线平行于 y 轴和 x 轴的柱面.

例如：方程 $x - z = 0$ 表示母线平行于 y 轴且准线为 zOx 面上的直线 $x - z = 0$ 的柱面. 它是过 y 轴的平面.

6.4.3 二次曲面

定义 6.19 三元二次方程表示的曲面称为**二次曲面**.

二次曲面有 9 种，选取适当的空间直角坐标系，可使其方程为标准方程，由二次曲面的标准方程可知它的图形.

1. 椭圆锥面

定义 6.20 在直角坐标系下，由方程 $\dfrac{x^2}{a^2} + \dfrac{y^2}{b^2} = z^2$ 所表示的曲面称为**椭圆锥面**（见图 6-16），称此方程为**椭圆锥面的标准方程**.

椭圆锥面可看作圆锥曲面在 y 轴方向伸缩而形成的曲面：将圆锥面 $\dfrac{x^2 + y^2}{a^2} = z^2$ 沿 y 轴方向伸缩 $\dfrac{b}{a}$ 倍，得椭圆锥面 $\dfrac{x^2}{a^2} + \dfrac{y^2}{b^2} = z^2$.

利用圆锥面的伸缩变形得椭圆锥面是研究曲面形状的一种常用的方法.

2. 椭球面

定义 6.21 在直角坐标系下，由方程 $\dfrac{x^2}{a^2} + \dfrac{y^2}{b^2} + \dfrac{z^2}{c^2} = 1$ 所表示的曲面称为**椭球面**（见图 6-17），称此方程为**椭球面的标准方程**.

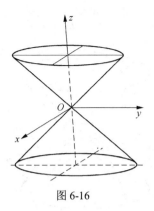

图 6-16

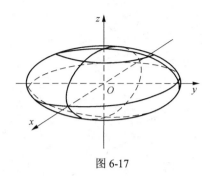

图 6-17

椭球面可看作把 xOz 面上的椭圆 $\dfrac{x^2}{a^2}+\dfrac{z^2}{c^2}=1$ 绕 z 轴旋转,得到旋转椭球面 $\dfrac{x^2+y^2}{a^2}+\dfrac{z^2}{c^2}=1$;再把旋转椭球面 $\dfrac{x^2+y^2}{a^2}+\dfrac{z^2}{c^2}=1$ 沿 y 轴方向伸缩 $\dfrac{b}{a}$ 倍,得到椭球面 $\dfrac{x^2}{a^2}+\dfrac{y^2}{b^2}+\dfrac{z^2}{c^2}=1$.

3.单叶双曲面

定义 6.22　在直角坐标系下,由方程 $\dfrac{x^2}{a^2}+\dfrac{y^2}{b^2}-\dfrac{z^2}{c^2}=1$ 所表示的曲面称为**单叶双曲面**(见图 6-18),称此方程为**单叶双曲面的标准方程**.

单叶双曲面可看作把 zOx 面上的双曲线 $\dfrac{x^2}{a^2}-\dfrac{z^2}{c^2}=1$ 绕 z 轴旋转,得到旋转单叶双曲面 $\dfrac{x^2+y^2}{a^2}-\dfrac{z^2}{c^2}=1$;再把旋转单叶双曲面 $\dfrac{x^2+y^2}{a^2}-\dfrac{z^2}{c^2}=1$ 沿 y 轴方向伸缩 $\dfrac{b}{a}$ 倍,得到单叶双曲面 $\dfrac{x^2}{a^2}+\dfrac{y^2}{b^2}-\dfrac{z^2}{c^2}=1$.

4.双叶双曲面

定义 6.23　在直角坐标系下,由方程 $\dfrac{x^2}{a^2}+\dfrac{y^2}{b^2}-\dfrac{z^2}{c^2}=-1$ 所表示的曲面称为**双叶双曲面**(见图 6-19),称此方程为**双叶双曲面的标准方程**.

双叶双曲面可看作把 zOx 面上的双曲线 $\dfrac{x^2}{a^2}-\dfrac{z^2}{c^2}=-1$ 绕 z 轴旋转,得到旋转双叶双曲面 $\dfrac{x^2+y^2}{a^2}-\dfrac{z^2}{c^2}=-1$;再把旋转双叶双曲面 $\dfrac{x^2+y^2}{a^2}-\dfrac{z^2}{c^2}=-1$ 沿 y 轴方向伸缩 $\dfrac{b}{a}$ 倍,得到双叶双曲面 $\dfrac{x^2}{a^2}+\dfrac{y^2}{b^2}-\dfrac{z^2}{c^2}=-1$.

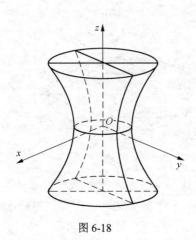

图 6-18

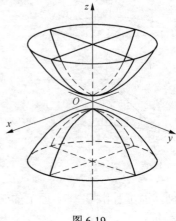

图 6-19

5. 椭圆抛物面

定义 6.24 在直角坐标系下，由方程 $\dfrac{x^2}{a^2}+\dfrac{y^2}{b^2}=z$

所表示的曲面称为**椭圆抛物面**（见图 6-20），称此
方程为**椭圆抛物面的标准方程**.

椭圆抛物面可看作把 zOx 面上的抛物线

$\dfrac{x^2}{a^2}=z$ 绕 z 轴旋转，得到旋转抛物面 $\dfrac{x^2+y^2}{a^2}=z$，

再把旋转抛物面 $\dfrac{x^2+y^2}{a^2}=z$ 沿 y 轴方向伸缩 $\dfrac{b}{a}$ 倍，

得到椭圆抛物面 $\dfrac{x^2}{a^2}+\dfrac{y^2}{b^2}=z$.

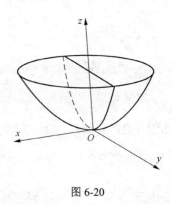

图 6-20

6. 双曲抛物面

定义 6.25 在直角坐标系下，由方程 $\dfrac{x^2}{a^2}-\dfrac{y^2}{b^2}=z$ 所表示的曲面称为**双曲抛物**

面，又称**马鞍面**（见图 6-21），称此方程为**双曲抛物面的标准方程**.

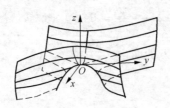

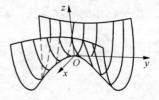

图 6-21

7. 三种柱面

定义 6.26 在直角坐标系下，由方程 $\dfrac{x^2}{a^2}+\dfrac{y^2}{b^2}=1$，$\dfrac{x^2}{a^2}-\dfrac{y^2}{b^2}=1$，$x^2=ay$ 所表示的曲面分别称为**椭圆柱面**、**双曲柱面**和**抛物柱面**，称这些方程分别为**椭圆柱面**、**双曲柱面**和**抛物柱面的标准方程**.

习题 6-4

1．写出下列曲线绕指定轴旋转所得曲面的方程：

（1）曲线 $\begin{cases} \dfrac{z^2}{4}-\dfrac{y^2}{9}=1 \\ x=0 \end{cases}$ 绕 z 轴

（2）曲线 $\begin{cases} x^2+y^2-2ax=0 \\ z=0 \end{cases}$ 绕 x 轴

（3）曲线 $\begin{cases} x^2-6z=0 \\ y=0 \end{cases}$ 绕 z 轴

2．画出下列曲面所围成的立体图形：

（1）$x=0, y=0, z=0, x=2, y=1, 3x+4y+2z-24=0$；

（2）$x=0, y=2, z=0, x=1, y=4z$；

（3）抛物柱面 $z=1-x^2$，平面 $y=0$，$z=0$ 及 $x+y=1$.

6.5 空间曲线及其方程

6.5.1 空间曲线一般方程

在空间解析几何中，我们把空间曲线看作两个曲面的交线.

设两个曲面 S_1, S_2 的方程分别为 $F_1(x,y,z)=0$ 和 $F_2(x,y,z)=0$，它们的交线为曲线 C（见图 6-22）.

定义 6.27 如果曲线 C 与方程组 $\begin{cases} F_1(x,y,z)=0 \\ F_2(x,y,z)=0 \end{cases}$ 有如下关系：

（1）曲线 C 上任一点 $M(x,y,z)$ 的坐标 (x,y,z) 都满足方程组 $\begin{cases} F_1(x,y,z)=0 \\ F_2(x,y,z)=0 \end{cases}$；

（2）方程组 $\begin{cases} F_1(x,y,z)=0 \\ F_2(x,y,z)=0 \end{cases}$ 的任一组解 (x,y,z) 都为曲线 C 上某一点的坐标，

则方程组 $\begin{cases} F_1(x,y,z)=0 \\ F_2(x,y,z)=0 \end{cases}$ 称为**曲线 C 的一般方程**，曲线 C 称为方程 $\begin{cases} F_1(x,y,z)=0 \\ F_2(x,y,z)=0 \end{cases}$

的图形.

【例 6.13】 问方程组 $\begin{cases} x^2 + y^2 = 1 \\ z = 2 \end{cases}$ 表示什么曲线？

解 因为方程 $x^2 + y^2 = 1$ 表示母线平行于 z 轴，准线为 xOy 面上单位圆的圆柱面；方程 $z = 2$ 表示过点 $M_0(0,0,2)$ 且平行于 xOy 坐标面的平面，所以此曲线为这两个曲面的交线，它就是在 $z = 2$ 的平面上的单位圆，如图 6-23 所示.

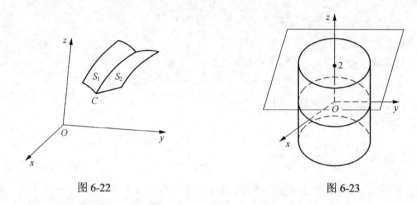

图 6-22　　　　　　　　　　　　　图 6-23

6.5.2　空间曲线参数方程

空间曲线 C 除了可以用一般方程表示外，还可以用参数方程表示. 此时只要将曲线 C 上动点的坐标 x, y, z 表示为参数 t 的函数即可：$\begin{cases} x = x(t) \\ y = y(t) \\ z = z(t) \end{cases}$，其中 t 为参数，

称它为**空间曲线的参数方程**.

【例 6.14】 设空间一点 M 在圆柱面 $x^2+y^2=a^2$ 上以角速度 ω 绕 z 轴旋转，同时又以线速度 v 沿平行于 z 轴的正方向上升（其中 ω、v 都是常数），那么点 M 运动的轨迹称为**螺旋线**.试建立它的参数方程.

解 选取时间 t 为参数.

设当 $t=0$ 时，动点位于 x 轴上的点 A（a, 0, 0）位置. 经过时间 t，动点由点 A 位置运动到点 M（x, y, z）位置（见图 6-24）.

设点 M 在 xOy 面上的投影为 $M'(x,y,0)$.由于动点 M 在圆柱面上以角速度 ω 绕 z 轴旋转，所以 $\angle AOM = \omega t$.从而 $x=a\cos\omega t, y=a\sin\omega t$.

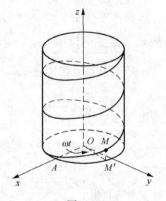

图 6-24

又由于动点 M 以线速度 v 沿平行于 z 轴的正方向上升，所以 $z=vt$.

因此螺旋线的参数方程为 $\begin{cases} x=a\cos\omega t \\ y=a\sin\omega t \\ z=vt \end{cases}$ ，其中 t 为参数.

令 $\theta=\omega t$ ， $b=\dfrac{v}{\omega}$ ，螺旋线的参数方程可简化为 $\begin{cases} x=a\cos\theta \\ y=a\sin\theta \\ z=b\theta \end{cases}$ ，其中 θ 为参数.

6.5.3 空间曲线投影方程

设空间曲线 C 的一般方程为 $\begin{cases} F(x,y,z)=0 \\ G(x,y,z)=0 \end{cases}$ ，由这两个方程消去变量 z ，得到关于 x ， y 的方程 $H(x,y)=0$.

因为方程 $H(x,y)=0$ 缺少变量 z ，所以它表示母线平行于 z 轴的柱面.

因为方程组 $\begin{cases} F(x,y,z)=0 \\ G(x,y,z)=0 \end{cases}$ 的解一定是方程 $H(x,y)=0$ 的解，所以曲线 C 一定在方程 $H(x,y)=0$ 表示的柱面上.

我们把以曲线 C 为准线、母线平行于 z 轴的柱面称为**空间曲线 C 关于 xOy 面的投影柱面**，投影柱面与 xOy 面的交线称为**空间曲线 C 在 xOy 面上的投影曲线**，或简称**投影**.

投影柱面一定包含在方程 $H(x,y)=0$ 表示的柱面内，曲线 C 在 xOy 面上的投影一定包含在方程 $\begin{cases} H(x,y)=0 \\ z=0 \end{cases}$ 表示的曲线内.

同理可得 曲线 C 关于 yOz 面和 zOx 面的投影柱面和曲线 C 在 yOz 面和 zOx 面上的投影.

【例 6.15】已知两球面的方程为 $x^2+y^2+z^2=1$ 和 $x^2+(y-1)^2+(z-1)^2=1$ ，求它们的交线 C 在 xOy 面上的投影方程.

解 将方程 $x^2+(y-1)^2+(z-1)^2=1$ 化为 $x^2+y^2+z^2-2y-2z=1$ ，再与方程 $x^2+y^2+z^2=1$ 相减得 $y+z=1$.

将 $z=1-y$ 代入 $x^2+y^2+z^2=1$ 中得 $x^2+2y^2-2y=0$ ，则方程 $x^2+2y^2-2y=0$ 是曲线 C 关于 xOy 面的投影柱面方程.

两球面的交线 C 在 xOy 面上的投影方程为 $\begin{cases} x^2+2y^2-2y=0 \\ z=0 \end{cases}$.

习题 6-5

1. 下列方程表示空间中的什么图形?

（1） $x^2+y^2=1$ （2） $y^2-z^2=4$ （3） $z^2=8x$

$$(4)\begin{cases} x = 0 \\ y = 0 \end{cases} \qquad (5)\begin{cases} z = 0 \\ x^2 + y^2 + z^2 = 9 \end{cases}$$

2. 下列曲面与三个坐标面的交线分别是什么曲线？

（1） $3x^2 + 4y^2 + z^2 = 24$ （2） $x^2 + 9y^2 = 10z$

3. 试求下列球面方程：

（1）球面的中心在 $C(2,-1,5)$，半径 $r = 3$；

（2）球面通过坐标原点，中心在 $C(4,-4,-2)$；

（3）球面通过点 $A(2,-1,-3)$，中心在 $C(3,-2,1)$.

6.6 平面方程

6.6.1 平面的点法式方程

已知空间一点 $M_0(x_0, y_0, z_0)$ 和一个非零向量 $\boldsymbol{n} = (A, B, C)$，则过点 $M_0(x_0, y_0, z_0)$ 且与非零向量 $\boldsymbol{n} = (A, B, C)$ 垂直的平面 π 只有一个（见图6-25）.

垂直于平面的非零向量 $\boldsymbol{n}$ 称为平面的**法向量**.

下面建立此平面方程.

在平面 π 上任选一点 $M(x, y, z)$，则向量 $\overrightarrow{M_0M}$ 与平面 π 的法向量 $\boldsymbol{n}$ 垂直.于是

$\boldsymbol{n} \cdot \overrightarrow{M_0M} = 0$.因为 $\boldsymbol{n} = (A, B, C)$，$\overrightarrow{M_0M} = (x - x_0,$ $y - y_0, z - z_0)$，所以 $A(x - x_0) + B(y - y_0) + C(z - z_0) = 0$. 这说明平面 π 上任一点 M 的坐标 x, y, z 都满足这个方程.反之也成立.

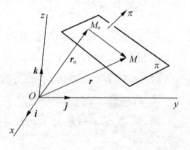

因此，此平面方程为 $A(x - x_0) + B(y - y_0) + C(z - z_0) = 0$，称它为**平面的点法式方程**.

【**例6.16**】求过三点 $M_1(2,-1,4)$，$M_2(-1,3,-2)$ 和 $M_3(0,2,3)$ 的平面的方程.

解 因为向量 $\overrightarrow{M_1M_2} = (-3, 4, -6)$，$\overrightarrow{M_1M_3} = (-2, 3, -1)$ 在此平面上，所以此平面的法向量 $\boldsymbol{n} = \overrightarrow{M_1M_2} \times \overrightarrow{M_1M_3} = \begin{vmatrix} \boldsymbol{i} & \boldsymbol{j} & \boldsymbol{k} \\ -3 & 4 & -6 \\ -2 & 3 & -1 \end{vmatrix} = 14\boldsymbol{i} + 9\boldsymbol{j} - \boldsymbol{k}$.

取点 $M_0 = M_1$，则平面的方程为 $14(x - 2) + 9(y + 1) - (z - 4) = 0$.

即 $14x + 9y - z - 15 = 0$.

6.6.2 平面的一般方程

把平面的点法式方程展开可知：平面方程为三元一次方程 $Ax + By + Cz + D = 0$ ，其中 A, B, C 不全为 0, $D = -(Ax_0 + By_0 + Cz_0)$.反之，三元一次方程 $Ax + By + Cz + D = 0$ 所表示的曲面也都是平面.

事实上，任取满足此方程的一组解 x_0, y_0, z_0 ，则 $Ax_0 + By_0 + Cz_0 + D = 0$.两式相减得 $A(x - x_0) + B(y - y_0) + C(z - z_0) = 0$ ，则此方程表示通过点 $M_0(x_0, y_0, z_0)$ 且以向量 $\boldsymbol{n} = (A, B, C)$ 为法向量的平面.

称三元一次方程 $Ax + By + Cz + D = 0$ 为**平面的一般方程**，其中 x, y, z 的系数为平面的法向量 $\boldsymbol{n}$ 的坐标，即 $\boldsymbol{n} = (A, B, C)$.

（1）当 $D = 0$ 时，由于原点 $O(0, 0, 0)$ 的坐标满足此方程，所以此平面通过原点 ．反之也成立.

（2）当 A, B, C 中有一个等于 0 时，不妨设 $A = 0$ ，由于平面的法向量 $\boldsymbol{n} = (0, B, C)$ 垂直于 x 轴，所以当 $D = 0$ 时，此平面过 x 轴，当 $D \neq 0$ 时，此平面平行于 x 轴.反之也成立.

（3）当 A, B, C 中有两个等于 0 时，不妨设 $A = B = 0$ ，由于此平面平行于 x 轴和 y 轴，所以当 $D = 0$ 时，此平面为 xOy 平面，当 $D \neq 0$ 时，此平面平行于 xOy 平面.反之也成立.

【例 6.17】 求通过 x 轴和点 $M_0(4, -3, -1)$ 的平面的方程.

解 因为平面通过 x 轴，所以平面的方程为 $By + Cz = 0$.

又因为平面通过点 $M_0(4, -3, -1)$ ，所以 $-3B - C = 0$.解之 $B = 1, C = -3$.

故所求平面的方程为 $y - 3z = 0$.

【例 6.18】 已知平面 π 与 x, y, z 轴的交点依次为 $P(a, 0, 0), Q(0, b, 0), R(0, 0, c)$ （ $abc \neq 0$ ），求此平面的方程.

解 设此平面的方程为 $Ax + By + Cz + D = 0$.

因为点 $P(a, 0, 0), Q(0, b, 0), R(0, 0, c)$ 在此平面上，所以 $\begin{cases} aA + D = 0 \\ bB + D = 0 \\ cC + D = 0 \end{cases}$.解之 $A = -\dfrac{D}{a}$ ，

$B = -\dfrac{D}{b}$ ， $C = -\dfrac{D}{c}$ ．将其代入方程中平面的方程为 $\dfrac{x}{a} + \dfrac{y}{b} + \dfrac{z}{c} = 1$ （ $abc \neq 0$ ）.

称此方程为平面的**截距式方程**， a, b, c 称为平面在 x, y, z 轴上的截距.

6.6.3 两平面的夹角

定义 6.28 两平面的法向量的夹角（锐角）称为**两平面的夹角**（见图 6-26）.

设平面 π_1 和 π_2 的法向量分别为 $\boldsymbol{n}_1 = (A_1, B_1, C_1)$ 和 $\boldsymbol{n}_2 = (A_2, B_2, C_2)$ ，它们的夹角为 θ ，则 $\cos\theta = |\cos\angle(\boldsymbol{n}_1, \boldsymbol{n}_2)| = \dfrac{|A_1A_2 + B_1B_2 + C_1C_2|}{\sqrt{A_1^2 + B_1^2 + C_1^2} \cdot \sqrt{A_2^2 + B_2^2 + C_2^2}}$.

定理 6.13 设两平面 π_1 和 π_2 的方程为
$A_1x + B_1y + C_1z + D_1 = 0$ ， $A_2x + B_2y + C_2z + D_2 = 0$ ，则

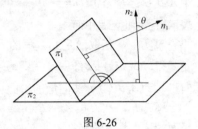

（1）平面 π_1 和 π_2 垂直 $\Leftrightarrow A_1A_2 + B_1B_2 + C_1C_2 = 0$;

（2）平面 π_1 和 π_2 平行或重合 $\Leftrightarrow \dfrac{A_1}{A_2} = \dfrac{B_1}{B_2} = \dfrac{C_1}{C_2}$.

【例 6.19】 求两平面 $x - y + 2z = 0$ 和 $2x + y + z - 5 = 0$ 的夹角 θ .

图 6-26

解 两平面的法向量为 $\boldsymbol{n}_1 = (1, -1, 2)$ ； $\boldsymbol{n}_2 = (2, 1, 1)$ ，则

$$\cos\theta = \frac{|A_1A_2 + B_1B_2 + C_1C_2|}{\sqrt{A_1^2 + B_1^2 + C_1^2} \cdot \sqrt{A_2^2 + B_2^2 + C_2^2}} = \frac{|1 \times 2 + (-1) \times 1 + 2 \times 1|}{\sqrt{1^2 + (-1)^2 + 2^2} \cdot \sqrt{2^2 + 1^2 + 1^2}} = \frac{1}{2} .$$

因此， $\theta = \dfrac{\pi}{3}$.

6.6.4 点到平面的距离

定义 6.29 点到平面上的点的最小距离称为**点到平面的距离**（见图 6-27）.

设 $P_0(x_0, y_0, z_0)$ 是平面 $\pi : Ax + By + Cz + D = 0$ 外一点,在平面 π 上任取一点 $P_1(x_1, y_1, z_1)$,作向量 $\overrightarrow{P_1P_0}$,则点 P_0 到平面 π 的距离 $d = \left|\overrightarrow{P_1P_0}\right| |\cos\theta|$ ，其中 θ 是向量 $\overrightarrow{P_1P_0}$ 与平面 π 的法向量 $\boldsymbol{n}$ 的夹角.

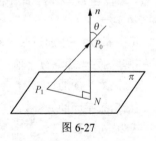

图 6-27

$$d = \frac{|\overrightarrow{P_1P_0} \cdot \boldsymbol{n}|}{|\boldsymbol{n}|} = \frac{|Ax_0 + By_0 + Cz_0 + D|}{\sqrt{A^2 + B^2 + C^2}} .$$

【例 6.20】 求点 $P_0(2, 1, 1)$ 到平面 $\pi : x + y - z + 1 = 0$ 的距离.

解 $d = \dfrac{|Ax_0 + By_0 + Cz_0 + D|}{\sqrt{A^2 + B^2 + C^2}} = \dfrac{|1 \times 2 + 1 \times 1 + (-1) + 1 + 1|}{\sqrt{1^2 + 1^2 + (-1)^2}} = \dfrac{3}{\sqrt{3}} = \sqrt{3}$.

习题 6-6

1. 求过点 $A(-3, 1, 5)$ 且平行于平面 $x - 2y - 3z + 1 = 0$ 的平面方程.

2. 平面通过点 $A(0, 0, 3)$ 且垂直于线段 AB ，其中点 $B(2, -1, 1)$ ，求此平面方程.

3. 求三点 $A(1,-1,0)$，$B(2,3,-1)$，$C(-1,0,2)$ 确定的平面方程.

4. 求平行于 y 轴，且过点 $(1,-5,1)$ 和 $(3,2,-2)$ 的平面方程.

5. 求过点 $A(1,1,1)$ 且同时垂直于下面两个平面：$x-y+z=7$，$3x+2y-12z+5=0$ 的平面方程.

6. 求点 $A(1,2,1)$ 到平面 $x+2y+2z-10=0$ 的距离.

7. 求两平面 $2x-y+z=7$ 与 $x+y+2z=11$ 之间的夹角.

6.7 空间直线的方程

6.7.1 空间直线的一般方程

我们把空间直线 L 看作两个平面的交线.

设两个相交平面 π_1 和 π_2 的方程分别为 $A_1x+B_1y+C_1z+D_1=0$ 和 $A_2x+B_2y+C_2z+D_2=0$，其中 $A_1:B_1:C_1 \neq A_2:B_2:C_2$，则两个平面交线 L 上的任一点的坐标一定满足方程组

$$\begin{cases} A_1x+B_1y+C_1z+D_1=0 \\ A_2x+B_2y+C_2z+D_2=0 \end{cases}$$

反过来，如果 x,y,z 为方程组 $\begin{cases} A_1x+B_1y+C_1z+D_1=0 \\ A_2x+B_2y+C_2z+D_2=0 \end{cases}$ 的解，则点 $M(x,y,z)$ 一定在平面 π_1 和 π_2 上，当然点 $M(x,y,z)$ 在交线 L 上.

因此，直线 L 的方程为 $\begin{cases} A_1x+B_1y+C_1z+D_1=0 \\ A_2x+B_2y+C_2z+D_2=0 \end{cases}$，称它为**空间直线的一般方程**.

显然，通过空间一条直线 L 的平面有无限多个，任意选其中两个，把它们的方程联立起来都是空间直线 L 的一般方程.

6.7.2 空间直线的对称式方程与参数方程

设 $M_0(x_0,y_0,z_0)$ 为空间中的一点，$\boldsymbol{v}=(m,n,p)$ 为一个非零向量，则过点 $M_0(x_0,y_0,z_0)$ 且与非零向量 $\boldsymbol{v}$ 平行的直线 L 只有一条（见图6-28）.

称此非零向量 $\boldsymbol{v}$ 为**直线的方向向量**.

显然，任何一个平行于直线的非零向量都可以作为直线的方向向量.

下面建立此直线 L 的方程.

在直线 L 上任选一点 $M(x,y,z)$，则向量

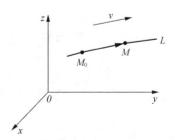

图 6-28

$\overrightarrow{M_0M}=(x-x_0,y-y_0,z-z_0)$ 与方向向量 $\boldsymbol{v}=(m,n,p)$ 平行. 因此，$\dfrac{x-x_0}{m}=\dfrac{y-y_0}{n}=$

$\dfrac{z-z_0}{p}$. 这说明直线 L 上每一点的坐标都满足方程 $\dfrac{x-x_0}{m}=\dfrac{y-y_0}{n}=\dfrac{z-z_0}{p}$.

反过来，如果 x,y,z 为方程 $\dfrac{x-x_0}{m}=\dfrac{y-y_0}{n}=\dfrac{z-z_0}{p}$ 的任意解，则由点 M_0 到点 $M(x,y,z)$ 的向量 $\overrightarrow{M_0M}=(x-x_0,y-y_0,z-z_0)$ 与直线 L 的方向向量 $\boldsymbol{v}=(m,n,p)$ 平行. 因此，点 $M(x,y,z)$ 在直线 L 上.

故此直线的方程为 $\dfrac{x-x_0}{m}=\dfrac{y-y_0}{n}=\dfrac{z-z_0}{p}$. 称它为**直线的对称式方程或标准方程**.

直线的方向向量 $\boldsymbol{v}=(m,n,p)$ 的坐标 m,n,p 称为**直线的一组方向数**，方向向量 $\boldsymbol{v}$ 的方向余弦称为**直线的方向余弦**.

令 $\dfrac{x-x_0}{m}=\dfrac{y-y_0}{n}=\dfrac{z-z_0}{p}=t$, 则 $\begin{cases} x=x_0+mt \\ y=y_0+nt \\ z=z_0+pt \end{cases}$ 其中 t 为参数.

称它为**直线的参数方程**.

【**例 6.21**】 写出直线 $\begin{cases} x+y+z=-1 \\ 2x-y+3z=4 \end{cases}$ 的对称式方程和参数方程.

解 根据直线的对称式方程，首先求直线上的一点 M_0 .

令 $x=1$, 则 $\begin{cases} y+z=-2 \\ -y+3z=2 \end{cases}$. 解之 $y=-2,z=0$. 直线上一点 $M_0(1,-2,0)$.

再求直线的方向向量 $\boldsymbol{v}$.

平面 $x+y+z=-1$ 和 $2x-y+3z=4$ 的法向量的向量积是直线的方向向量.

显然，两个平面的法向量为 $\boldsymbol{n}_1=(1,1,1),\boldsymbol{n}_2=(2,-1,3)$, 则直线的方向向量

$$\boldsymbol{v}=\begin{vmatrix} \boldsymbol{i} & \boldsymbol{j} & \boldsymbol{k} \\ 1 & 1 & 1 \\ 2 & -1 & 3 \end{vmatrix}=4\boldsymbol{i}-\boldsymbol{j}-3\boldsymbol{k} .$$

因此，直线的对称式方程为 $\dfrac{x-1}{4}=\dfrac{y+2}{-1}=\dfrac{z}{-3}$.

令 $\dfrac{x-1}{4}=\dfrac{y+2}{-1}=\dfrac{z}{-3}=t$, 则直线的参数方程为 $\begin{cases} x=1+4t \\ y=-2-t \\ z=-3t \end{cases}$ 其中 t 为参数.

6.7.3 空间两直线的夹角

定义 6.30 空间两直线的方向向量的夹角（锐角）称为**两直线的夹角**.

设空间两直线 L_1 和 L_2 的方向向量分别为 $\boldsymbol{v}_1 = (m_1, n_1, p_1)$ 和 $\boldsymbol{v}_2 = (m_2, n_2, p_2)$ ，它们的夹角为 φ ，则 $\cos\varphi = |\cos\angle(\boldsymbol{v}_1, \boldsymbol{v}_2)| = \left|\dfrac{\boldsymbol{v}_1 \cdot \boldsymbol{v}_2}{|\boldsymbol{v}_1||\boldsymbol{v}_2|}\right| = \dfrac{|m_1m_2 + n_1n_2 + p_1p_2|}{\sqrt{m_1^2 + n_1^2 + p_1^2} \cdot \sqrt{m_2^2 + n_2^2 + p_2^2}}$.

定理6.14 设空间两直线 $L_1: \dfrac{x - x_1}{m_1} = \dfrac{y - y_1}{n_1} = \dfrac{z - z_1}{p_1}$ ，$L_2: \dfrac{x - x_2}{m_2} = \dfrac{y - y_2}{n_2} = \dfrac{z - z_2}{p_2}$ ，则

（1）空间两直线 L_1 和 L_2 垂直 $\Leftrightarrow m_1m_2 + n_1n_2 + p_1p_2 = 0$ ；

（2）空间两直线 L_1 和 L_2 平行或重合 $\Leftrightarrow \dfrac{m_1}{m_2} = \dfrac{n_1}{n_2} = \dfrac{p_1}{p_2}$.

【例 6.22】 求直线 $L_1: \dfrac{x - 1}{1} = \dfrac{y}{-4} = \dfrac{z + 3}{1}$ 和 $L_2: \dfrac{x}{2} = \dfrac{y + 2}{-2} = \dfrac{z}{-1}$ 的夹角 φ .

解 两直线的方向向量为 $\boldsymbol{v}_1 = (1, -4, 1)$ ，$\boldsymbol{v}_2 = (2, -2, -1)$ ，则

$$\cos\varphi = \frac{|1 \times 2 + (-4) \times (-2) + 1 \times (-1)|}{\sqrt{1^2 + (-4)^2 + 1^2} \cdot \sqrt{2^2 + (-2)^2 + (-1)^2}} = \frac{1}{\sqrt{2}} = \frac{\sqrt{2}}{2}.$$

因此，$\varphi = \dfrac{\pi}{4}$.

6.7.4 直线与平面的夹角

定义 6.31 若直线与平面不垂直，直线和它在平面上的投影直线的夹角 φ 称为**直线与平面的夹角**；若直线与平面垂直，直线与平面的夹角为 $\dfrac{\pi}{2}$ （见图 6-29）.

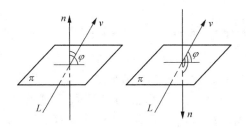

图 6-29

设直线的方向向量为 $\boldsymbol{v} = (m, n, p)$ ，平面的法向量为 $\boldsymbol{n} = (A, B, C)$ ，直线与平面的夹角为 φ ，则 $\varphi = \dfrac{\pi}{2} - \angle(\boldsymbol{v}, \boldsymbol{n})$ 或 $\varphi = \angle(\boldsymbol{v}, \boldsymbol{n}) - \dfrac{\pi}{2}$.

因此，$\sin\varphi = |\cos\angle(\boldsymbol{v}, \boldsymbol{n})| = \left|\dfrac{\boldsymbol{n} \cdot \boldsymbol{v}}{|\boldsymbol{n}||\boldsymbol{v}|}\right| = \dfrac{|Am + Bn + Cp|}{\sqrt{A^2 + B^2 + C^2} \cdot \sqrt{m^2 + n^2 + p^2}}$.

定理 6.15 设空间直线 $L: \dfrac{x - x_0}{m} = \dfrac{y - y_0}{n} = \dfrac{z - z_0}{p}$ ，平面 $\pi: Ax + By + Cz + D = 0$ ，则

（1）直线 L 与平面 π 垂直 $\Leftrightarrow \dfrac{A}{m} = \dfrac{B}{n} = \dfrac{C}{p}$；

（2）直线 L 与平面 π 平行或直线在平面上 $\Leftrightarrow Am + Bn + Cp = 0$．

【例 6.23】 求过点 $(1, -2, 4)$ 且与平面 $2x - 3y + z - 4 = 0$ 垂直的直线方程．

解 因为平面的法向量为 $\boldsymbol{n} = (2, -3, 1)$ 是所求直线的方向向量 $\boldsymbol{v}$，所以直线的方程为 $\dfrac{x-1}{2} = \dfrac{y+2}{-3} = \dfrac{z-4}{1}$．

6.7.5　平面束

设直线 L 的一般方程为

$$\begin{cases} A_1x + B_1y + C_1z + D_1 = 0 \\ A_2x + B_2y + C_2z + D_2 = 0 \end{cases} \tag{6.1}$$

其中 $A_1 : B_1 : C_1 \neq A_2 : B_2 : C_2$．

考虑三元一次方程为

$$A_1x + B_1y + C_1z + D_1 + \lambda(A_2x + B_2y + C_2z + D_2) = 0 \tag{6.2}$$

其中 λ 为任意常数．

整理得

$$(A_1 + \lambda A_2)x + (B_1 + \lambda B_2)y + (C_1 + \lambda C_2)z + (D_1 + \lambda D_2) = 0 \tag{6.3}$$

因为 $A_1 : B_1 : C_1 \neq A_2 : B_2 : C_2$，所以对于任何 λ 的取值，方程(6.3)的系数不全为零．因此，此方程表示平面 π．

设 $M(x, y, z)$ 为直线 L 上的任一点，则点 $M(x, y, z)$ 的坐标满足方程组(6.1)．当然它也满足方程（6.2）．这说明平面 π 是通过直线 L 的平面．反之，通过直线 L 的任一平面也一定是方程（6.2）所表示的一族平面中的一个平面．

因此，方程（6.2）表示通过直线 L 的所有平面．称通过一条直线的所有平面的全体为**平面束**．方程 $A_1x + B_1y + C_1z + D_1 + \lambda(A_2x + B_2y + C_2z + D_2) = 0$ 称为此**平面束的方程**，其中 λ 为任意常数．

习题 6-7

1. 把直线方程化为参数方程及一般方程．

（1）$\dfrac{x-2}{-1} = \dfrac{y+1}{2} = z$　（2）$\dfrac{x+5}{0} = \dfrac{y+1}{1} = \dfrac{z-1}{2}$

2. 求通过点 $A(2, 2, -1)$ 且与直线 $\begin{cases} x = 3 + t \\ y = t \\ y = 1 - 2t \end{cases}$ 平行的直线方程．

3. 求通过原点且垂直平面 $3x - z + 5 = 0$ 的直线的方程.

4. 求直线 $\begin{cases} x = 2t \\ y = 1 + 3t \\ z = -6t \end{cases}$ 与直线 $\dfrac{x}{2} = \dfrac{y-3}{3} = \dfrac{z+6}{-1}$ 之间的夹角的余弦.

5. 一平面在 z 轴上的截距为 3，且与直线 $L：\begin{cases} 2x = t \\ -y = t \\ z = 2t \end{cases}$ 垂直，求此平面的方程.

6. 求直线 $\begin{cases} x = 2y + 5 \\ z = 1 - y \end{cases}$ 与平面 $2x - y + z + 1 = 0$ 之间夹角的正弦.

6.8　应用 MATLAB 绘制空间几何图形

一、基本指令

命 令 语 法	功　　能
plot（x,y,s1）	绘制二维图形的函数，x，y 是向量或矩阵，s1 是可选字符串，用来指定颜色、标记符号或线型
plot3（x,y,z,s1）	绘制三维曲线的函数，s1 同 plot(x,y,s1)
[X,Y]=meshgrid(x,y)	生成用于画三维图形的矩阵数据
mesh(X,Y,Z)	绘制三维网状图形的绘图命令
surf(X,Y,Z)	绘制三维曲面图形的绘图命令
contour(z,n)	制作 z=f（x,y）在区域[x0,x1]x[y0,y1]上的投影图形，n 为投影线的密度
axis(−x,x,−y,y,−z,z)	设置坐标系的范围

二、例题

【例 6.24】利用图形显示命令绘制下列函数图形：

（1）$f(x, y) = \sin(xy)$，其中 $x \in (0, 4), y \in (0, 4)$；

（2）$\begin{cases} x = \cos t(3 + \cos u) \\ y = \sin t(3 + \cos u) \\ z = \sin u \end{cases}$，其中 $t \in (0, 2\pi), u \in (0, 2\pi)$;

（3）$\begin{cases} x = 5\cos u . \sin v \\ y = 5\sin u . \sin v \\ z = 3\cos v \end{cases}$，其中 $u \in (0, 2\pi), v \in (0, \dfrac{\pi}{2})$;

解（1）clear all;

```
x=linspace(0,4,200);
y=linspace(0,4,200);
[X,Y]=meshgrid(x,y);
Z=sin(X.*Y);
```

mesh(X,Y,Z)

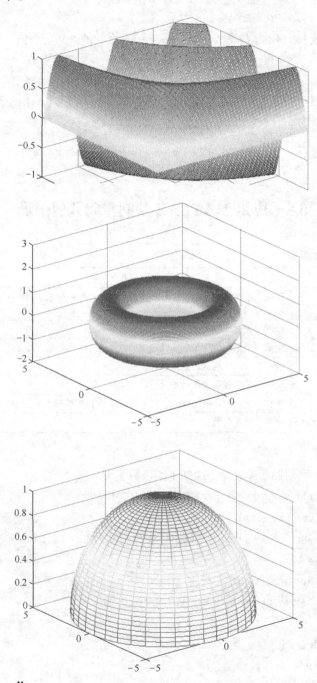

（2）clear all;

t=linspace(0,2*pi,200);

```
u=linspace(0,2*pi,200);
 [T,U]=meshgrid(t,u);
x=cos(T).*(3+cos(U));
y=sin(T).*(3+cos(U));
z=sin(U);
mesh(x,y,z)
axis([-5 5 -5 5 -2 3])
Z=sin(X.*Y);
mesh(X,Y,Z)
```

（3）clear all;

```
u=linspace(0,2*pi,40);
v=linspace(0,pi/2,40);
[U,V]=meshgrid(u,v);
x=5*cos(U).*sin(V);
y=5*sin(U).*sin(V);
z=cos(V);
mesh(x,y,z)
```

习题 6-8

显示下列函数的图形：

（1）椭圆面 $\begin{cases} x = 2\cos u \sin v \\ y = 5\sin u \sin v \\ z = 3\cos v \end{cases}$，其中 $u \in (0, 2\pi), v \in (0, \pi)$．

（2）椭球抛物面 $\begin{cases} x = 2u\cos v \\ y = 3u\sin v \\ z = 3u^2 \end{cases}$，其中 $u \in (0, 2), v \in (0, 2)$．

（3）双曲抛物面 $\begin{cases} x = u \\ y = v \\ z = (u^2 - v^2)/3 \end{cases}$，其中 $u, v \in (-4, 4)$．

（4）圆柱螺线 $\begin{cases} x = 3\cos 4t \\ y = 3\sin 4t \\ z = t \end{cases}$，其中 $t \in (0, 5)$．

本 章 小 结

一、知识体系建构

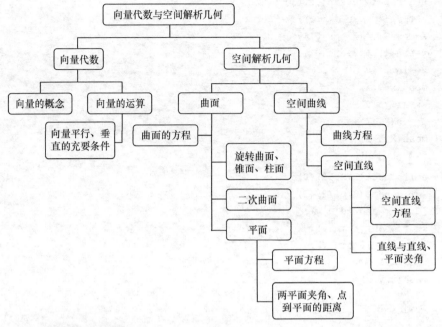

二、基本内容回顾

1. 向量的定义以及坐标表示.

2. 向量的线性运算.

3. 向量的数量积与向量积.

4. 向量垂直、平行的判别法则.

5. 曲面方程的定义和常用曲面的方程以及它们的图形.

6. 曲线的一般方程和参数方程.

7. 曲线在坐标面上的投影.

8. 平面方程的建立和夹角.

9. 空间直线的方程的建立和夹角.

三、解题方法总结

1. 利用向量解决问题的方法.

2. 旋转曲面方程的求法.

3. 空间曲线在坐标面上投影的求法.

4. 建立平面方程的方法.

5. 两平面夹角的计算方法.

6. 建立空间直线方程的方法.

7. 计算两直线、直线与平面的夹角的方法.

本 章 测 试

一、选择题

1. 设三个向量 a, b, c 满足关系式 $a \cdot b = b \cdot c$，则（　　）.

(A) $a = 0$ 或 $a = c$　　　　　　　(B) $a = b - c = 0$

(C) 当 $a \neq 0$ 时，必有 $b = c$　　　(D) $a \perp (b - c)$

2. 设 a, b 为两个非零向量，且 $(7a - 5b) \perp (a + 3b), (7a - 2b) \perp (a - 4b)$，则 a 与 b 的夹角 $\theta = $（　　）.

(A) 0　　　　(B) $\dfrac{\pi}{2}$　　　　(C) $\dfrac{\pi}{3}$　　　　(D) $\dfrac{2\pi}{3}$

3. 空间中三点 $A(0,1,0), B(-1,0,-2), C(2,3,4)$ 是（　　）.

(A) 共线　　　　(B) 不共线

4. 在空间直角坐标系下，方程 $x^2 - 4(y-1)^2 = 0$ 表示（　　）.

(A) 两个平面　　(B) 双曲柱面　　(C) 椭圆柱面　　(D) 圆柱面

5. 在空间直角坐标系，方程 $x^2 + y^2 - z^2 = 0$ 表示（　　）.

(A) 球面　　　　(B) 锥面　　　　(C) 旋转抛物面　　(D) 圆柱面

二、填空题

1. 设向量 a, b 的模 $|a| = 1, |b| = \sqrt{2}$，且 a 与 b 的夹角为 $\theta = \dfrac{\pi}{4}$，则 $|a + b| = $ _____.

2. 已知向量 a, b, c，其中 $c \perp a, c \perp b$，a 与 b 的夹角为 $\dfrac{\pi}{6}$，且 $|a| = 6, |b| = |c| = 3$，则 $(a \times b) \cdot c = $ _____.

3. 已知向量 $\overrightarrow{AB} = (4, -4, 7)$ 的终点 $B(1, -1, 2)$，则起点 A 的坐标为 _____.

4. 过点 $(1, 0, 0)$ 且以向量 $n = (2, -3, 1)$ 为法向量的平面方程为 _____.

5. 两个平面 $\pi_1 : x - y + z = 0$ 与 $\pi_2 : 2x - 2y + 2z + 1 = 0$ 的位置关系是 _____.

6. 平面 $\pi : x + 2y - z + 3 = 0$ 与直线 $l : \dfrac{x-1}{2} = \dfrac{y+1}{-1} = \dfrac{z-2}{0}$ 的位置关系是 _____.

7. 在空间直角坐标系 $Oxyz$ 中，xOz 平面上的曲线 $z = 4x^2$ 绕 z 轴旋转一周所生成的曲面的方程为 _____.

三、解答题

1. 设已知两点 $M_1(4, \sqrt{2}, 1)$ 和 $M_2(3, 0, 2)$，计算向量 $\overrightarrow{M_1 M_2}$ 的模，方向余弦和方向角.

2. 求一个单位向量 b，使得 $b \perp a$ 且 $b \perp x$ 轴，其中 $a = (3, 6, 8)$.

3. 已知向量 $\overrightarrow{OA} = i + 3k, \overrightarrow{OB} = j + 3k$，求 $\triangle OAB$ 的面积.

4. 求过点 $P(1, -1, 2)$ 且垂直于直线 $\dfrac{x+1}{2} = \dfrac{y-1}{3} = z$ 的平面方程.

5. 求过两点 $A(1,2,3), B(2,4,6)$ 的直线方程.

6. 求点 $P(3,-2,2)$ 到平面 $x-2y+2z+4=0$ 的距离.

四、证明

已知 $a+b+c=0$（a,b,c 为非零向量），试证：$a×b=b×c=c×a$.

数学史话

解析几何的诞生

近代数学本质上可以说是变量数学。文艺复兴以来资本主义生产力的发展，对科学技术提出了全新的要求：机械的普遍使用引起了对机械运动的研究；世界贸易的高涨促使航海业的空前发达，而测定船舶位置问题要求准确地研究天体运动的规律；武器的改进刺激了对弹道问题的探讨等等，总之，到了 16 世纪，对运动与变化的研究已经变成自然科学的中心问题.这就迫切地需要一种新的数学工具，从而导致了变量数学亦即近代数学的诞生.

变量数学的第一个里程碑是解析几何的发明.解析几何的基本思想是在平面上引进"坐标"的概念，并借助这种坐标在平面上的点和有序实数对 (x,y) 之间建立了一一对应的关系.于是几何问题便可归结为代数问题，并反过来通过代数问题的研究发现新的几何结果.

借助坐标来确定点的位置的思想古代曾经出现过，古希腊的阿波罗尼奥斯关于圆锥曲线性质的推导，阿拉伯人通过圆锥曲线交点求解三次方程的研究，都蕴含着这种思想.解析几何最重要的前驱是法国数学家奥雷斯姆（N.Oresme,1323—1382），但真正发明还要归功于法国另外两位数学家笛卡儿（R.Descartes，1596—1650）与费马（P.de Fermat，1601—1665）.

笛卡儿的哲学名言是："我思故我在".他解释说："要想追求真理，我们必须在一生中尽可能地把所有的事物都来怀疑一次"，而世界上唯一先需怀疑的是"我在怀疑"，因为"我在怀疑"证明"我在思想"，说明我确实存在，这就是"我思故我在"，成为笛卡儿唯理主义的一面旗帜.它虽然在物质与精神的关系上有所颠倒，但主张用怀疑的态度代替盲从和迷信，认为只有依靠理性才能获得真理.在当时不仅打击了经院哲学的教会权威，而且也为笛卡儿自己的科学发现开辟了一条崭新的道路.同学们，当我们今天分享这一数学"成果"的时候，何尝不会体味到，他更开辟了数学上的一条崭新道路！

勒奈·笛卡儿（Rene Descartes）,1596 年 3 月 31 日生于法国都兰城。笛卡儿是伟大的哲学家、物理学家、生理学家，是解析几何的创始人.笛卡儿是欧洲近代资产阶级哲学的奠基人之一，黑格尔称他为"现代哲学之父".他自称体系，熔唯物主义与唯心主义于一炉，在哲学史上产生了深远的影响.同时，他又是一位勇于探索的科学家，他所建立的解析几何在数学史上有划时代的意义.笛卡儿堪称 17 世纪的欧洲哲学界和科学界最有影响的巨匠之一，被誉为"近代科学的始祖".

关于笛卡儿创立解析几何的灵感有几个传说.一个传说讲，笛卡儿终身保持着在耶稣会学校读书期间养成的"晨思"习惯，他在一次"晨思"时，看见一只苍蝇正在天花板上爬，他突然想到，如果知道了苍蝇与相邻两个墙壁的距离之间的关系，就能描述它的路线，这使他头脑中产生了关于解析几何的最初闪念。另一个传说是，1619 年冬天，笛卡儿随军队驻扎在多瑙河的一个村庄，在圣马丁节的前夕（11 月 10 日），他做了三个连贯的梦.笛卡儿后来说正是这三个梦向他揭示了"一门奇特的科学"和一项惊人的发现，虽然他从未明说过这门奇特的科学和这项惊人的发现是什么，但这三个梦从此成为后来每本书介绍解析几何的诞生的著作必提的佳话，它给解析几何的诞生蒙上了一层神秘色彩.但事实上，正如牛顿曾在苹果树下小憩时，看到苹果落地，发现万有引力定律一样，笛卡儿之所以能创立解析几何，主要是他艰苦探索、潜心思考，运用科学的方法，同时批判地继承前人的成就的结果.

第7章 多元函数微分学

在前几章中，我们讨论的函数都只有一个自变量，这种函数称为一元函数. 我们学习了一元函数的极限、连续、导数和微分的求法，并且了解了它们之间的关系：可微 $\Leftrightarrow$ 可导 $\Rightarrow$ 连续 $\Rightarrow$ 极限存在. 但在很多实际问题中所遇到的函数，往往依赖于两个或更多个自变量，自变量多于一个的函数通常称为多元函数. 本章将在一元函数微分学的基础上，进一步讨论多元函数的微分法及其应用. 讨论中，我们将以二元函数为主要对象，这主要是因为首先便于理解，其次这些概念和方法大都能自然推广到二元以上的多元函数上.

在学习本章内容的过程中，要注意比较多元函数和一元函数的基本概念和性质的差别.

重点难点提示

知 识 点	重 点	难 点	要 求
多元函数的概念	●		理解
二元函数的极限与连续	●	●	理解
偏导数的概念及计算	●	●	掌握
全微分	●		掌握
复合函数的求导方法	●	●	掌握
隐函数求导公式	●	●	掌握
空间曲线的切线方程和法平面方程	●		掌握
曲面的切平面方程和法线方程	●		掌握
方向导数和梯度			了解
二元函数极值及应用	●	●	理解
利用 Matlab 求多元函数导数			了解

7.1 多元函数的极限和连续

在讨论一元函数时，一些概念、理论和方法都是基于实数轴上的点集、两点间的距离、区间和邻域等概念. 为了将一元函数微分推广到二元函数，进而推广到多元函数上，首先要将上述概念加以推广，为此先引入平面点集的一些基本概念.

7.1.1　平面点集

1．平面点集的概念

由平面解析几何知道，当在平面上引入了一个直角坐标系后，平面上的点 P 与有序二元实数组 (x,y) 之间就建立了一一对应.于是，我们常把有序实数组 (x,y) 与平面上的点 P 视作是等同的.这种建立了坐标系的平面称为**坐标平面**，二元有序实数组 (x,y) 的全体，即 $R^2 = \{(x,y) \mid x,y \in R\}$ 就表示坐标平面.

坐标平面上具有某种性质 P 的点的集合，称为**平面点集**，记作

$$E = \left\{(x,y) \mid (x,y)\text{具有性质}P\right\}.$$

例如，平面上以原点为中心、r 为半径的圆内所有点的集合是

$$G = \{(x,y) \mid x^2 + y^2 < r^2\}.$$

如果以点 P 表示 (x,y)，$|OP|$ 表示点 P 到原点 O 的距离，那么集合 G 也可表示成

$$G = \{P \mid |OP| < r\}.$$

现在我们引入 R^2 中邻域的概念.

2．邻域

设 $P_0(x_0,y_0)$ 是 xOy 平面上的一个点，δ 是某一正数.与点 $P_0(x_0,y_0)$ 距离小于 δ 的点 $P(x,y)$ 的全体，称为**点 P_0 的 δ 邻域**，记为 $U(P_0,\delta)$，即

$$U(P_0,\delta) = \{P \mid |PP_0| < \delta\},$$

也就是

$$U(P_0,\delta) = \{(x,y) \mid \sqrt{(x-x_0)^2+(y-y_0)^2} < \delta\}.$$

从图形上看，$U(P_0,\delta)$ 就是 xOy 平面上以点 $P_0(x_0,y_0)$ 为中心、δ 为半径的圆内部的点 $P(x,y)$ 的全体.

点 P_0 的去心 δ 邻域，记作 $\mathring{U}(P_0,\delta)$，即

$$\mathring{U}(P_0,\delta) = \{P \mid 0 < |PP_0| < \delta\}.$$

如果不需要强调邻域半径 δ，则用 $U(P_0)$ 表示 P_0 的某个邻域，$\mathring{U}(P_0)$ 表示 P_0 的某个去心邻域.

3．区域

设 E 是一个平面点集，P 是平面上的一个点.

若存在 P 的某个邻域 $U(P)$，使得 $U(P) \subset E$，则称 P 为 E 的**内点**（见图7.1）.显然，若 P 是 E 的内点，则 $P \in E$.若点集 E 的点都是它的内点，则称 E 为**开集**.例如，点集

$$D_1 = \left\{(x,y) \mid 1 < x^2 + y^2 < 4\right\}$$

中的每个点都是 D_1 的内点，故 D_1 是开集.

若点 P 的任何一个邻域中既有属于 E 的点，也有不属于 E 的点（P 本身可属于 E，也可不属于 E），则称 P 为 E 的**边界点**（见图 7.2），E 的边界点的全体称为 E 的**边界**. 如在上例中，D_1 的边界是圆周 $x^2+y^2=1$ 和 $x^2+y^2=4$.

图 7.1   图 7.2

若对于任意给定的 $\delta>0$，点 P 的去心邻域 $\overset{\circ}{U}(P,\delta)$ 内总有 E 中的点，则称 P 是 E 的**聚点**. 由定义可知，E 的聚点可以属于 E，也可以不属于 E. 例如，点集

$$E=\left\{(x,y)\,|\,1<x^2+y^2\leqslant 4\right\}$$

满足 $1<x^2+y^2<4$ 的一切点都是 E 的内点；满足 $x^2+y^2=1$ 与 $x^2+y^2=4$ 的点都是 E 的边界点，且满足 $x^2+y^2=1$ 的点不属于 E；E 及其边界上的点都是 E 的聚点.

如果对于平面点集 D 中的任意两点，都可用完全属于 D 的折线连接起来，则称 D 是**连通集**. 否则，称 D 为**非连通集**. 如图 7.3 所示，平面点集 D_1,D_2 是连通集；D_3 由两个部分组成，是非连通集.

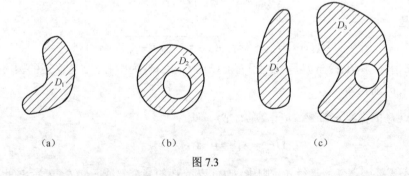

(a)   (b)   (c)

图 7.3

连通的开集称为**区域**或**开区域**. 如：

$$D_1=\left\{(x,y)\,|\,1<x^2+y^2<4\right\}, \quad D_2=\left\{(x,y)\,|\,x+y>0\right\}.$$

区域连同它的边界一起，称为**闭区域**. 如：

$$\left\{(x,y)\,|\,1\leqslant x^2+y^2\leqslant 4\right\}, \quad \left\{(x,y)\,|\,x+y\geqslant 0\right\}.$$

区域（或闭区域）分为有界区域和无界区域. 若一个区域包含在某一个以原点为中心的圆内，则称为**有界区域**，否则称为**无界区域**.

例如，平面点集 $\left\{(x,y)\,|\,1\leqslant x^2+y^2\leqslant 4\right\}$ 是一个有界闭区域，圆周 $x^2+y^2=1$ 和 $x^2+y^2=4$ 是其边界，边界属于此区域. 集合 $\left\{(x,y)\,|\,x+y>0\right\}$ 是无界开区域，边界

是直线 $y = -x$，边界不属于此区域.

设 n 为一个正整数，我们用 R^n 表示 n 元有序实数组 $(x_1, x_2, \cdots, x_n)$ 的全体所构成的集合，即

$$R^n = \{(x_1, x_2, \cdots, x_n) \mid x_i \in R, i = 1, 2, \cdots, n\}$$

R^n 中的元素 $(x_1, x_2, \cdots, x_n)$ 有时也用单个字母 x 表示，即 $x = (x_1, x_2, \cdots, x_n)$.

特别，当 $n = 3$ 时，(x_1, x_2, x_3) 就表示空间的一个点或一个以它为终点的向量. 这样，

$$R^3 = \{(x_1, x_2, x_3) \mid x_i \in R, i = 1, 2, 3\}$$

就表示空间所有点或所有向量所构成的集合.

7.1.2　二元函数的概念

和一元函数一样，二元函数也是从实际问题中抽象出来的一个数学概念.

【例 7.1】　设矩形的边长分别为 x 和 y，则矩形的面积 S 与边长的关系为

$$S = xy$$

这里，当 x 和 y 在集合 $\{(x, y) \mid x > 0, y > 0\}$ 内每取定一对值 (x, y) 时，S 就有唯一确定的值与之对应.

【例 7.2】　一定量的理想气体的压强 P、体积 V 和绝对温度 T 之间具有关系

$$P = \frac{RT}{V} \quad (R \text{ 为常数})$$

这里，当 V 和 T 在集合 $\{(V, T) \mid V > 0, T > T_0\}$ 内每取定一对值 (V, T) 时，按照上面的关系，P 就有唯一确定的值与之对应.

上面的两个实际问题说明，在一定条件下，当两个变量在允许的范围内取值时，另一个变量通过对应的法则有唯一的值与之对应. 由此我们得到了以下二元函数的定义.

定义 7.1　设 D 是一个非空的平面点集，称映射 $f : D \to R$ 为定义在 D 上的**二元函数**，通常记为

$$z = f(x, y), \quad (x, y) \in D$$

或

$$z = f(P), \quad P \in D$$

其中 D 称为该函数的**定义域**，x, y 称为该函数的**自变量**，z 称为因变量.

上述定义中，与自变量 x, y 的一对值 (x, y)（即二元有序实数组）对应的因变量 z 的值，称为**二元函数** f **在点** (x, y) **处的函数值**，记作 $f(x, y)$，即 $z = f(x, y)$. 函数值 $f(x, y)$ 的全体所构成的集合称为函数 f 的**值域**，记作 $f(D)$，也即

$$f(D) = \{z \mid z = f(x, y), (x, y) \in D\}$$

关于上述定义的两点说明：

（1）与一元函数的情形相仿，记号 f 与 $f(x,y)$ 意义不同，但习惯上常用记号 $f(x,y)$，$(x,y) \in D$ 或 $z = f(x,y)$，$(x,y) \in D$ 来表示 D 上的二元函数.

（2）表示二元函数的符号 f 是可以任意选取的，例如也可以记为 $z = \varphi(x,y)$，$z = g(x,y)$ 等.

类似地可定义三元函数 $u = f(x,y,z)$，$(x,y,z) \in D$ 以及三元以上的函数，对于三元函数，定义域 D 是 R^3 的一个非空子集.当 $n \geqslant 2$ 时，n 元函数统称为**多元函数**. n **元函数的定义域是** R^n **的一个非空子集**.

关于函数的定义域，相仿于一元函数，作如下约定：在讨论用算术式表达的多元函数时，就以使这个算式有意义的自变量的值所确定的点集为这个函数的定义域，也称其为函数的自然定义域.例如，函数 $z = \ln(x+y)$ 的定义域为 $D = \{(x,y) \mid x+y > 0\}$，它是一个无界开区域.

【例 7.3】 求二元函数 $z = \sqrt{3 - x^2 - y^2}$ 的定义域.

解 由平方根的定义，x,y 必须满足不等式 $3 - x^2 - y^2 \geqslant 0$，即 $x^2 + y^2 \leqslant 3$. 故函数 $z = \sqrt{3 - x^2 - y^2}$ 的定义域为平面点集 $\{(x,y) \mid x^2 + y^2 \leqslant 3\}$. 这是平面上圆心在原点，半径为 $\sqrt{3}$ 的圆的内部及圆周上所有点的集合.

设 $z = f(x,y)$ 定义域为 D，对于任意取定的点 $M(x,y) \in D$，对应的函数值为 $z = f(x,y)$.这样，以 x 为横坐标、y 为纵坐标、$z = f(x,y)$ 为竖坐标在空间就确定一点 $P(x,y,z)$. 当点 $M(x,y)$ 在 D 中变动时，对应的 P 点的轨迹就是二元函数 $z = f(x,y)$ 的几何图形，它通常是一张曲面，而其定义域 D 就是此曲面在 xOy 面上的投影（见图7.4）.例如 $z = x^2 + 2y^2$ 对应的图形就是一个椭圆抛物面.

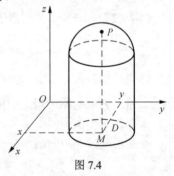

图 7.4

7.1.3 二元函数的极限

类似于一元函数极限的定义方式，下面给出二元函数的极限.

定义 7.2 设二元函数 $z = f(x,y)$ 的定义域为 D，点 $P_0(x_0, y_0)$ 是 D 的一个聚点，若当 D 中的点 $P(x,y)$ 以任意方式无限趋于点 $P_0(x_0, y_0)$ 时，函数 $f(x,y)$ 无限接近于一个确定的常数 A，则称 A **是二元函数** $f(x,y)$ **当** $(x,y) \to (x_0, y_0)$ **时的极限**，记为

$$\lim_{(x,y) \to (x_0,y_0)} f(x,y) = A，\text{ 或 } f(x,y) \to A((x,y) \to (x_0, y_0))$$

也记作

$$\lim_{P \to P_0} f(P) = A \text{ 或 } f(P) \to A(P \to P_0)$$

为了区别于一元函数的极限，把二元函数的极限叫做**二重极限**.

以上二重极限的定义也可用"$\varepsilon - \delta$"语言描述.

定义 7.3 设函数 $z = f(x, y)$ 的定义域为 D，点 $P_0(x_0, y_0)$ 是 D 的一个聚点，如果存在常数 A，对于任意给定的正数 ε，总存在正数 δ，使得当点 $P(x, y) \in D \cap \overset{\circ}{U}(P_0, \delta)$ 时，都有

$$|f(P) - A| = |f(x, y) - A| < \varepsilon$$

那么就称常数 A 为**函数 $f(x, y)$ 当 $(x, y) \to (x_0, y_0)$ 时的极限**，记作

$$\lim_{(x, y) \to (x_0, y_0)} f(x, y) = A \text{ 或 } f(x, y) \to A((x, y) \to (x_0, y_0)).$$

注 二重极限存在，是指 $P(x, y)$ 以任何方式趋于 $P_0(x_0, y_0)$ 时，对应的函数值 $z = f(x, y)$ 都无限地接近于一个确定的常数 A，也即极限的存在与自变量的趋近路径无关.

如果当 $P(x, y)$ 沿着两种不同的路径趋于 $P_0(x_0, y_0)$ 时，函数趋于不同的值，则函数的极限不存在.例如，

函数 $f(x, y) = \begin{cases} \dfrac{xy}{x^2 + y^2}, & x^2 + y^2 \neq 0 \\ 0, & x^2 + y^2 = 0 \end{cases}$ 在点 $(0,0)$ 有无极限？

解 当点 $P(x, y)$ 沿直线 $y = kx$ 趋向于 $(0,0)$ 点时，极限

$$\lim_{\substack{(x, y) \to (0, 0)}} f(x, y) = \lim_{\substack{x \to 0 \\ y = kx \to 0}} \frac{kx^2}{x^2 + k^2 x^2} = \frac{k}{1 + k^2}$$

显然，此极限值随 k 值的不同而变化，故此函数在点 $(0,0)$ 的极限不存在.

以上关于二元函数极限的概念可相应推广到多元函数上去，多元函数的极限与一元函数的极限具有相同的性质和运算法则，在此不再详述.

【例 7.4】 求极限 $\lim\limits_{(x, y) \to (0, 0)} (x^2 + y^2) \sin \dfrac{1}{x^2 + y^2}$.

解 令 $u = x^2 + y^2$，当 $x \to 0, y \to 0$ 时，$u \to 0$，则

$$\lim_{(x, y) \to (0, 0)} (x^2 + y^2) \sin \frac{1}{x^2 + y^2} = \lim_{u \to 0} u \sin \frac{1}{u} = 0.$$

【例 7.5】 求极限 $\lim\limits_{(x, y) \to (0, 0)} \dfrac{3 - \sqrt{x^2 + y^2 + 9}}{x^2 + y^2}$.

解 当 $x \to 0, y \to 0$ 时，$x^2 + y^2 \to 0$，

所以 $\lim\limits_{(x,y)\to(0,0)} \dfrac{3-\sqrt{x^2+y^2+9}}{x^2+y^2} = \lim\limits_{(x,y)\to(0,0)} \dfrac{(3-\sqrt{x^2+y^2+9})(3+\sqrt{x^2+y^2+9})}{(x^2+y^2)(3+\sqrt{x^2+y^2+9})}$

$$= \lim\limits_{(x,y)\to(0,0)} \dfrac{-1}{3+\sqrt{x^2+y^2+9}} = \dfrac{-1}{6}.$$

注 这里我们把 x^2+y^2 看成变量 u（令 $u=x^2+y^2$），当 $x\to 0$，$y\to 0$ 时，$u\to 0$，从而将问题转化为一元函数的极限问题.

【例 7.6】 求 $\lim\limits_{(x,y)\to(0,2)} \dfrac{\sin(xy)}{x}$.

解 $\lim\limits_{(x,y)\to(0,2)} \dfrac{\sin(xy)}{x} = \lim\limits_{(x,y)\to(0,2)} \dfrac{\sin(xy)}{xy}\cdot y = \lim\limits_{(x,y)\to(0,2)} \dfrac{\sin(xy)}{xy}\cdot \lim\limits_{(x,y)\to(0,2)} y = 1\times 2 = 2$.

7.1.4　二元函数的连续性

与一元函数情形一样，利用多元函数的极限就可以说明多元函数在一点处连续的概念.

定义 7.4 设二元函数 $f(x,y)$ 的定义域为 D，$P_0(x_0,y_0)$ 为 D 的聚点，且 $P_0(x_0,y_0)\in D$. 如果

$$\lim\limits_{(x,y)\to(x_0,y_0)} f(x,y) = f(x_0,y_0)$$

则称函数 $f(x,y)$ **在点** $P_0(x_0,y_0)$ **处连续**. 如果函数 $f(x,y)$ 在点 $P_0(x_0,y_0)$ 处不连续，则称函数 $f(x,y)$ **在点** $P_0(x_0,y_0)$ **处间断**，并称 $P_0(x_0,y_0)$ 为 $f(x,y)$ 的**间断点**.

讨论函数

$$f(x,y) = \begin{cases} \dfrac{xy}{x^2+y^2}, & x^2+y^2 \neq 0 \\ 0, & x^2+y^2 = 0 \end{cases}$$

在原点处的连续性.

解 当 $x\to 0$，$y\to 0$ 时，$f(x,y)$ 的极限不存在，所以函数在原点不连续，原点是该函数的一个间断点.

如果函数 $f(x,y)$ 在区域 D 的每一点都连续，那么就称**函数** $f(x,y)$ **在** D **上连续**，或者称 $f(x,y)$ 是 D 上的**连续函数**.

二元函数的连续性概念可相应地推广到多元函数上去.

需要说明的是，一元函数可看做是二元函数的特例（即另一个自变量不出现），因而一元基本初等函数作为特殊的二元函数在其定义域内是连续的.

可以证明，多元连续函数的和、差、积仍为连续函数；连续函数的商在分母不

为零处仍连续；多元连续函数的复合函数也是连续函数.

与一元初等函数类似，**多元初等函数**是指可由一个式子所表示的多元函数，而这个式子是由常数及具有不同自变量的一元基本初等函数经过有限次的四则运算和复合运算而得到的. 例如

$$\frac{x+x^2-y^2}{1+y^2}, \quad \sin(x+y), \quad e^{x^2+y^2+z^2}$$

都是多元初等函数.

根据上面给出的连续函数的运算性质，进一步可得如下结论：

一切多元初等函数在其定义区域内是连续的.

由此，如果要求多元连续函数 $f(P)$ 在点 P_0 处的极限，而该点又在此函数的定义区域内，则

$$\lim_{p \to p_0} f(P) = f(P_0)$$

【例 7.7】 求 $\lim\limits_{(x,y) \to (1,2)} \dfrac{x+y}{xy}$.

解 函数 $f(x,y) = \dfrac{x+y}{xy}$ 是初等函数，它的定义域为

$$D = \{(x,y) \mid x \neq 0, y \neq 0\}$$

$P_0(1,2)$ 为 D 的内点，故存在 P_0 的某一邻域 $U(P_0) \subset D$，而任何邻域都是区域，所以 $U(P_0)$ 是 $f(x,y)$ 的一个定义区域，因此

$$\lim_{(x,y) \to (1,2)} f(x,y) = f(1,2) = \frac{3}{2}$$

【例 7.8】 求 $\lim\limits_{(x,y) \to (0,0)} \dfrac{\sqrt{xy+1}-1}{xy}$.

解 $\lim\limits_{(x,y) \to (0,0)} \dfrac{\sqrt{xy+1}-1}{xy} = \lim\limits_{(x,y) \to (0,0)} \dfrac{(\sqrt{xy+1}-1)(\sqrt{xy+1}+1)}{xy(\sqrt{xy+1}+1)}$

$$= \lim_{(x,y) \to (0,0)} \frac{1}{\sqrt{xy+1}+1} = \frac{1}{2}$$

与闭区间上一元函数的性质相类似，在有界闭区域上的多元连续函数也有如下性质.

性质 1 （**有界性与最大值最小值定理**）在有界闭区域 D 上的多元连续函数，必定在 D 上有界，且能取得它的最大值与最小值，即若 $f(P)$ 在 D 上连续，则一定存在正数 M，使得 $\forall P \in D$，有 $|f(P)| \leqslant M$；且存在 $P_1, P_2 \in D$，使得 $\forall P \in D$，有

$$f(P_1) \geqslant f(P), \qquad f(P_2) \leqslant f(P).$$

性质 2 （**介值定理**）在有界闭区域 D 上的多元连续函数必取得介于最大值和最小值之间的一切值.

习题 7-1

1. 判别下列平面点集中哪些是开集、闭集、区域、有界集和无界集？

（1）$\{(x,y) \mid x \neq 0, y \neq 0\}$　　　　　　（2）$\{(x,y) \mid 1 < x^2 + y^2 \leqslant 1\}$

（3）$\{(x,y) \mid y > x^2\}$

（4）$\{(x,y) \mid x^2 + (y-1)^2 \geqslant 1\} \cap \{(x,y) \mid x^2 + (y-2)^2 \leqslant 4\}$

2. 求下列函数的定义域.

（1）$z = \ln(y^2 - 2x + 1)$　　　　　　（2）$z = \dfrac{1}{\sqrt{x+y}} + \dfrac{1}{\sqrt{x-y}}$

（3）$z = \ln(y - x) + \dfrac{\sqrt{x}}{\sqrt{1 - x^2 - y^2}}$　　　　（4）$u = \arccos \dfrac{z}{\sqrt{x^2 + y^2}}$

3. 求下列函数的极限.

（1）$\lim\limits_{(x,y) \to (0,1)} \dfrac{1 - xy}{x^2 + y^2}$　　　　　　（2）$\lim\limits_{(x,y) \to (1,0)} \dfrac{\ln(x + e^y)}{\sqrt{x^2 + y^2}}$

（3）$\lim\limits_{(x,y) \to (0,0)} \dfrac{2 - \sqrt{xy + 4}}{xy}$　　　　（4）$\lim\limits_{(x,y) \to (2,0)} \dfrac{\tan xy}{y}$

4. 求下列函数的间断点.

（1）$z = \dfrac{\mathrm{e}^{x^2 + y^2}}{x^2 + y^2 - 1}$　　　　　　（2）$z = \dfrac{y^2 + 2x}{y^2 - 2x}$

7.2　偏导数和全微分

在一元函数 $y = f(x)$ 中，如果自变量 x 产生变化（由 x_0 变为 $x_0 + \Delta x$），那么函数也会相应地产生一个增量 $\Delta y = f(x_0 + \Delta x) - f(x_0)$，而函数关于自变量的变化率，即 $\lim\limits_{\Delta x \to 0} \dfrac{\Delta y}{\Delta x}$ 称为函数对自变量的导数. 在二元函数 $f(x, y)$ 中，当一个自变量在变化（例如自变量 x 由 x_0 变为 $x_0 + \Delta x$），而另一自变量不变化（即自变量 y 保持定值 y_0），则函数关于这个自变量的变化率叫做这个二元函数对这个自变量的偏导数.

7.2.1　偏导数的定义及其计算

定义 7.5　设函数 $z = f(x, y)$ 在点 (x_0, y_0) 的某一邻域内有定义，当 y 固定在 y_0 而 x 在 x_0 处有增量 Δx 时，相应地函数有增量 $f(x_0 + \Delta x, y_0) - f(x_0, y_0)$，如果

极限

$$\lim_{\Delta x \to 0} \frac{f(x_0 + \Delta x, y_0) - f(x_0 y_0)}{\Delta x}$$

存在，则称此极限为**函数** $z = f(x, y)$ **在点** (x_0, y_0) **处对** x **的偏导数**，记作

$$\frac{\partial z}{\partial x}\bigg|_{\substack{x=x_0 \\ y=y_0}}, \quad \frac{\partial f}{\partial x}\bigg|_{\substack{x=x_0 \\ y=y_0}}, \quad z_x\bigg|_{\substack{x=x_0 \\ y=y_0}} \text{ 或 } f_x(x_0, y_0)$$

类似地，当 x 固定在 x_0，而 y 在 y_0 处有增量 Δy 时，相应地函数有增量

$$f(x_0, y_0 + \Delta y) - f(x_0, y_0)$$

如果极限

$$\lim_{\Delta y \to 0} \frac{f(x_0, y_0 + \Delta y) - f(x_0, y_0)}{\Delta y}$$

存在，则称此极限为**函数** $z = f(x, y)$ **在点** (x_0, y_0) **处对** y **的偏导数**，记作

$$\frac{\partial z}{\partial y}\bigg|_{\substack{x=x_0 \\ y=y_0}}, \quad \frac{\partial f}{\partial y}\bigg|_{\substack{x=x_0 \\ y=y_0}}, \quad z_y\bigg|_{\substack{x=x_0 \\ y=y_0}}, \text{ 或 } f_y(x_0, y_0)$$

如果函数 $z = f(x, y)$ 在区域 D 内每一点 (x, y) 处对 x 的偏导数都存在，那么这个偏导数就是 x、y 的函数，称为**函数** $z = f(x, y)$ **对自变量** x **的偏导函数**，简称偏导数，记作

$$\frac{\partial z}{\partial x}, \quad \frac{\partial f}{\partial x}, \quad z_x, \text{ 或 } f_x(x, y)$$

类似地可定义**函数** $z = f(x, y)$ **对** y **的偏导函数**，记为

$$\frac{\partial z}{\partial y}, \quad \frac{\partial f}{\partial y}, \quad z_y, \text{ 或 } f_y(x, y)$$

注 从偏导数的定义可以看出，偏导数的实质就是把一个自变量固定，而将二元函数 $z = f(x, y)$ 看成是另一个自变量的一元函数，求一元函数的导数.因此，求二元函数的偏导数，不需引进新的方法，只需用一元函数的微分法，把一个自变量暂时视为常量，而对另一个自变量进行一元函数的求导即可.

【例 7.9】 求 $z = x^2 + 3xy + y^2$ 在点 $(1, 2)$ 处的偏导数.

解 把 y 看做常量，得

$$\frac{\partial z}{\partial x} = 2x + 3y$$

把 x 看做常量，得

$$\frac{\partial z}{\partial y} = 3x + 2y$$

因为函数在点 $(1, 2)$ 处的偏导数就是偏导函数在点 $(1, 2)$ 处的值，所以将 $(1, 2)$ 代

入上面的结果，得

$$\frac{\partial z}{\partial x}\bigg|_{\substack{x=1\\y=2}} = 2\square1 + 3\square2 = 8 , \quad \frac{\partial z}{\partial y}\bigg|_{\substack{x=1\\y=2}} = 3\square1 + 2\square2 = 7$$

应当指出，根据偏导数的定义，偏导数 $\dfrac{\partial z}{\partial x}\bigg|_{(1,2)}$ 是将函数 $z = x^2 + 3xy + y^2$ 中的 y 固定在 $y = 2$ 处，而求一元函数 $z = x^2 + 3xy + y^2$ 的导数在 $x = 1$ 处的值. 因此，在求函数对某一自变量在一点处的偏导数时，也可先将函数中的其余自变量用此点的相应坐标带入后再求导，这样有时会带来方便.

【例 7.10】 设 $f(x,y) = \mathrm{e}^{\arctan\frac{y}{x}} \ln(x^2 + y^2)$ ，求 $f_x(1,0)$.

解 如果先求偏导数 $f_x(x,y)$ ，运算是比较繁杂的，但是若先把函数中的 y 固定在 $y = 0$ ，则有 $f(x,0) = \ln x^2$ ，从而 $f_x(x,0) = \dfrac{2}{x}$ ，$f_x(1,0) = 2$.

【例 7.11】 求 $z = x^2\sin 2y$ 的偏导数.

解 $$\frac{\partial z}{\partial x} = 2x\sin 2y , \quad \frac{\partial z}{\partial y} = 2x^2\cos 2y$$

【例 7.12】 设 $z = x^y (x > 0, x \neq 1)$ ，求证：$\dfrac{x}{y}\dfrac{\partial z}{\partial x} + \dfrac{1}{\ln x}\dfrac{\partial z}{\partial y} = 2z$.

证明 因为

$$\frac{\partial z}{\partial x} = yx^{y-1} , \quad \frac{\partial z}{\partial y} = x^y\ln x$$

所以

$$\frac{x}{y}\frac{\partial z}{\partial x} + \frac{1}{\ln x}\frac{\partial z}{\partial y} = \frac{x}{y}yx^{y-1} + \frac{1}{\ln x}x^y\ln x = x^y + x^y = 2z$$

偏导数的概念还可推广到二元以上的函数. 例如三元函数 $u = f(x,y,z)$ 在点 (x,y,z) 处对 x 的偏导数定义为

$$f_x(x,y,z) = \lim_{\Delta x \to 0} \frac{f(x + \Delta x, y, z) - f(x,y,z)}{\Delta x}$$

其中 (x,y,z) 是函数 $u = f(x,y,z)$ 的定义域的内点.它们的求法也仍旧是一元函数的微分法问题.

【例 7.13】 求 $r = \sqrt{x^2 + y^2 + z^2}$ 的偏导数.

解 把 y 和 z 都看做常量，得

$$\frac{\partial r}{\partial x} = \frac{x}{\sqrt{x^2 + y^2 + z^2}} = \frac{x}{r}$$

再由所给函数关于自变量的对称性，得

$$\frac{\partial r}{\partial y} = \frac{y}{r}, \quad \frac{\partial r}{\partial z} = \frac{z}{r}$$

对一元函数来说，$\dfrac{\mathrm{d}y}{\mathrm{d}x}$ 可看作函数的微分 $\mathrm{d}y$ 与自变量的微分 $\mathrm{d}x$ 的商，而偏导数

的记号 $\dfrac{\partial z}{\partial x}$ 是一个整体的记号，其中的横线没有相除的意义.

二元函数 $z = f(x, y)$ 在点 (x_0, y_0) 的偏导数有如下几何意义.

设 $M_0(x_0, y_0, f(x_0, y_0))$ 为曲面 $z = f(x, y)$ 上的一点，过 M_0 作平面 $y = y_0$ 截此曲面得一空间曲线，此曲线在平面 $y = y_0$ 上的方程为 $z = f(x, y_0)$，则

$f_x(x_0, y_0) = \dfrac{\mathrm{d}}{\mathrm{d}x} f(x, y_0)\Big|_{x=x_0}$ 就是这曲线在点 M_0 处的切线 $M_0 T_x$ 对 x 轴的斜率（见

图 7.5）. 同样，偏导数 $f_y(x_0, y_0)$ 的几何意义是曲面被平面 $x = x_0$ 所截得的曲线在点 M_0 处的切线 $M_0 T_y$ 对 y 轴的斜率.

多元函数偏导数与连续性的关系有与一元函数不同的结果，对于多元函数来说，即使各偏导数在某点都存在，也不能保证函数在该点连续. 这是因为各偏导数存在只能保证点 P 沿着平行于坐标轴的方向趋于 P_0 时，函数值 $f(P)$ 趋于 $f(P_0)$，但不能保证点 P 按任何方式趋于 P_0 时，函数值 $f(P)$ 都趋于 $f(P_0)$. 例如，

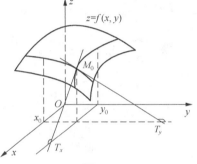

图 7.5

$$f(x, y) = \begin{cases} \dfrac{xy}{x^2 + y^2}, & x^2 + y^2 \neq 0 \\ 0, & x^2 + y^2 = 0 \end{cases}$$

在点 $(0, 0)$ 对 x 的偏导数为

$$f_x(0, 0) = \lim_{\Delta x \to 0} \frac{f(0 + \Delta x, 0) - f(0, 0)}{\Delta x} = \lim_{\Delta x \to 0} 0 = 0$$

同理有

$$f_y(0, 0) = \lim_{\Delta y \to 0} \frac{f(0, 0 + \Delta y) - f(0, 0)}{\Delta y} = \lim_{\Delta y \to 0} 0 = 0$$

但我们已经知道这函数在点 $(0, 0)$ 并不连续.

7.2.2 高阶偏导数

设函数 $z = f(x, y)$ 在区域 D 内具有偏导数

$$\frac{\partial z}{\partial x} = f_x(x, y), \quad \frac{\partial z}{\partial y} = f_y(x, y)$$

那么在 D 内 $f_x(x,y)$、$f_y(x,y)$ 都是 x,y 的函数. 如果这两个函数的偏导数也存在，则称它们是**函数 $z=f(x,y)$ 的二阶偏导数**. 按照对变量求导次序的不同，有下列四个二阶偏导数

$$\frac{\partial}{\partial x}\left(\frac{\partial z}{\partial x}\right)=\frac{\partial^2 z}{\partial x^2}=f_{xx}(x,y), \quad \frac{\partial}{\partial y}\left(\frac{\partial z}{\partial x}\right)=\frac{\partial^2 z}{\partial x\partial y}=f_{xy}(x,y)$$

$$\frac{\partial}{\partial x}\left(\frac{\partial z}{\partial y}\right)=\frac{\partial^2 z}{\partial y\partial x}=f_{yx}(x,y), \quad \frac{\partial}{\partial y}\left(\frac{\partial z}{\partial y}\right)=\frac{\partial^2 z}{\partial y^2}=f_{yy}(x,y)$$

其中 $\dfrac{\partial}{\partial y}\left(\dfrac{\partial z}{\partial x}\right)=\dfrac{\partial^2 z}{\partial x\partial y}=f_{xy}(x,y)$，$\dfrac{\partial}{\partial x}\left(\dfrac{\partial z}{\partial y}\right)=\dfrac{\partial^2 z}{\partial y\partial x}=f_{yx}(x,y)$ 称为**混合偏导数**.

类似地，可定义三阶、四阶……以及 n 阶偏导数. 二阶及二阶以上的偏导数统称为**高阶偏导数**.

【例 7.14】 设 $z=x^3y^2-3xy^3-xy+1$，求 $\dfrac{\partial^2 z}{\partial x^2}$、$\dfrac{\partial^2 z}{\partial y^2}$、$\dfrac{\partial^3 z}{\partial x^3}$、$\dfrac{\partial^2 z}{\partial y\partial x}$ 和 $\dfrac{\partial^2 z}{\partial x\partial y}$.

解 $\dfrac{\partial z}{\partial x}=3x^2y^2-3y^3-y$，$\dfrac{\partial z}{\partial y}=2x^3y-9xy^2-x$，

$$\frac{\partial^2 z}{\partial x^2}=6xy^2, \quad \frac{\partial^2 z}{\partial y^2}=2x^3-18xy, \quad \frac{\partial^3 z}{\partial x^3}=6y^2,$$

$$\frac{\partial^2 z}{\partial x\partial y}=6x^2y-9y^2-1, \quad \frac{\partial^2 z}{\partial y\partial x}=6x^2y-9y^2-1.$$

由例 7.14 观察到的问题：$\dfrac{\partial^2 z}{\partial y\partial x}=\dfrac{\partial^2 z}{\partial x\partial y}$，这不是偶然的，事实上，有下述定理.

定理 7.1 如果函数 $z=f(x,y)$ 的两个二阶混合偏导数 $\dfrac{\partial^2 z}{\partial y\partial x}$ 及 $\dfrac{\partial^2 z}{\partial x\partial y}$ 在区域 D 内连续，那么在该区域内这两个二阶混合偏导数必相等.

这也就是说，二阶混合偏导数在连续的条件下与求导的次序无关.

对于二元以上的函数，也可类似地定义高阶偏导数，且高阶混合偏导数在偏导数连续的条件下也与求导的次序无关.

【例 7.15】 验证函数 $z=\ln\sqrt{x^2+y^2}$ 满足方程 $\dfrac{\partial^2 z}{\partial x^2}+\dfrac{\partial^2 z}{\partial y^2}=0$.

证明 因为 $z=\ln\sqrt{x^2+y^2}=\dfrac{1}{2}\ln(x^2+y^2)$，所以

$$\frac{\partial z}{\partial x}=\frac{x}{x^2+y^2}, \quad \frac{\partial z}{\partial y}=\frac{y}{x^2+y^2},$$

$$\frac{\partial^2 z}{\partial x^2}=\frac{x^2+y^2-x\cdot 2x}{(x^2+y^2)^2}=\frac{y^2-x^2}{(x^2+y^2)^2},$$

$$\frac{\partial^2 z}{\partial y^2} = \frac{x^2 + y^2 - y \cdot 2y}{(x^2 + y^2)^2} = \frac{x^2 - y^2}{(x^2 + y^2)^2} .$$

因此
$$\frac{\partial^2 z}{\partial x^2} + \frac{\partial^2 z}{\partial y^2} = \frac{x^2 - y^2}{(x^2 + y^2)^2} + \frac{y^2 - x^2}{(x^2 + y^2)^2} = 0 .$$

7.2.3　全微分的定义

根据一元函数微分学中增量与微分的关系，可得

$$f(x + \Delta x, y) - f(x, y) \approx f_x(x, y)\Delta x$$
$$f(x, y + \Delta y) - f(x, y) \approx f_y(x, y)\Delta y$$

上面两式左端分别称为二元函数**对 x 和对 y 的偏增量**，而右端分别称为二元函数**对 x 和对 y 的偏微分**.

在实际问题中，有时需要研究多元函数中各个自变量都取得增量时因变量所获得的增量，即所谓全增量的问题. 下面我们以二元函数为例进行讨论.

如果函数 $z = f(x, y)$ 在点 $P(x, y)$ 的某个邻域内有定义，并设 $P'(x + \Delta x, y + \Delta y)$ 为该邻域内任意一点，则称 $f(x + \Delta x, y + \Delta y) - f(x, y)$ 为函数在点 P 处对应于自变量增量 Δx 和 Δy 的**全增量**，记为 Δz，即

$$\Delta z = f(x + \Delta x, y + \Delta y) - f(x, y) .$$

一般来说，计算全增量比较复杂，与一元函数的情形类似，我们也希望利用关于自变量增量 Δx，Δy 的线性函数来近似地代替函数的全增量 Δz，由此引入关于二元函数全微分的定义.

定义 7.6　如果函数 $z = f(x, y)$ 在点 (x, y) 的某个邻域内有定义，若函数在点 (x, y) 的全增量

$$\Delta z = f(x + \Delta x, y + \Delta y) - f(x, y)$$

可表示为

$$\Delta z = A\Delta x + B\Delta y + o(\rho)$$

其中 A、B 不依赖于 Δx、Δy 而仅与 x、y 有关，$\rho = \sqrt{(\Delta x)^2 + (\Delta y)^2}$，则称**函数 $z = f(x, y)$ 在点 (x, y) 可微分**，并称 $A\Delta x + B\Delta y$ 为函数 $z = f(x, y)$ 在点 (x, y) 的**全微分**，记作 dz，即

$$\mathrm{d}z = A\Delta x + B\Delta y .$$

如果函数在区域 D 内各点处都可微分，那么称这**函数在 D 内可微分**.

一元函数 $y = f(x)$ 在某点可微和可导是等价的，且有 $\mathrm{d}y = f'(x)\Delta x$，那么二元函数 $z = f(x, y)$ 在点 (x, y) 可微与它在该点处的偏导数存在具有怎样的关系呢？下面研究二元函数在一点可微与连续、可微与偏导数存在之间的关系.

定理 7.2　（可微的必要条件）若函数 $z = f(x, y)$ 在点 (x, y) 处可微分，则

（1）函数在点 (x, y) 连续；

（2）函数在点 (x, y) 的两个偏导数 $\dfrac{\partial z}{\partial x}, \dfrac{\partial z}{\partial y}$ 都存在，且 $A = \dfrac{\partial z}{\partial x}$ ，$B = \dfrac{\partial z}{\partial y}$ ，从而 $z = f(x, y)$ 在点 (x, y) 处的全微分为

$$\mathrm{d}z = \frac{\partial z}{\partial x} \Delta x + \frac{\partial z}{\partial y} \Delta y .$$

证明 （1）设函数 $z = f(x, y)$ 在点 (x, y) 处可微分，则有 $\Delta z = A\Delta x + B\Delta y + o(\rho)$
于是

$$\lim_{\substack{\Delta x \to 0 \\ \Delta y \to 0}} \Delta z = 0$$

即

$$\lim_{\substack{\Delta x \to 0 \\ \Delta y \to 0}} f(x + \Delta x, y + \Delta y) = f(x, y)$$

因此函数 $z = f(x, y)$ 在点 (x, y) 连续.

（2）设函数 $z = f(x, y)$ 在点 (x, y) 可微分，于是有

$$\Delta z = A\Delta x + B\Delta y + o(\rho) .$$

特别当 $\Delta y = 0$ 时，有

$$f(x + \Delta x, y) - f(x, y) = A\Delta x + o(|\Delta x|)$$

上式两边各除以 Δx ，再令 $\Delta x \to 0$ 而取极限，就得

$$\lim_{\Delta x \to 0} \frac{f(x + \Delta x, y) - f(x, y)}{\Delta x} = \lim_{\Delta x \to 0} [A + \frac{o(|\Delta x|)}{\Delta x}] = A ,$$

从而 $\dfrac{\partial z}{\partial x}$ 存在，且 $\dfrac{\partial z}{\partial x} = A$. 同理 $\dfrac{\partial z}{\partial y}$ 存在，且 $\dfrac{\partial z}{\partial y} = B$. 所以 $\mathrm{d}z = \dfrac{\partial z}{\partial x} \Delta x + \dfrac{\partial z}{\partial y} \Delta y$.

定理 7.2 不仅表明了二元函数可微时偏导数必存在，而且提供了全微分的计算公式. 但需要指出的是：二元函数偏导数存在仅仅是可微的必要条件而不是充分条件，即当二元函数偏导数存在时，它未必可微. 这是多元函数与一元函数的一个不同之处. 例如：

$$f(x, y) = \begin{cases} \dfrac{xy}{x^2 + y^2}, & x^2 + y^2 \neq 0 \\ 0, & x^2 + y^2 = 0 \end{cases} ,$$

在 $(0, 0)$ 处的两个偏导数 $f_x(0, 0)$ 和 $f_y(0, 0)$ 都存在：$f_x(0, 0) = 0$ ，$f_y(0, 0) = 0$ ，而它在点 $(0, 0)$ 处不连续，所以在点 $(0, 0)$ 处不可微.

但如果对偏导数再加些条件，就可以保证函数的可微性. 一般地，我们有

定理 7.3 （可微的充分条件）如果函数 $z = f(x, y)$ 的偏导数 $\dfrac{\partial z}{\partial x}, \dfrac{\partial z}{\partial y}$ 在点 (x, y)

连续，则函数在该点处可微分.

证明从略.

习惯上，常将 Δx、Δy 分别记作 dx、dy，并分别称为**自变量的微分**，则函数 $z = f(x, y)$ 的全微分可写作

$$dz = \frac{\partial z}{\partial x}dx + \frac{\partial z}{\partial y}dy \ .$$

以上关于二元函数全微分的定义及可微分的必要条件和充分条件，可以完全类似地推广到三元和三元以上的多元函数上.

例如，如果函数 $u = f(x, y, z)$ 可微分，则其全微分为

$$du = \frac{\partial u}{\partial x}dx + \frac{\partial u}{\partial y}dy + \frac{\partial u}{\partial z}dz \ .$$

【例 7.16】 计算函数 $z = x^2 y + y^2$ 的全微分.

解 因为 $\dfrac{\partial z}{\partial x} = 2xy$，$\dfrac{\partial z}{\partial y} = x^2 + 2y$，

所以 $\qquad\qquad\qquad dz = 2xy dx + (x^2 + 2y)dy \ .$

【例 7.17】 计算函数 $z = e^{xy}$ 在点 $(2,1)$ 处的全微分.

解 因为 $\dfrac{\partial z}{\partial x} = ye^{xy}$，$\dfrac{\partial z}{\partial y} = xe^{xy}$，

$$\frac{\partial z}{\partial x}\bigg|_{\substack{x=2\\y=1}} = e^2 \ , \quad \frac{\partial z}{\partial y}\bigg|_{\substack{x=2\\y=1}} = 2e^2 \ ,$$

所以 $\qquad\qquad\qquad dz = e^2 dx + 2e^2 dy \ .$

【例 7.18】 计算函数 $u = x + \sin\dfrac{y}{2} + e^{yz}$ 的全微分.

解 因为 $\dfrac{\partial u}{\partial x} = 1$，$\dfrac{\partial u}{\partial y} = \dfrac{1}{2}\cos\dfrac{y}{2} + ze^{yz}$，$\dfrac{\partial u}{\partial z} = ye^{yz}$，

所以 $\qquad\qquad du = dx + \left(\dfrac{1}{2}\cos\dfrac{y}{2} + ze^{yz}\right)dy + ye^{yz}dz \ .$

7.2.4　全微分在近似计算中的应用

当二元函数 $z = f(x, y)$ 在点 $P(x, y)$ 的两个偏导数 $f_x(x, y)$，$f_y(x, y)$ 连续，并且 $|\Delta x|$，$|\Delta y|$ 都较小时，有近似等式

$$\Delta z \approx dz = f_x(x, y)\Delta x + f_y(x, y)\Delta y \ ,$$

即 $\qquad f(x + \Delta x, y + \Delta y) \approx f(x, y) + f_x(x, y)\Delta x + f_y(x, y)\Delta y \ .$

我们可以利用上述近似等式对二元函数作近似计算.

【例 7.19】 计算 $(1.04)^{2.02}$ 的近似值.

解 设函数 $f(x,y)=x^y$. $x=1$, $y=2$, $\Delta x=0.04$, $\Delta y=0.02$.

$f(1,2)=1$, $f_x(x,y)=yx^{y-1}$, $f_y(x,y)=x^y\ln x$, $f_x(1,2)=2$, $f_y(1,2)=0$

由二元函数全微分近似计算公式得

$$(1.04)^{2.02}\approx 1+2\times 0.04+0\times 0.02=1.08.$$

习题 7-2

1. 求下列函数的偏导数.

（1）$z=x^3y-y^3x$

（2）$s=\dfrac{u^2+v^2}{uv}$

（3）$z=\ln\sqrt{xy}$

（4）$z=\sin(xy)+\cos^2(xy)$

（5）$z=\ln\tan\dfrac{x}{y}$

（6）$z=(1+xy)^y$

（7）$u=x^{\frac{y}{z}}$

（8）$u=\arctan(x-y)^z$

2. 设 $z=\mathrm{e}^{-\left(\frac{1}{x}+\frac{1}{y}\right)}$，求证：$x^2\dfrac{\partial z}{\partial x}+y^2\dfrac{\partial z}{\partial y}=2z$.

3. 设 $z=\ln(\sqrt{x}+\sqrt{y})$，证明：$x\dfrac{\partial z}{\partial x}+y\dfrac{\partial z}{\partial y}=\dfrac{1}{2}$.

4. 设 $f(x,y)=x+(y-1)\arcsin\sqrt{\dfrac{x}{y}}$，求 $f_x(x,1)$.

5. 求曲线 $\begin{cases} z=\dfrac{x^2+y^2}{x+y} \\ y=4 \end{cases}$ 在点 $(2,4,5)$ 处的切线与正向 x 轴所成的倾角.

6. 求下列函数的二阶偏导数.

（1）$z=x^4+y^4-4x^2y^2$；

（2）$z=\arctan\dfrac{y}{x}$；

（3）$z=y^x$.

7. 求下列函数的全微分.

（1）$z=xy+\dfrac{x}{y}$；

（2）$z=\mathrm{e}^{\frac{y}{x}}$；

（3）$z=\dfrac{y}{\sqrt{x^2+y^2}}$；

（4）$u=x^{yz}$.

8. 设 $z=\ln(1+x^2+y^2)$，求 $\mathrm{d}z\big|_{(1,2)}$.

9. 求函数 $z=\dfrac{y}{x}$，当 $x=2$，$y=1$，$\Delta x=0.1$，$\Delta y=-0.2$ 时的全增量和全微分.

10. 计算 $(1.97)^{1.05}$ 的近似值（$\ln 2=0.693$）.

7.3　多元复合函数求导法则

在一元函数微分学中，介绍了一元复合函数的求导法则，这些求导法则在求导中起着重要作用，本节中我们将要把这些法则推广到多元复合函数的情形．以下就以二元复合函数为例，介绍多元复合函数微分法．

设函数 $z = f(u,v)$，而 $u = \varphi(x,y)$，$v = \psi(x,y)$，于是 $z = f[\varphi(x,y),\psi(x,y)]$ 是 x 与 y 的函数，称为 $z = f(u,v)$ 与 $u = \varphi(x,y)$，$v = \psi(x,y)$ 的复合函数．

这些变量之间的关系，可用图 7.6 表示，称为函数链式图（也称为"树图"）．

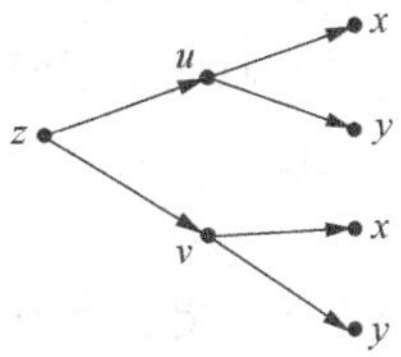

其中线段表示所连的两个变量有关系．图中表示出 z 是 u、v 的函数，而 u 和 v 又都是 x、y 的函数，其中 x、y 是自变量，u 和 v 是中间变量．

图 7.6

从复合关系中可以看出，多元复合函数要比一元复合函数更复杂，下面分几种情况来讨论．

1. 复合函数的中间变量均为一元函数的情形

定理 7.4　若函数 $u = \varphi(t)$ 及 $v = \psi(t)$ 都在点 t 可导，函数 $z = f(u,v)$ 在对应点 (u,v) 具有连续偏导数，则复合函数 $z = f[\varphi(t),\psi(t)]$ 在点 t 可导，且有

$$\frac{\mathrm{d}z}{\mathrm{d}t} = \frac{\partial z}{\partial u} \cdot \frac{\mathrm{d}u}{\mathrm{d}t} + \frac{\partial z}{\partial v} \cdot \frac{\mathrm{d}v}{\mathrm{d}t}. \tag{7.1}$$

公式（7.1）中的导数 $\dfrac{\mathrm{d}z}{\mathrm{d}t}$ 称为**全导数**．

证明　设 t 取得增量 Δt，则 u 和 v 相应取得增量 Δu 和 Δv，由于 $z = f(u,v)$ 可微，故知 z 的全增量

$$\Delta z = \frac{\partial z}{\partial u} \Delta u + \frac{\partial z}{\partial v} \Delta v + o(\rho)$$

其中 $\rho = \sqrt{(\Delta u)^2 + (\Delta v)^2}$．

将上式两端同除以 Δt，得

$$\frac{\Delta z}{\Delta t} = \frac{\partial z}{\partial u} \frac{\Delta u}{\Delta t} + \frac{\partial z}{\partial v} \frac{\Delta v}{\Delta t} + \frac{o(\rho)}{\Delta t},$$

并令 $\Delta t \to 0$，则有

$$\frac{\Delta u}{\Delta t} \to \frac{\mathrm{d}u}{\mathrm{d}t}, \quad \frac{\Delta v}{\Delta t} \to \frac{\mathrm{d}v}{\mathrm{d}t}$$

并可证明 $\dfrac{o(\rho)}{\Delta t} \to 0$，从而得

$$\frac{\mathrm{d}z}{\mathrm{d}t} = \lim_{\Delta t \to 0} \frac{\Delta z}{\Delta t} = \frac{\partial z}{\partial u} \cdot \frac{\mathrm{d}u}{\mathrm{d}t} + \frac{\partial z}{\partial v} \cdot \frac{\mathrm{d}v}{\mathrm{d}t}.$$

公式 （7.1） 的右边是偏导数和导数乘积的和式，它与函数自身的结构有密切的关系. z 通过中间变量 u, v 与 t 建立函数关系，函数的链式图如图 7.7 所示，从链式图中可以看到， z 通过中间变量 u 和 v 到达 t 有两条路径，公式 （7.1） 右侧恰好有两式相加，而每条路径上都是两项的乘积，是对应的函数的偏导数和导数的乘积. 因此，画出函数的链式图，有助于我们记忆公式 （7.1）.

类似地，可把 （7.1） 式推广到中间变量多于两个的情形. 例如，

设

$$z = f(u, v, w), \quad u = u(t), \quad v = v(t), \quad w = w(t)$$

复合而得复合函数 $z = f[u(t), v(t), w(t)]$，则在类似的条件下，其导数存在且

$$\frac{\mathrm{d}z}{\mathrm{d}t} = \frac{\partial z}{\partial u} \cdot \frac{\mathrm{d}u}{\mathrm{d}t} + \frac{\partial z}{\partial v} \cdot \frac{\mathrm{d}v}{\mathrm{d}t} + \frac{\partial z}{\partial w} \cdot \frac{\mathrm{d}w}{\mathrm{d}t}.$$

该复合函数的链式图如图 7.8 所示.

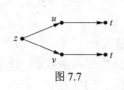
图 7.7

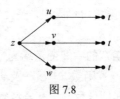
图 7.8

【例 7.20】 设 $z = uv$，而 $u = \mathrm{e}^t, v = \cos t$，求全导数 $\dfrac{\mathrm{d}z}{\mathrm{d}t}$.

解 由公式 （7.1） 知

$$\frac{\mathrm{d}z}{\mathrm{d}t} = \frac{\partial z}{\partial u} \cdot \frac{\mathrm{d}u}{\mathrm{d}t} + \frac{\partial z}{\partial v} \cdot \frac{\mathrm{d}v}{\mathrm{d}t} = v\mathrm{e}^t - u\sin t = \mathrm{e}^t(\cos t - \sin t)$$

【例 7.21】 设 $z = \ln(u + v) + \mathrm{e}^t$，而 $u = 2t$, $v = t^2$，求全导数 $\dfrac{\mathrm{d}z}{\mathrm{d}t}$.

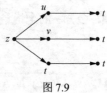
图 7.9

解 函数的链式图如图 7.9 所示，

由式 （7.1） 知

$$\frac{\mathrm{d}z}{\mathrm{d}t} = \frac{\partial z}{\partial u} \cdot \frac{\mathrm{d}u}{\mathrm{d}t} + \frac{\partial z}{\partial v} \cdot \frac{\mathrm{d}v}{\mathrm{d}t} + \frac{\partial z}{\partial t} \cdot \frac{\mathrm{d}t}{\mathrm{d}t}$$

$$= \frac{1}{u+v} \cdot 2 + \frac{1}{u+v} \cdot 2t + \mathrm{e}^t$$

$$= \frac{1}{2t+t^2} \cdot 2 + \frac{1}{2t+t^2} \cdot 2t + \mathrm{e}^t$$

$$= \frac{2+2t}{2t+t^2} + \mathrm{e}^t.$$

注 解中的 $\dfrac{\mathrm{d}z}{\mathrm{d}t}$ 和 $\dfrac{\partial z}{\partial t}$ 的含义是不一样的. $\dfrac{\mathrm{d}z}{\mathrm{d}t}$ 表示复合以后的一元函数

$z = f[u(t), v(t), w(t)]$ 对 t 的全导数，而 $\dfrac{\partial z}{\partial t}$ 表示复合前的三元函数 $z = \ln(u+v) + \mathrm{e}^{t}$ 对

第三个自变量 t 的偏导数.

2. 复合函数的中间变量均为多元函数的情形

定理 7.5 设函数 $u = \varphi(x,y)$，$v = \psi(x,y)$ 在点 (x,y) 处都具有偏导数 $\dfrac{\partial u}{\partial x}$，$\dfrac{\partial u}{\partial y}$ 及

$\dfrac{\partial v}{\partial x}$，$\dfrac{\partial v}{\partial y}$，函数 $z = f(u,v)$ 在对应点 (u,v) 具有连续偏导数 $\dfrac{\partial z}{\partial u}$ 和 $\dfrac{\partial z}{\partial v}$，则复合函数

$z = f[\varphi(x,y), \psi(x,y)]$ 在点 (x,y) 处的两个偏导数存在，且有

$$\frac{\partial z}{\partial x} = \frac{\partial z}{\partial u}\cdot\frac{\partial u}{\partial x} + \frac{\partial z}{\partial v}\cdot\frac{\partial v}{\partial x}, \tag{7.2}$$

$$\frac{\partial z}{\partial y} = \frac{\partial z}{\partial u}\cdot\frac{\partial u}{\partial y} + \frac{\partial z}{\partial v}\cdot\frac{\partial v}{\partial y}. \tag{7.3}$$

事实上，这里求 $\dfrac{\partial z}{\partial x}$ 时，将 y 看做常量，因此中间变量 u 和 v 仍可看做一元函数

而应用（7.1）式，但由于 $z = f[\varphi(x,y), \psi(x,y)]$ 以及 $u = \varphi(x,y)$，$v = \psi(x,y)$ 都是 x, y
的二元函数，故应把（7.1）式中的 d 改为 ∂，再把 t 换成 x，这
样由（7.1）式就得到（7.2）式，同理由（7.1）式可得（7.3）式.

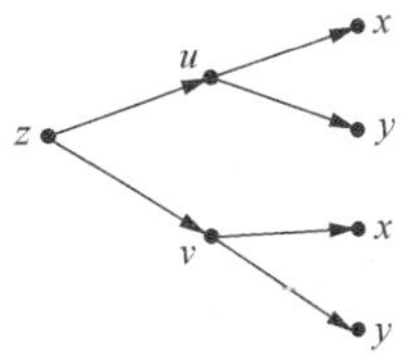

定理 7.5 中的复合函数的链式图如图 7.10 所示.

类似地，可将式（7.2）与式（7.3）做如下推广.

推广 设 $u = \varphi(x,y)$，$v = \psi(x,y)$，$w = w(x,y)$ 都在点

图 7.10

(x,y) 具有偏导数，$z = f(u,v,w)$ 在对应点 (u,v,w) 具有连续偏
导数，则复合函数

$$z = f(\varphi(x,y), \psi(x,y), w(x,y))$$

在点 (x,y) 处的两个偏导数存在，且

$$\frac{\partial z}{\partial x} = \frac{\partial z}{\partial u}\cdot\frac{\partial u}{\partial x} + \frac{\partial z}{\partial v}\cdot\frac{\partial v}{\partial x} + \frac{\partial z}{\partial w}\cdot\frac{\partial w}{\partial x}, \tag{7.4}$$

$$\frac{\partial z}{\partial y} = \frac{\partial z}{\partial u}\cdot\frac{\partial u}{\partial y} + \frac{\partial z}{\partial v}\cdot\frac{\partial v}{\partial y} + \frac{\partial z}{\partial w}\cdot\frac{\partial w}{\partial y}. \tag{7.5}$$

【例 7.22】 设 $z = \mathrm{e}^{u}\sin v$，$u = xy$，$v = x+y$，求 $\dfrac{\partial z}{\partial x}$ 和 $\dfrac{\partial z}{\partial y}$.

解 由式（7.2）和式（7.3）可得

$$\frac{\partial z}{\partial x} = \frac{\partial z}{\partial u}\cdot\frac{\partial u}{\partial x} + \frac{\partial z}{\partial v}\cdot\frac{\partial v}{\partial x}$$

$$= e^u \sin v \cdot y + e^u \cos v \cdot 1$$

$$= e^u(y \sin v + \cos v)$$

$$= e^{xy}[y \sin(x+y) + \cos(x+y)],$$

$$\frac{\partial z}{\partial y} = \frac{\partial z}{\partial u} \cdot \frac{\partial u}{\partial y} + \frac{\partial z}{\partial v} \cdot \frac{\partial v}{\partial y}$$

$$= e^u \sin v \cdot x + e^u \cos v \cdot 1$$

$$= e^{xy}[x \sin(x+y) + \cos(x+y)].$$

【例 7.23】 求 $z = (3x^2 + y^2)^{4x+2y}$ 的偏导数.

解 设 $u = 3x^2 + y^2, v = 4x + 2y$，则 $z = u^v$.

可得
$$\frac{\partial z}{\partial u} = vu^{v-1}, \quad \frac{\partial z}{\partial v} = u^v \ln u,$$

$$\frac{\partial u}{\partial x} = 6x, \quad \frac{\partial u}{\partial y} = 2y, \quad \frac{\partial v}{\partial x} = 4, \quad \frac{\partial v}{\partial y} = 2.$$

则
$$\frac{\partial z}{\partial x} = \frac{\partial z}{\partial u} \cdot \frac{\partial u}{\partial x} + \frac{\partial z}{\partial v} \cdot \frac{\partial v}{\partial x}$$

$$= vu^{v-1} 6x + u^v \cdot \ln u \cdot 4$$

$$= 6x(4x+2y)(3x^2+y^2)^{4x+2y-1} + 4(3x^2+y^2)^{4x+2y} \ln(3x^2+y^2).$$

$$\frac{\partial z}{\partial y} = \frac{\partial z}{\partial u} \cdot \frac{\partial u}{\partial y} + \frac{\partial z}{\partial v} \cdot \frac{\partial v}{\partial y}$$

$$= vu^{v-1} 2y + u^v \cdot \ln u \cdot 2$$

$$= 2y(4x+2y)(3x^2+y^2)^{4x+2y-1} + 2(3x^2+y^2)^{4x+2y} \ln(3x^2+y^2).$$

3. 复合函数的中间变量既有一元函数又有多元函数的情形

这种情形比较复杂，我们仅以一种情况为例，其他的类似可得.

定理 7.6 如果函数 $u = \varphi(x,y)$ 在点 (x,y) 具有对 x 及对 y 的偏导数，函数 $v = \psi(y)$ 在点 y 可导，函数 $z = f(u,v)$ 在对应点 (u,v) 具有连续偏导数，则复合函数 $z = f[\varphi(x,y), \psi(y)]$ 在点 (x,y) 的两个偏导数存在，且有

$$\frac{\partial z}{\partial x} = \frac{\partial z}{\partial u} \cdot \frac{\partial u}{\partial x} \tag{7.6}$$

$$\frac{\partial z}{\partial y} = \frac{\partial z}{\partial u} \cdot \frac{\partial u}{\partial y} + \frac{\partial z}{\partial v} \cdot \frac{\mathrm{d} v}{\mathrm{d} y} \tag{7.7}$$

上述情形是情形 2 的一种特例，即在情形 2 中，如变量 v 与 x 无关，从而 $\frac{\partial v}{\partial x} = 0$，

而 v 对 y 求导是一元函数求导，故 $\frac{\partial v}{\partial y}$ 换成了 $\frac{\mathrm{d} v}{\mathrm{d} y}$，也就得到式（7.6）与式（7.7）.

该复合函数的链式图如图 7.11 所示.

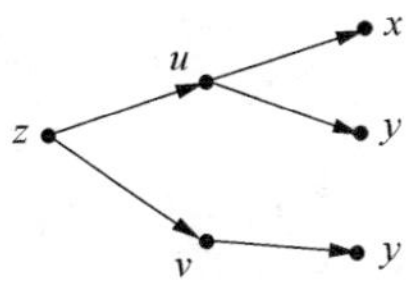

【例 7.24】 设 $z = \arcsin xy$ ，$x = se^t$ ，$y = t^2$ ，求 $\dfrac{\partial z}{\partial s}$ 和 $\dfrac{\partial z}{\partial t}$.

图 7.11

解
$$\frac{\partial z}{\partial s} = \frac{\partial z}{\partial x} \cdot \frac{\partial x}{\partial s} = \frac{y}{\sqrt{1 - x^2 y^2}} e^t = \frac{t^2 e^t}{\sqrt{1 - s^2 t^4 e^{2t}}}$$

$$\frac{\partial z}{\partial t} = \frac{\partial z}{\partial x} \cdot \frac{\partial x}{\partial t} + \frac{\partial z}{\partial y} \cdot \frac{\partial y}{\partial t} = \frac{y}{\sqrt{1 - x^2 y^2}} se^t + \frac{x}{\sqrt{1 - x^2 y^2}} \cdot 2t$$

$$= \frac{(t + 2)ste^t}{\sqrt{1 - s^2 t^4 e^{2t}}} .$$

在情形 3 中，还会遇到这样的情形：复合函数的某些中间变量本身又是复合函数的自变量. 我们结合下面的例题来看.

【例 7.25】 设 $z = f(x, y, u) = (x - y)^u$ ，$u = xy$ ，求 $\dfrac{\partial z}{\partial x}$ 和 $\dfrac{\partial z}{\partial y}$.

解 函数的链式图如图 7.12 所示.

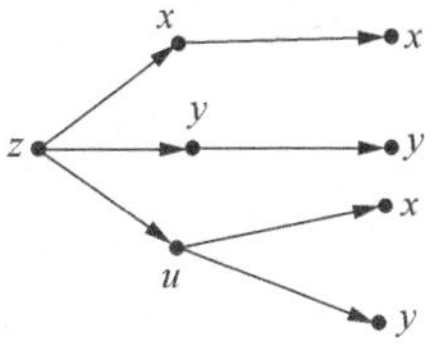

其中 x, y 既是复合函数的中间变量，又是自变量. 由函数的链式图可知，

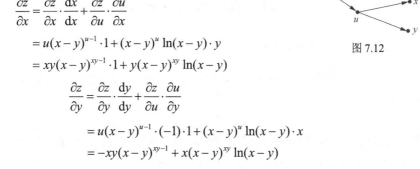

图 7.12

$$\frac{\partial z}{\partial x} = \frac{\partial z}{\partial x} \cdot \frac{\mathrm{d}x}{\mathrm{d}x} + \frac{\partial z}{\partial u} \cdot \frac{\partial u}{\partial x}$$

$$= u(x - y)^{u-1} \cdot 1 + (x - y)^u \ln(x - y) \cdot y$$

$$= xy(x - y)^{xy-1} \cdot 1 + y(x - y)^{xy} \ln(x - y)$$

$$\frac{\partial z}{\partial y} = \frac{\partial z}{\partial y} \cdot \frac{\mathrm{d}y}{\mathrm{d}y} + \frac{\partial z}{\partial u} \cdot \frac{\partial u}{\partial y}$$

$$= u(x - y)^{u-1} \cdot (-1) \cdot 1 + (x - y)^u \ln(x - y) \cdot x$$

$$= -xy(x - y)^{xy-1} + x(x - y)^{xy} \ln(x - y)$$

说明 等号两边都有 $\dfrac{\partial z}{\partial x}$ ，但这两个符号的含义是不一样的，左边的是二元函数 $z = (x - y)^{xy}$ 对 x 的偏导数（此时把 y 看做常量），右边的是三元函数 $z = f(x, y, u)$ $= (x - y)^u$ 对 x 的偏导数（此时把 y 和 u 看做常量）. 为了表示区别，右边的 $\dfrac{\partial z}{\partial x}$ 常写作 $\dfrac{\partial f}{\partial x}$. 同理，等号两边的 $\dfrac{\partial z}{\partial y}$ 的含义也是不一样的，等号右边的 $\dfrac{\partial z}{\partial y}$ 常写作 $\dfrac{\partial f}{\partial y}$.

习题 7-3

1. 求下列函数的导数或偏导数.

（1）$z = u^2 + v^2$，而 $u = x + y$，$v = x - y$，求 $\dfrac{\partial z}{\partial x}, \dfrac{\partial z}{\partial y}$.

（2）$z = u^2 \ln v$，$u = \dfrac{x}{y}$，$v = 3x - 2y$，求 $\dfrac{\partial z}{\partial x}, \dfrac{\partial z}{\partial y}$.

（3）$z = e^{x-2y}$，而 $x = \sin t, y = t^3$，求 $\dfrac{\mathrm{d}z}{\mathrm{d}t}$.

（4）$z = \arcsin(x - y)$，而 $x = 3t$，$y = 4t^3$，求 $\dfrac{\mathrm{d}z}{\mathrm{d}t}$.

（5）$z = \arctan(xy)$，$y = e^x$，求 $\dfrac{\mathrm{d}z}{\mathrm{d}x}$.

2. 设 $z = \arctan\dfrac{x}{y}$，而 $x = u + v$，$y = u - v$，验证

$$\frac{\partial z}{\partial u} + \frac{\partial z}{\partial v} = \frac{u - v}{u^2 + v^2}$$

3. 设 $z = xy + xF(u), u = \dfrac{y}{x}$，$F(u)$ 为可导函数，证明

$$x\frac{\partial z}{\partial x} + y\frac{\partial z}{\partial y} = z + xy$$

7.4 隐函数的求导公式

7.4.1 一个方程的情形

在一元函数微分学中，我们引入了隐函数的概念，并介绍了不经过显化而直接由方程

$$F(x, y) = 0 \tag{7.8}$$

求出它所确定的隐函数 $y = f(x)$ 的导数的方法．下面将介绍隐函数存在定理，并通过多元复合函数求导法来导出隐函数的求导公式．

隐函数存在定理 1 设函数 $z = F(x, y)$ 在点 $P(x_0, y_0)$ 的某一邻域内具有连续偏导数，$F(x_0, y_0) = 0$，$F_y(x_0, y_0) \neq 0$，则方程 $F(x, y) = 0$ 在点 (x_0, y_0) 的某一邻域内恒能唯一确定一个连续且具有连续导数的函数 $y = f(x)$，它满足条件 $y_0 = f(x_0)$，并有

$$\frac{\mathrm{d}y}{\mathrm{d}x} = -\frac{F_x}{F_y} \tag{7.9}$$

我们仅对式（7.9）进行推导．

把式（7.9）所确定的函数 $y = f(x)$ 带入式（7.8），得到恒等式

$$F(x, f(x)) \equiv 0$$

等式左边的函数 $F(x,f(x))$ 是一个复合函数，求它的全导数，由于恒等式两端求导后仍然相等，即得

$$\frac{\partial F}{\partial x}+\frac{\partial F}{\partial y}\cdot\frac{\mathrm{d}y}{\mathrm{d}x}=0.$$

由于 F_y 连续，且 $F_y(x_0,y_0)\neq 0$，所以存在 (x_0,y_0) 的一个邻域，在此邻域内 $F_y\neq 0$，于是得

$$\frac{\mathrm{d}y}{\mathrm{d}x}=-\frac{F_x}{F_y}.$$

【例 7.26】 求方程 $y-xe^y+x=0$ 确定的函数 $y=f(x)$ 的导数.

解 设 $F(x,y)=y-xe^y+x$，则有

$$\frac{\partial F}{\partial x}=-e^y+1,\quad \frac{\partial F}{\partial y}=1-xe^y$$

所以

$$\frac{\mathrm{d}y}{\mathrm{d}x}=-\frac{-e^y+1}{1-xe^y}=\frac{e^y-1}{1-xe^y}.$$

隐函数存在定理还可以推广到多元函数. 一个二元方程 $F(x,y)=0$ 可以确定一个一元隐函数，那么一个三元方程 $F(x,y,z)=0$ 就有可能确定一个二元隐函数. 下面就给出关于这个问题的定理.

隐函数存在定理 2 设函数 $F(x,y,z)$ 在点 $P(x_0,y_0,z_0)$ 的某一邻域内具有连续的偏导数，且 $F(x_0,y_0,z_0)=0$，$F_z(x_0,y_0,z_0)\neq 0$，则方程 $F(x,y,z)=0$ 在点 (x_0,y_0,z_0) 的某一邻域内恒能唯一确定一个连续且具有连续偏导数的函数 $z=f(x,y)$，它满足条件 $z_0=f(x_0,y_0)$ 并有

$$\frac{\partial z}{\partial x}=-\frac{F_x}{F_z},\quad \frac{\partial z}{\partial y}=-\frac{F_y}{F_z} \tag{7.10}$$

我们同样只给出公式的推导过程.

将 $z=f(x,y)$ 带入方程 $F(x,y,z)=0$，得恒等式

$$F(x,y,f(x,y))\equiv 0$$

等式左端是 x,y 的复合函数，恒等式两边分别对 x,y 求偏导数，得

$$F_x+F_z\frac{\partial z}{\partial x}=0,\quad F_y+F_z\frac{\partial z}{\partial y}=0$$

于是有

$$\frac{\partial z}{\partial x}=-\frac{F_x}{F_z},\quad \frac{\partial z}{\partial y}=-\frac{F_y}{F_z}$$

【例 7.27】 求由方程 $\dfrac{x}{z}=\ln\dfrac{z}{y}$ 所确定的隐函数 $z=f(x,y)$ 的偏导数 $\dfrac{\partial z}{\partial x}$，$\dfrac{\partial z}{\partial y}$.

解　设 $F(x,y,z)=\dfrac{x}{z}-\ln\dfrac{z}{y}$，则 $F(x,y,z)=0$，且

$$\frac{\partial F}{\partial x}=\frac{1}{z},\frac{\partial F}{\partial y}=-\frac{y}{z}\left(-\frac{z}{y^2}\right)=\frac{1}{y},\frac{\partial F}{\partial z}=-\frac{x}{z^2}-\frac{y}{z}\cdot\frac{1}{y}=-\frac{x+z}{z^2}$$

利用隐函数求导公式，得

$$\frac{\partial z}{\partial x}=-\frac{F_x}{F_z}=\frac{z}{x+z},\frac{\partial z}{\partial y}=-\frac{F_y}{F_z}=\frac{z^2}{y(x+z)}$$

7.4.2　方程组的情形

下面我们将隐函数存在定理做进一步的推广．考虑方程组

$$\begin{cases}F(x,y,u,v)=0\\G(x,y,u,v)=0\end{cases}$$

这时，在 4 个变量中一般只能有两个变量独立变化（不妨设为 x,y）．如在某一范围内，对每一组 x,y 的值，由此方程组能确定唯一的 u,v 的值，则此方程组就确定了 u 和 v 为 x,y 的隐函数，下面我们就给出关于方程组确定的隐函数的存在定理．

隐函数存在定理 3　设 $F(x,y,u,v)$、$G(x,y,u,v)$ 在点 $P_0(x_0,y_0,u_0,v_0)$ 的某一邻域内具有对各个变量的连续偏导数，又 $F(x_0,y_0,u_0,v_0)=0$，$G(x_0,y_0,u_0,v_0)=0$，且偏导数所组成的函数行列式（雅可比行列式）：

$$J=\frac{\partial(F,G)}{\partial(u,v)}=\begin{vmatrix}\dfrac{\partial F}{\partial u}&\dfrac{\partial F}{\partial v}\\[2mm]\dfrac{\partial G}{\partial u}&\dfrac{\partial G}{\partial v}\end{vmatrix}$$

在点 $P_0(x_0,y_0,u_0,v_0)$ 不等于零，则方程组 $F(x,y,u,v)=0$，$G(x,y,u,v)=0$ 在点 $P_0(x_0,y_0,u_0,v_0)$ 的某一邻域内恒能唯一确定一组连续且具有连续偏导数的函数 $u=u(x,y)$，$v=v(x,y)$，它们满足条件 $u_0=u(x_0,y_0)$，$v_0=v(x_0,y_0)$，并有

$$\frac{\partial u}{\partial x}=-\frac{\begin{vmatrix}F_x&F_v\\G_x&G_v\end{vmatrix}}{\begin{vmatrix}F_u&F_v\\G_u&G_v\end{vmatrix}},\quad\frac{\partial v}{\partial x}=-\frac{\begin{vmatrix}F_u&F_x\\G_u&G_x\end{vmatrix}}{\begin{vmatrix}F_u&F_v\\G_u&G_v\end{vmatrix}},$$

$$\frac{\partial u}{\partial y}=-\frac{\begin{vmatrix}F_y&F_v\\G_y&G_v\end{vmatrix}}{\begin{vmatrix}F_u&F_v\\G_u&G_v\end{vmatrix}},\quad\frac{\partial v}{\partial y}=-\frac{\begin{vmatrix}F_u&F_y\\G_u&G_y\end{vmatrix}}{\begin{vmatrix}F_u&F_v\\G_u&G_v\end{vmatrix}}.\tag{7.11}$$

同样，仅对式（7.11）做如下推导．

设方程组 $F(x,y,u,v)=0$，$G(x,y,u,v)=0$ 确定一对具有连续偏导数的二元函数

$$u = u(x,y) , \quad v = v(x,y)$$

则偏导数 $\dfrac{\partial u}{\partial x}$，$\dfrac{\partial v}{\partial x}$ 由方程组

$$\begin{cases} F_x + F_u \dfrac{\partial u}{\partial x} + F_v \dfrac{\partial v}{\partial x} = 0 \\[2mm] G_x + G_u \dfrac{\partial u}{\partial x} + G_v \dfrac{\partial v}{\partial x} = 0 \end{cases}$$

确定.

而偏导数 $\dfrac{\partial u}{\partial y}$，$\dfrac{\partial v}{\partial y}$ 则由方程组

$$\begin{cases} F_y + F_u \dfrac{\partial u}{\partial y} + F_v \dfrac{\partial v}{\partial y} = 0 \\[2mm] G_y + G_u \dfrac{\partial u}{\partial y} + G_v \dfrac{\partial v}{\partial y} = 0 \end{cases}$$

确定. $J = \begin{vmatrix} F_u & F_v \\ G_u & G_v \end{vmatrix} \neq 0$，解方程组，即可得到 $\dfrac{\partial u}{\partial x}$，$\dfrac{\partial v}{\partial x}$，$\dfrac{\partial u}{\partial y}$，$\dfrac{\partial v}{\partial y}$.

【例 7.28】 设 $xu - yv = 0$，$yu + xv = 1$，求 $\dfrac{\partial u}{\partial x}$，$\dfrac{\partial v}{\partial x}$，$\dfrac{\partial u}{\partial y}$ 和 $\dfrac{\partial v}{\partial y}$.

解 两个方程两边分别对 x 求偏导数，得关于 $\dfrac{\partial u}{\partial x}$ 和 $\dfrac{\partial v}{\partial x}$ 的方程组

$$\begin{cases} u + x \dfrac{\partial u}{\partial x} - y \dfrac{\partial v}{\partial x} = 0 \\[2mm] y \dfrac{\partial u}{\partial x} + v + x \dfrac{\partial v}{\partial x} = 0 \end{cases}$$

当 $J = \begin{vmatrix} x & -y \\ y & x \end{vmatrix} = x^2 + y^2 \neq 0$ 时，解之得 $\dfrac{\partial u}{\partial x} = -\dfrac{xu + yv}{x^2 + y^2}$，$\dfrac{\partial v}{\partial x} = \dfrac{yu - xv}{x^2 + y^2}$.

两个方程两边分别对 y 求偏导数，得关于 $\dfrac{\partial u}{\partial y}$ 和 $\dfrac{\partial v}{\partial y}$ 的方程组

$$\begin{cases} x \dfrac{\partial u}{\partial y} - v - y \dfrac{\partial v}{\partial y} = 0 \\[2mm] u + y \dfrac{\partial u}{\partial y} + x \dfrac{\partial v}{\partial y} = 0 \end{cases}$$

当 $J = \begin{vmatrix} x & -y \\ y & x \end{vmatrix} = x^2 + y^2 \neq 0$ 时，解之得 $\dfrac{\partial u}{\partial y} = \dfrac{xv - yu}{x^2 + y^2}$，$\dfrac{\partial v}{\partial y} = -\dfrac{xu + yv}{x^2 + y^2}$.

习题 **7-4**

1. 求由下列方程确定的隐函数的导数或偏导数.

（1） $\sin y + \mathrm{e}^x - xy^2 = 0$ ，求 $\dfrac{\mathrm{d}y}{\mathrm{d}x}$.

（2） $\ln\sqrt{x^2 + y^2} = \arctan\dfrac{y}{x}$ ，求 $\dfrac{\mathrm{d}y}{\mathrm{d}x}$.

（3） $x + 2y + z - 2\sqrt{xyz} = 0$ ，求 $\dfrac{\partial z}{\partial x}$ ，$\dfrac{\partial z}{\partial y}$.

2. 设 $2\sin(x + 2y - 3z) = x + 2y - 3z$ ，证明 $\dfrac{\partial z}{\partial x} + \dfrac{\partial z}{\partial y} = 1$.

3. 设 $x = x(y,z),\ y = y(x,z),\ z = z(x,y)$ 都是由方程 $F(x,y,z) = 0$ 所确定的具有连续偏导数的函数，证明

$$\frac{\partial x}{\partial y} \cdot \frac{\partial y}{\partial z} \cdot \frac{\partial z}{\partial x} = -1$$

4. 设 $\mathrm{e}^z - xyz = 0$ ，求 $\dfrac{\partial^2 z}{\partial x^2}$.

5. 求由下列方程组所确定的函数的导数或偏导数.

（1） $\begin{cases} z = x^2 + y^2 \\ x^2 + 2y^2 + 3z^2 = 20 \end{cases}$ ，求 $\dfrac{\mathrm{d}y}{\mathrm{d}x}$ ，$\dfrac{\mathrm{d}z}{\mathrm{d}x}$ ；

（2） $\begin{cases} x = \mathrm{e}^u + u\sin v \\ y = \mathrm{e}^u - u\cos v \end{cases}$ ，求 $\dfrac{\partial u}{\partial x}$ ，$\dfrac{\partial v}{\partial x}$ ，$\dfrac{\partial u}{\partial y}$ ，$\dfrac{\partial v}{\partial y}$.

7.5 多元函数微分学的几何应用

7.5.1 空间曲线的切线与法平面

1. 设空间曲线 Γ 的参数方程为

$$x = \varphi(t) , \quad y = \psi(t) , \quad z = \omega(t)$$

这里假定 $\varphi(t), \psi(t), \omega(t)$ 都可导，且导数不同时为零.

考虑曲线 Γ 上对应于 $t = t_0$ 的一点 $M(x_0, y_0, z_0)$. 下面我们要求曲线在点 M 的切线方程，先取对应于 $t = t_0 + \Delta t$ 的邻近一点 $M'(x_0 + \Delta x, y_0 + \Delta y, z_0 + \Delta z)$ ，作曲线的割线 MM' ，其方程为

$$\frac{x - x_0}{\Delta x} = \frac{y - y_0}{\Delta y} = \frac{z - z_0}{\Delta z}$$

当 M' 沿着 Γ 趋于 M 时，割线 MM' 趋于一极限位置，此极限位置上的直线就是曲线在点 M 的**切线**（见图 7.13）．用 Δt 除上式各分母，得

$$\frac{x - x_0}{\dfrac{\Delta x}{\Delta t}} = \frac{y - y_0}{\dfrac{\Delta y}{\Delta t}} = \frac{z - z_0}{\dfrac{\Delta z}{\Delta t}}$$

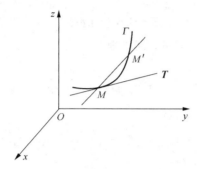

图 7.13

当 $M' \to M$ 即 $\Delta t \to 0$ 时，对上式取极限即得曲线在点 M 的切线方程

$$\frac{x - x_0}{\varphi'(t_0)} = \frac{y - y_0}{\psi'(t_0)} = \frac{z - z_0}{\omega'(t_0)} \tag{7.12}$$

曲线在点 M 的切线的方向向量称为曲线在点 M 的**切向量**．向量

$$\boldsymbol{T} = (\varphi'(t_0), \psi'(t_0), \omega'(t_0))$$

就是曲线 Γ 在点 M 的一个切向量．

通过切点而与切线垂直的平面称为曲线在该点的**法平面**．由平面的点法式方程即可得曲线 Γ 在点 M 的法平面方程为

$$\varphi'(t_0)(x - x_0) + \psi'(t_0)(y - y_0) + \omega'(t_0)(z - z_0) = 0 \tag{7.13}$$

【例 7.29】 求曲线 $x = t, y = t^2, z = t^3$ 在点 $(1,1,1)$ 的切线及法平面方程．

解 因为 $x_t' = 1, y_t' = 2t, z_t' = 3t^2$，而点 $(1,1,1)$ 所对应的参数 $t = 1$，所以

$$x_t'\big|_{t=1} = 1, \quad y_t'\big|_{t=1} = 2, \quad z_t'\big|_{t=1} = 3$$

即曲线在点 $(1,1,1)$ 的方向向量为 $T = (1,2,3)$．

于是，切线方程为

$$\frac{x-1}{1} = \frac{y-1}{2} = \frac{z-1}{3}$$

法平面方程为

$$x - 1 + 2(y-1) + 3(z-1) = 0$$

即
$$x + 2y + 3z = 6$$

若曲线 Γ 的方程以 $y = \psi(x)$，$z = \omega(x)$ 的形式给出，则可取 x 为参数，从而 Γ 的参数方程为

$$x = x, \quad y = \psi(x), \quad z = \omega(x)$$

若 $\psi(x)$，$\omega(x)$ 都在 $x = x_0$ 处可导，则由上面的讨论，即可知 Γ 在点 $M(x_0, y_0, z_0)$ 的切向量为

$$\boldsymbol{T} = (1, \psi'(x_0), \omega'(x_0))$$

从而曲线 Γ 在点 $M(x_0, y_0, z_0)$ 的切线方程为

$$\frac{x - x_0}{1} = \frac{y - y_0}{\psi'(x_0)} = \frac{z - z_0}{\omega'(x_0)} \tag{7.14}$$

在点 $M(x_0, y_0, z_0)$ 的法平面方程为

$$(x - x_0) + \psi'(x_0)(y - y_0) + \omega'(x_0)(z - z_0) = 0 \tag{7.15}$$

2. 若空间曲线 Γ 的方程为

$$F(x, y, z) = 0, \quad G(x, y, z) = 0$$

$M(x_0, y_0, z_0)$ 是曲线 Γ 上的一个点，又设 F, G 有对各个变量的连续偏导数，且

$$\left. \frac{\partial(F, G)}{\partial(y, z)} \right|_{(x_0, y_0, z_0)} \neq 0$$

此时方程组在点 $M(x_0, y_0, z_0)$ 的某一邻域内确定了一组函数 $y = \varphi(x)$，$z = \psi(x)$. 要求曲线 Γ 在 $M(x_0, y_0, z_0)$ 处的切线方程和法平面方程，只要求出 $\varphi'(x_0)$，$\psi'(x_0)$，再由公式（7.14）、式（7.15）即得. 因此，在恒等式

$$F(x, \varphi(x), \psi(x)) \equiv 0$$

$$G(x, \varphi(x), \psi(x)) \equiv 0$$

两边分别对 x 求全导数，得

$$\begin{cases} F_x + F_y \dfrac{\mathrm{d}y}{\mathrm{d}x} + F_z \dfrac{\mathrm{d}z}{\mathrm{d}x} = 0 \\ G_x + G_y \dfrac{\mathrm{d}y}{\mathrm{d}x} + G_z \dfrac{\mathrm{d}z}{\mathrm{d}x} = 0 \end{cases}$$

由假设，在点 $M(x_0, y_0, z_0)$ 的某个邻域内

$$J = \frac{\partial(F, G)}{\partial(y, z)} \neq 0$$

因此，可解得

$$\frac{\mathrm{d}y}{\mathrm{d}x} = \varphi'(x) = \frac{\begin{vmatrix} F_z & F_x \\ G_z & G_x \end{vmatrix}}{\begin{vmatrix} F_y & F_z \\ G_y & G_z \end{vmatrix}} , \quad \frac{\mathrm{d}z}{\mathrm{d}x} = \psi'(x) = \frac{\begin{vmatrix} F_x & F_y \\ G_x & G_y \end{vmatrix}}{\begin{vmatrix} F_y & F_z \\ G_y & G_z \end{vmatrix}}$$

于是，$\boldsymbol{T} = (1, \varphi'(x_0), \psi'(x_0))$ 是曲线 Γ 在点 $M(x_0, y_0, z_0)$ 处的一个切向量，进而曲线 Γ 在点 $M(x_0, y_0, z_0)$ 处的切线方程和法平面方程就可写出了.

【例 7.30】 求曲线 $x^2 + y^2 + z^2 = 6$，$x + y + z = 0$ 在点 $(1, -2, 1)$ 处的切线及法平面方程.

解 为求切向量，将所给方程的两边对 x 求导数，得
$$\begin{cases} 2x + 2y\dfrac{\mathrm{d}y}{\mathrm{d}x} + 2z\dfrac{\mathrm{d}z}{\mathrm{d}x} = 0 \\ 1 + \dfrac{\mathrm{d}y}{\mathrm{d}x} + \dfrac{\mathrm{d}z}{\mathrm{d}x} = 0 \end{cases}$$

解方程组，得
$$\frac{\mathrm{d}y}{\mathrm{d}x} = \frac{z-x}{y-z} , \quad \frac{\mathrm{d}z}{\mathrm{d}x} = \frac{x-y}{y-z} .$$

在点 $(1, -2, 1)$ 处，
$$\frac{\mathrm{d}y}{\mathrm{d}x} = 0 , \quad \frac{\mathrm{d}z}{\mathrm{d}x} = -1 .$$

从而
$$T = (1, 0, -1) .$$

所求切线方程为
$$\frac{x-1}{1} = \frac{y+2}{0} = \frac{z-1}{-1}$$

法平面方程为
$$(x-1) + 0 \cdot (y+2) - (z-1) = 0$$

即
$$x - z = 0 .$$

7.5.2　曲面的切平面与法线

我们先讨论曲面方程是隐式的情形.

设曲面 Σ 的方程为
$$F(x, y, z) = 0$$

$M(x_0, y_0, z_0)$ 是曲面 Σ 上的一点，并设函数 $F(x, y, z)$ 的偏导数在该点连续且不同时为零. 下面将证明，在曲面 Σ 上通过点 M 且在该点处具有切线的任何曲线，它们在点 M 的切线都在同一个平面上. 为此，在 Σ 上过点 M 任意引一条曲线 Γ（见图 7.14），假定曲线 Γ 的参数方程式为
$$x = \varphi(t) , \quad y = \psi(t) , \quad z = \omega(t)$$

$t = t_0$ 对应于点 $M(x_0, y_0, z_0)$，且 $\varphi'(t_0), \psi'(t_0), \omega'(t_0)$ 存在且不全为零，从而曲线 Γ 在

点 M 具有切线且切向量为

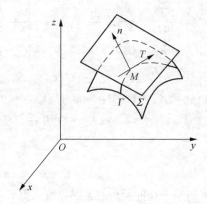

图 7.14

$$\boldsymbol{T} = (\varphi'(t_0), \psi'(t_0), \omega'(t_0))$$

因为曲线 Γ 在曲面 Σ 上，故有恒等式

$$F[\varphi(t), \psi(t), \omega(t)] \equiv 0$$

又因为 $F(x, y, z)$ 的偏导数在点 $M(x_0, y_0, z_0)$ 连续，且 $\varphi'(t_0)$, $\psi'(t_0)$, $\omega'(t_0)$ 存在，所以恒等式左端的复合函数在 $t = t_0$ 时有全导数，于是

$$\left. \frac{\mathrm{d}F}{\mathrm{d}t} \right|_{t=t_0} = 0$$

即

$$F_x(x_0, y_0, z_0)\varphi'(t_0) + F_y(x_0, y_0, z_0)\psi'(t_0) + F_z(x_0, y_0, z_0)\omega'(t_0) = 0$$

引入向量

$$n = (F_x(x_0, y_0, z_0), F_y(x_0, y_0, z_0), F_z(x_0, y_0, z_0))$$

易见 T 与 n 是垂直的. 因为曲线 Γ 是曲面 Σ 上通过点 M 的任意一条曲线，它们在点 M 的切线都与同一向量 n 垂直，所以曲面上通过点 M 的一切曲线在点 M 的切线都在同一个平面上（见图 7.14），这个平面称为**曲面 Σ 在点 M 的切平面**，n 是这切平面的一个法向量. 由平面的点法式方程即得切平面的方程为

$$F_x(x_0, y_0, z_0)(x - x_0) + F_y(x_0, y_0, z_0)(y - y_0) + F_z(x_0, y_0, z_0)(z - z_0) = 0 \quad (7.16)$$

通过点 $M(x_0, y_0, z_0)$ 而垂直于该切平面的直线称为**曲面在该点的法线**. n 就是该法线的一个方向向量，从而法线方程为

$$\frac{x - x_0}{F_x(x_0,\ y_0,\ z_0)} = \frac{y - y_0}{F_y(x_0,\ y_0,\ z_0)} = \frac{z - z_0}{F_z(x_0,\ y_0,\ z_0)} \quad (7.17)$$

下面考虑曲面方程为显式的情形. 设曲面 Σ 的方程为

$$z = f(x, y)$$

其等价形式为 $f(x, y) - z = 0$，则可令

$$F(x, y, z) = f(x, y) - z$$

则 $z = f(x, y)$ 成为隐式方程 $F(x, y, z) = 0$，由

$$F_x = f_x, \quad F_y = f_y, \quad F_z = -1$$

于是，当 $f(x, y)$ 的偏导数 f_x，f_y 在点 (x_0, y_0) 连续时，曲面 Σ 在点 $M(x_0, y_0, z_0)$ 的切平面的方程为

$$z - z_0 = f_x(x_0, y_0)(x - x_0) + f_y(x_0, y_0)(y - y_0)$$

法线方程为

$$\frac{x - x_0}{f_x(x_0, \ y_0)} = \frac{y - y_0}{f_y(x_0, \ y_0)} = \frac{z - z_0}{-1}$$

【例 7.31】 求球面 $x^2 + y^2 + z^2 = 14$ 在点 $(1, 2, 3)$ 处的切平面及法线方程.

解 设 $F(x, y, z) = x^2 + y^2 + z^2 - 14$，则

$$F_x = 2x, \ F_y = 2y, \ F_z = 2z$$

$$F_x(1, 2, 3) = 2, \quad F_y(1, 2, 3) = 4, \quad F_z(1, 2, 3) = 6$$

从而在点 $(1, 2, 3)$ 处 $n = (2, 4, 6)$ 或 $n = (1, 2, 3)$ 为法线的一个方向向量，故球面在点 $(1, 2, 3)$ 处的切平面方程为

$$2 \cdot (x - 1) + 4 \cdot (y - 2) + 6(z - 3) = 0$$

即

$$x + 2y + 3z - 14 = 0$$

法线方程为

$$\frac{x - 1}{1} = \frac{y - 2}{2} = \frac{z - 3}{3}$$

即

$$\frac{x}{1} = \frac{y}{2} = \frac{z}{3}$$

【例 7.32】 求旋转抛物面 $z = x^2 + y^2 - 1$ 在点 $(2, 1, 4)$ 处的切平面及法线方程.

解 设 $f(x, y) = x^2 + y^2 - 1$，则

$$f_x = 2x, \quad f_y = 2y$$

故

$$n = (f_x, f_y, -1) = (2x, 2y, -1)$$

即 $n\big|_{(2, 1, 4)} = (4, 2, -1)$ 是法线的一个方向向量，所以该曲面在点 $(2, 1, 4)$ 处的切平面方

程为

$$4(x-2)+2(y-1)+(-1)(z-4)=0$$

即

$$4x+2y-z-6=0$$

法线方程为

$$\frac{x-2}{4}=\frac{y-1}{2}=\frac{z-4}{-1}$$

习题 7-5

1. 求曲线 $x=\dfrac{t}{1+t}$ ， $y=\dfrac{1+t}{t}$ ， $z=t^2$ 在对应于 $t_0=1$ 的点处的切线及法平面方程.

2. 求曲线 $y^2=2mx$ ， $z^2=m-x$ 在点 (x_0,y_0,z_0) 处的切线及法平面方程.

3. 求曲线 $\begin{cases} x^2+y^2+z^2-3x=0 \\ 2x-3y+5z-4=0 \end{cases}$ 在点 $(1,1,1)$ 处的切线及法平面方程.

4. 求出曲线 $x=t$ ， $y=t^2$ ， $z=t^3$ 上的点，使在该点的切线平行于平面 $x+2y+z=4$.

5. 求曲面 $e^z-z+xy=3$ 在点 $(2,1,0)$ 处的切平面及法线方程.

6. 求椭球面 $x^2+2y^2+z^2=1$ 上平行于平面 $x-y+2z=0$ 的切平面方程.

7.6 方向导数与梯度

7.6.1 方向导数

偏导数反映的是函数沿坐标轴方向的变化率. 但许多实际问题，常常需要考虑函数沿任意方向或某个方向的变化率，因此我们有必要来讨论函数沿任意指定方向的变化率问题.

我们先来讨论二元函数的情形.

设 l 是 xOy 平面上以 $P_0(x_0,y_0)$ 为始点的一条射线， $\boldsymbol{e}_l=(\cos\alpha,\cos\beta)$ 是与 l 同方向的单位向量（见图 7.15）. 射线 l 的参数方程为

$$x=x_0+t\cos\alpha ， \quad y=y_0+t\cos\beta(t\geqslant 0)$$

设函数 $z=f(x,y)$ 在点 $P_0(x_0,y_0)$ 的某一邻域 $U(P_0)$ 内有定义， $P(x_0+t\cos\alpha,y_0+t\cos\beta)$ 为 l 上另一点，且 $P\in U(P_0)$. 如果函数增量 $f(x_0+t\cos\alpha,y_0+t\cos\beta)-f(x_0,y_0)$ 与 P 到 P_0 的距离 $|PP_0|=t$ 的比值

$$\frac{f(x_0+t\cos\alpha,\, y_0+t\cos\beta)-f(x_0,y_0)}{t}$$

当 P 沿着 l 趋于 P_0（即 $t \to 0^+$）时的极限存在，则称此极限为函数 $f(x,y)$ 在点 P_0 沿方向 l 的**方向导数**，记作 $\left. \dfrac{\partial f}{\partial l} \right|_{(x_0,y_0)}$，即

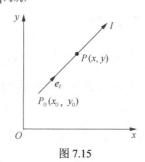

图 7.15

$$\left. \frac{\partial f}{\partial l} \right|_{(x_0,y_0)} = \lim_{t \to 0^+} \frac{f(x_0 + t\cos\alpha, \ y_0 + t\cos\beta) - f(x_0,y_0)}{t}$$

由方向导数的定义可知，方向导数 $\left. \dfrac{\partial f}{\partial l} \right|_{(x_0,y_0)}$ 就是函数 $f(x,y)$ 在点 $P_0(x_0,y_0)$ 处沿方向 l 的变化率. 若函数 $z = f(x,y)$ 在点 $P_0(x_0,y_0)$ 的偏导数存在，$\boldsymbol{e}_l = \boldsymbol{i} = (1,0)$，则

$$\left. \frac{\partial f}{\partial l} \right|_{(x_0,y_0)} = \lim_{t \to 0^+} \frac{f(x_0 + t, \ y_0) - f(x_0,y_0)}{t} = f_x(x_0,y_0)$$

又若 $\boldsymbol{e}_l = \boldsymbol{j} = (0,1)$，则

$$\left. \frac{\partial f}{\partial l} \right|_{(x_0,y_0)} = \lim_{t \to 0^+} \frac{f(x_0, \ y_0 + t) - f(x_0,y_0)}{t} = f_y(x_0,y_0)$$

但反之，若 $\boldsymbol{e}_l = \boldsymbol{i}$，$\left. \dfrac{\partial z}{\partial l} \right|_{(x_0,y_0)}$ 存在，则 $\left. \dfrac{\partial z}{\partial x} \right|_{(x_0,y_0)}$ 未必存在.

关于方向导数的存在与计算，我们给出：

定理 7.7　如果函数 $z = f(x,y)$ 在点 $P_0(x_0,y_0)$ 可微分，那么函数在该点沿任一方向 l 的方向导数都存在，且有

$$\left. \frac{\partial f}{\partial l} \right|_{(x_0,y_0)} = f_x(x_0,y_0)\cos\alpha + f_y(x_0,y_0)\cos\beta$$

其中 $\cos\alpha$，$\cos\beta$ 是方向 l 的方向余弦.

证明　由函数 $z = f(x,y)$ 在点 $P_0(x_0,y_0)$ 可微分，故有

$$f(x_0 + \Delta x, y_0 + \Delta y) - f(x_0,y_0)$$
$$= f_x(x_0,y_0)\Delta x + f_y(x_0,y_0)\Delta y + o(\sqrt{\Delta x^2 + \Delta y^2})$$

但点 $(x_0 + \Delta x, y_0 + \Delta y)$ 在以 (x_0,y_0) 为始点的射线 l 上时，应有

$$\Delta x = t\cos\alpha, \quad \Delta y = t\cos\beta, \quad \sqrt{\Delta x^2 + \Delta y^2} = t$$

所以

$$\lim_{t \to 0^+} \frac{f(x_0 + t\cos\alpha, \ y_0 + t\cos\beta) - f(x_0, y_0)}{t} = f_x(x_0, y_0)\cos\alpha + f_y(x_0, y_0)\cos\beta$$

这就证明了方向导数的存在，且其值为

$$\frac{\partial f}{\partial l}\bigg|_{(x_0, y_0)} = f_x(x_0, y_0)\cos\alpha + f_y(x_0, y_0)\cos\beta$$

【例 7.33】 求函数 $z = xe^{2y}$ 在点 $P(1,0)$ 沿从点 $P(1,0)$ 到点 $Q(2,-1)$ 的方向的方向导数.

解 这里方向 l 即向量 $\overrightarrow{PQ} = (1, \ -1)$ 的方向，与 l 同向的单位向量为

$$e_l = \left(\frac{1}{\sqrt{2}}, \ -\frac{1}{\sqrt{2}}\right).$$

因为函数可微分，且

$$\frac{\partial z}{\partial x}\bigg|_{(1,0)} = e^{2y}\bigg|_{(1,0)} = 1, \quad \frac{\partial z}{\partial y}\bigg|_{(1,0)} = 2xe^{2y}\bigg|_{(1,0)} = 2$$

所以所求方向导数为

$$\frac{\partial z}{\partial l}\bigg|_{(1,0)} = 1 \cdot \frac{1}{\sqrt{2}} + 2 \cdot \left(-\frac{1}{\sqrt{2}}\right) = -\frac{\sqrt{2}}{2}$$

对于三元函数 $f(x, y, z)$ 来说，它在空间一点 $P_0(x_0, y_0, z_0)$ 沿 $e_l = (\cos\alpha, \cos\beta, \cos\gamma)$ 的方向导数为

$$\frac{\partial f}{\partial l}\bigg|_{(x_0, y_0, z_0)} = \lim_{t \to 0^+} \frac{f(x_0 + t\cos\alpha, \ y_0 + t\cos\beta, z_0 + t\cos\gamma) - f(x_0, y_0, z_0)}{t}$$

同样可以得到：如果函数 $f(x, y, z)$ 在点 $P_0(x_0, y_0, z_0)$ 可微分，则函数在该点沿着方向 $e_l = (\cos\alpha, \cos\beta, \cos\gamma)$ 的方向导数为

$$\frac{\partial f}{\partial l}\bigg|_{(x_0, y_0, z_0)} = f_x(x_0, y_0, z_0)\cos\alpha + f_y(x_0, y_0, z_0)\cos\beta + f_z(x_0, y_0, z_0)\cos\gamma$$

【例 7.34】 求 $f(x, y, z) = xy + yz + zx$ 在点 $(1,1,2)$ 沿方向 l 的方向导数，其中 l 的方向角分别为 $60°$，$45°$，$60°$.

解 与 l 同向的单位向量为

$$e_l = (\cos 60°, \cos 45°, \cos 60°) = \left(\frac{1}{2}, \frac{\sqrt{2}}{2}, \frac{1}{2}\right)$$

因为函数可微分，且

$$f_x(1,1,2) = (y + z)\big|_{(1,1,2)} = 3$$

$$f_y(1,1,2) = (x + z)\big|_{(1,1,2)} = 3$$

$$f_z(1,1,2) = (x+y)\big|_{(1,1,2)} = 2$$

所以

$$\frac{\partial f}{\partial l}\bigg|_{(1,1,2)} = 3 \square \frac{1}{2} + 3 \square \frac{\sqrt{2}}{2} + 2 \square \frac{1}{2} = \frac{1}{2}(5 + 3\sqrt{2})$$

7.6.2 梯度

与方向导数有关联的一个概念是函数的梯度. 同样，我们先来讨论二元函数的情形.

定义 7.7 设函数 $z = f(x, y)$ 在平面区域 D 内具有一阶连续偏导数，则对于每一点 $P_0(x_0, y_0) \in D$ 都可确定一个向量

$$f_x(x_0, y_0)\boldsymbol{i} + f_y(x_0, y_0)\boldsymbol{j}$$

称此向量为函数 $f(x, y)$ 在点 $P_0(x_0, y_0)$ 的**梯度**，记作 **grad** $f(x_0, y_0)$ 或 $\nabla f(x_0, y_0)$，即

$$\mathbf{grad}\, f(x_0, y_0) = \nabla f(x_0, y_0) = f_x(x_0, y_0)\boldsymbol{i} + f_y(x_0, y_0)\boldsymbol{j}$$

如果函数 $f(x, y)$ 在点 $P_0(x_0, y_0)$ 可微分，$\boldsymbol{e}_l = (\cos\alpha, \cos\beta)$ 是与方向 l 同方向的单位向量，则

$$\frac{\partial f}{\partial l}\bigg|_{(x_0, y_0)} = f_x(x_0, y_0)\cos\alpha + f_y(x_0, y_0)\cos\beta$$

$$= \mathbf{grad}\ \ f(x_0, y_0)\, \square\, \boldsymbol{e}_l$$

$$= |\mathbf{grad}\, f(x_0, y_0)|\cos\theta$$

其中 θ 是 **grad** $f(x_0, y_0)$ 与 $\boldsymbol{e}_l$ 的夹角.

这一关系式表明了函数在一点的梯度与函数在这点的方向导数间的关系. 特别，由此可知：

（1）当 $\theta = 0$，方向 $\boldsymbol{e}_l$ 与梯度 **grad** $f(x_0, y_0)$ 的方向相同时，函数 $f(x, y)$ 增加最快，此时函数沿这个方向的方向导数达到最大值，这个最大值就是梯度的模，即

$$\frac{\partial f}{\partial l}\bigg|_{(x_0, y_0)} = |\mathbf{grad}\, f(x_0, y_0)|$$

这就是说：函数在一点的梯度是这样一个向量，它的方向是函数在这点的方向导数取得最大值的方向，它的模就等于方向导数的最大值.

（2）当 $\theta = \pi$，方向 $\boldsymbol{e}_l$ 与梯度 **grad** $f(x_0, y_0)$ 的方向相反时，函数 $f(x, y)$ 减少最快，函数沿这个方向的方向导数达到最小值，即

$$\frac{\partial f}{\partial l}\bigg|_{(x_0, y_0)} = -|\mathbf{grad}\, f(x_0, y_0)|$$

（3）当 $\theta = \dfrac{\pi}{2}$，方向 e_l 与梯度 $\mathbf{grad}\, f(x_0, y_0)$ 的方向正交时，函数 $f(x, y)$ 变化率为零，即

$$\left.\frac{\partial f}{\partial l}\right|_{(x_0, y_0)} = |\mathbf{grad}\, f(x_0, y_0)| \cos\theta = 0$$

我们知道，一般说来二元函数 $z = f(x, y)$ 在几何上表示一个曲面，这曲面被平面 $z = c$（c 是常数）所截得的曲线 L 的方程为

$$\begin{cases} z = f(x, y) \\ z = c \end{cases}$$

这条曲线 L 在 xOy 面上的投影是一条平面曲线 L^*，它在 xOy 平面上的方程为

$$f(x, y) = c$$

对于曲线 L^* 上的一切点，已给函数的函数值都是 c，所以我们称平面曲线 L^*（见图 7.16）为函数 $z = f(x, y)$ 的**等值线**.

若 f_x，f_y 不同时为零，则等值线 $f(x, y) = c$ 上任一点 $P_0(x_0, y_0)$ 处的一个单位法向量为

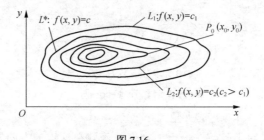

图 7.16

$$\mathbf{n} = \frac{1}{\sqrt{f_x^2(x_0, y_0) + f_y^2(x_0, y_0)}}(f_x(x_0, y_0), f_y(x_0, y_0))$$

这表明梯度 $\mathbf{grad}\, f(x_0, y_0)$ 的方向与等值线上这点的一个法线方向相同，而沿这个方向的方向导数 $\dfrac{\partial f}{\partial n}$ 就等于 $|\mathbf{grad}\, f(x_0, y_0)|$，于是

$$\mathbf{grad} f(x_0, y_0) = \frac{\partial f}{\partial n}\mathbf{n}$$

这一关系式表明，函数在一点的梯度方向与等值线在这点的一个法线方向相同，梯度的模就等于函数沿这个法线方向的方向导数.

梯度概念可以推广到三元函数的情形. 设函数 $f(x, y, z)$ 在空间区域 G 内具有一阶连续偏导数，则对于每一点 $P_0(x_0, y_0, z_0) \in G$ 都可定出一个向量

$$f_x(x_0, y_0, z_0)\boldsymbol{i} + f_y(x_0, y_0, z_0)\boldsymbol{j} + f_z(x_0, y_0, z_0)\boldsymbol{k}$$

这向量称为函数 $f(x, y, z)$ 在点 $P_0(x_0, y_0, z_0)$ 的梯度，记为 **grad** $f(x_0, y_0, z_0)$ 或 $\nabla f(x_0, y_0, z_0)$，即

$$\textbf{grad} f(x_0, y_0, z_0) = f_x(x_0, y_0, z_0)\boldsymbol{i} + f_y(x_0, y_0, z_0)\boldsymbol{j} + f_z(x_0, y_0, z_0)\boldsymbol{k}$$

同样，三元函数的梯度也是这样一个向量，它的方向与取得最大方向导数的方向一致，而它的模为方向导数的最大值.

如果引进曲面

$$f(x, y, z) = c$$

为函数 $f(x, y, z)$ 的等值面的概念，则可得函数 $f(x, y, z)$ 在点 $P_0(x_0, y_0, z_0)$ 的梯度的方向就是等值面 $f(x, y, z) = c$ 在这点的一个法线方向，而梯度的模等于函数沿这个法线方向的方向导数.

【例 7.35】 求 **grad** $\dfrac{1}{x^2 + y^2}$.

解 这里 $f(x, y) = \dfrac{1}{x^2 + y^2}$.

因为
$$\frac{\partial f}{\partial x} = -\frac{2x}{(x^2 + y^2)^2}, \quad \frac{\partial f}{\partial y} = -\frac{2y}{(x^2 + y^2)^2},$$

所以
$$\textbf{grad}\, \frac{1}{x^2 + y^2} = -\frac{2x}{(x^2 + y^2)^2}\boldsymbol{i} - \frac{2y}{(x^2 + y^2)^2}\boldsymbol{j}.$$

【例 7.36】 设 $f(x, y) = \dfrac{1}{2}(x^2 + y^2)$，$P_0(1, 1)$，求

（1） $f(x, y)$ 在 P_0 处增加最快的方向以及 $f(x, y)$ 沿这个方向的方向导数；

（2） $f(x, y)$ 在 P_0 处减少最快的方向以及 $f(x, y)$ 沿这个方向的方向导数；

（3） $f(x, y)$ 在 P_0 处变化率为零的方向.

解 （1） $f(x, y)$ 在 P_0 处沿 $\nabla f(1, 1)$ 的方向增加最快，

$$\nabla f(1, 1) = (x\boldsymbol{i} + y\boldsymbol{j})\big|_{(1,1)} = \boldsymbol{i} + \boldsymbol{j}$$

故所求方向可取为

$$\boldsymbol{n} = \frac{\nabla f(1, 1)}{|\nabla f(1, 1)|} = \frac{1}{\sqrt{2}}\boldsymbol{i} + \frac{1}{\sqrt{2}}\boldsymbol{j}$$

方向导数为

$$\frac{\partial f}{\partial \boldsymbol{n}}\bigg|_{(1,1)} = |\nabla f(1, 1)| = \sqrt{2}$$

（2） $f(x, y)$ 在 P_0 处沿 $-\nabla f(1, 1)$ 的方向减少最快，这方向可取为

$$n_1 = -n = -\frac{1}{\sqrt{2}}i - \frac{1}{\sqrt{2}}j$$

方向导数为

$$\left.\frac{\partial f}{\partial n_1}\right|_{(1,1)} = -|\nabla f(1,1)| = -\sqrt{2}$$

（3）$f(x,y)$ 在 P_0 处沿垂直于 $\nabla f(1,1)$ 的方向变化率为零，这方向是

$$n_2 = -\frac{1}{\sqrt{2}}i + \frac{1}{\sqrt{2}}j \quad \text{或} \quad n_3 = \frac{1}{\sqrt{2}}i - \frac{1}{\sqrt{2}}j.$$

习题 7-6

1．求函数 $z = x^2 + y^2$ 在点 $(1,2)$ 处沿从点 $(1,2)$ 到 $(2,2+\sqrt{3})$ 的方向的方向导数.

2．求函数 $u = xy^2 + z^3 - xyz$ 在点 $(1,1,2)$ 处沿方向角为 $\alpha = \frac{\pi}{3}$, $\beta = \frac{\pi}{4}$, $\gamma = \frac{\pi}{3}$ 的方向导数.

3．求函数 $u = xyz$ 在点 $(5,1,2)$ 处沿从点 $A(5,1,2)$ 到 $B(9,4,14)$ 的方向的方向导数.

4．求函数 $u = xy^2z$ 在点 $P_0(1,-1,2)$ 处变化最快的方向，并求沿这个方向的方向导数.

7.7　多元函数的极值

在实际问题中，我们会大量遇到求多元函数的最大值、最小值的问题．与一元函数的情形类似，多元函数的最大值、最小值与极大值、极小值有密切的联系．下面我们以二元函数为例来讨论多元函数的极值问题.

7.7.1　二元函数极值的概念

定义 7.8　设函数 $z = f(x,y)$ 在点 (x_0,y_0) 的某个邻域内有定义，若对于该邻域内任何异于 (x_0,y_0) 的点 (x,y)，都有

$$f(x,y) < f(x_0,y_0),$$

则称函数在点 (x_0,y_0) 有**极大值** $f(x_0,y_0)$；若对于该邻域内任何异于 (x_0,y_0) 的点 (x,y)，都有 $f(x,y) > f(x_0,y_0)$，则称**函数在点 (x_0,y_0) 有极小值** $f(x_0,y_0)$.

极大值、极小值统称为**极值**. 使函数取得极值的点称为**极值点**.

【**例 7.37**】　函数 $z = 3x^2 + 4y^2$ 在点 $(0,0)$ 处有极小值.

解　当 $(x,y) = (0,0)$ 时，$z = 0$，而当 $(x,y) \neq (0,0)$ 时，$z > 0$．因此 $z = 0$ 是函数的极小值. 从几何上看，$z = 3x^2 + 4y^2$ 表示一开口向上的椭圆抛物面，点 $(0,0,0)$ 是它的顶点.

【例 7.38】 函数 $z = -\sqrt{x^2+y^2}$ 在点 $(0,0)$ 处有极大值.

解 当 $(x,y) = (0,0)$ 时，$z = 0$，而当 $(x,y) \neq (0,0)$ 时，$z < 0$. 因此 $z = 0$ 是函数的极大值. 从几何上看，$z = -\sqrt{x^2+y^2}$ 表示一开口向下的半圆锥面，点 $(0,0,0)$ 是它的顶点.

【例 7.39】 函数 $z = xy$ 在点 $(0,0)$ 处既不取得极大值也不取得极小值.

解 因为在点 $(0,0)$ 处的函数值为零，而在点 $(0,0)$ 的任一邻域内，总有使函数值为正的点，也有使函数值为负的点.

二元函数的极值问题，一般可以用偏导数来解决. 下面给出二元函数有极值的必要条件.

定理 7.8 （**必要条件**）设函数 $z = f(x,y)$ 在点 (x_0, y_0) 具有偏导数，且在点 (x_0, y_0) 处有极值，则有

$$f_x(x_0, y_0) = 0, \quad f_y(x_0, y_0) = 0.$$

证明 不妨设 $z = f(x,y)$ 在点 (x_0, y_0) 处有极大值. 依极大值的定义，对于点 (x_0, y_0) 的某邻域内异于 (x_0, y_0) 的点 (x,y)，都有不等式

$$f(x,y) < f(x_0, y_0).$$

特殊地，在该邻域内取 $y = y_0$ 而 $x \neq x_0$ 的点，也应有不等式

$$f(x, y_0) < f(x_0, y_0).$$

这表明一元函数 $f(x, y_0)$ 在 $x = x_0$ 处取得极大值，因而必有

$$f_x(x_0, y_0) = 0.$$

类似地可以证明

$$f_y(x_0, y_0) = 0.$$

与一元函数类似，凡是能使 $f_x(x,y) = 0, f_y(x,y) = 0$ 同时成立的点 (x_0, y_0) 称为函数 $z = f(x,y)$ 的**驻点**.

从定理 7.8 可知，具有偏导数的函数的极值点必定是驻点，但函数的驻点不一定是极值点. 例如，函数 $z = xy$ 在点 $(0,0)$ 处的两个偏导数都是零，故点 $(0,0)$ 是函数 $z = xy$ 的驻点，而按定义直接可判断出 $(0,0)$ 不是极值点.

怎样判定驻点是否为极值点呢？下面的定理给出了答案.

定理 7.9 （**充分条件**）设函数 $z = f(x,y)$ 在点 (x_0, y_0) 的某邻域内连续，且具有一阶与二阶连续偏导数，又 $f_x(x_0, y_0) = 0, f_y(x_0, y_0) = 0$，令

$$f_{xx}(x_0, y_0) = A, f_{xy}(x_0, y_0) = B, f_{yy}(x_0, y_0) = C,$$

则 $f(x,y)$ 在 (x_0, y_0) 处是否取得极值的条件如下：

（1）当 $AC - B^2 > 0$ 时具有极值，且当 $A < 0$ 时有极大值，当 $A > 0$ 时有极小值；

（2）当 $AC - B^2 < 0$ 时没有极值；

（3）当 $AC - B^2 = 0$ 时可能有极值，也可能没有极值，还需另做讨论.

由定理 7.8 与定理 7.9，若函数具有二阶连续偏导数，则求 $z = f(x, y)$ 的极值的一般步骤为：

第一步　解方程组

$$f_x(x, y) = 0, f_y(x, y) = 0,$$

求出 $f(x, y)$ 的所有驻点；

第二步　对于每一个驻点 (x_0, y_0)，求出二阶偏导数的值 A, B 和 C；

第三步　定出 $AC - B^2$ 的符号，判定驻点是否是极值点，最后求出函数 $f(x, y)$ 在极值点处的极值.

【例 7.40】　求函数 $f(x, y) = x^3 - y^3 + 3x^2 + 3y^2 - 9x$ 的极值.

解　第一步　解方程组 $\begin{cases} f_x(x, y) = 3x^2 + 6x - 9 = 0 \\ f_y(x, y) = -3y^2 + 6y = 0 \end{cases}$，

求得驻点为 $(1, 0)$、$(1, 2)$、$(-3, 0)$、$(-3, 2)$.

第二步　对于每一个驻点 (x_0, y_0)，求出二阶偏导数的值

$$f_{xx}(x, y) = 6x + 6 ，\quad f_{xy}(x, y) = 0 ，\quad f_{yy}(x, y) = -6y + 6 .$$

第三步　确定 $AC - B^2$ 的符号

在点 $(1, 0)$ 处，$AC - B^2 = 12 \square 6 > 0$，又 $A > 0$，所以函数在 $(1, 0)$ 处有极小值 $f(1, 0) = -5$；

在点 $(1, 2)$ 处，$AC - B^2 = 12 \square (-6) < 0$，所以 $f(1, 2)$ 不是极值；

在点 $(-3, 0)$ 处，$AC - B^2 = -12 \square 6 < 0$，所以 $f(-3, 0)$ 不是极值；

在点 $(-3, 2)$ 处，$AC - B^2 = -12 \square (-6) > 0$，又 $A < 0$，所以函数在 $(-3, 2)$ 处有极大值 $f(-3, 2) = 31$.

7.7.2　二元函数的最大值与最小值

与一元函数类似，我们可利用函数的极值来求函数的最大值和最小值. 在本章第一节中已指出，如果函数 $z = f(x, y)$ 在有界闭区域 D 上连续，那么它在 D 上一定有最大值和最小值. 对于二元可微函数，如果函数的最大值或最小值在区域内部取得，并且函数的偏导数存在，则最大值点或最小值点必为驻点；若函数的最大值或最小值在区域的边界上取得，那么它也一定是函数在边界上的最大值或最小值. 因此，求函数 $f(x, y)$ 在 D 上的最大值与最小值的一般步骤为：

（1）求函数 $f(x,y)$ 在 D 内的所有驻点处的函数值；

（2）求 $f(x,y)$ 在 D 的边界上的最大值和最小值；

（3）将前两步得到的所有函数值进行比较，其中最大者即为最大值，最小者即为最小值.

在通常遇到的实际问题中，如果根据问题的性质，可以判断出函数 $f(x,y)$ 的最大值（最小值）一定在 D 的内部取得，而函数 $f(x,y)$ 在 D 内只有一个驻点，则可以肯定该驻点处的函数值就是函数 $f(x,y)$ 在 D 上的最大值（最小值）.

【例 7.41】　某厂要用铁板做成一个体积为 8m^3 的有盖长方体水箱. 问当长、宽、高各取多少时，才能使用料最省.

解　设水箱的长为 $x\,\text{m}$，宽为 $y\,\text{m}$，则其高应为 $\dfrac{8}{xy}\,\text{m}$. 此水箱所用材料的面积为

$$S = 2\left(xy + y\cdot\frac{8}{xy} + x\cdot\frac{8}{xy}\right) = 2\left(xy + \frac{8}{x} + \frac{8}{y}\right),\ (x>0,\ y>0).$$

令 $S_x = 2\left(y - \dfrac{8}{x^2}\right) = 0$，$S_y = 2\left(x - \dfrac{8}{y^2}\right) = 0$，得 $x = 2$，$y = 2$.

根据题意可知，水箱所用材料面积的最小值一定存在，并在开区域 $D = \{(x,y)\,|\,x>0, y>0\}$ 内取得. 因为函数 S 在 D 内只有一个驻点 $(2,2)$，所以此驻点一定是 S 的最小值点，即当水箱的长为 $2\,\text{m}$、宽为 $2\,\text{m}$、高为 $\dfrac{8}{2\times2} = 2\,\text{m}$ 时，水箱所用的材料最省.

从这个例子还可看出，在体积一定的长方体中，以立方体的表面积为最小.

7.7.3　条件极值——拉格朗日乘数法

前面所讨论的极值问题，对于函数的自变量一般只要求落在定义域内，并无其他的限制条件，这类极值我们称为**无条件极值**. 但在实际问题中，常会遇到对函数的自变量还有附加条件的极值问题. 例如，求表面积为 a^2 而体积为最大的长方体的体积问题. 设长方体的三棱的长为 x,y,z，则体积 $V = xyz$. 又因假定表面积为 a^2，所以自变量 x,y,z 还必须满足附加条件 $2(xy+yz+xz) = a^2$. 像这种对自变量有附加条件的极值称为**条件极值**.

条件极值问题的解法有两种：一是将条件极值转化为无条件极值，如例 7.41，若设水箱的长、宽、高分别为 $x\,\text{m}$、$y\,\text{m}$、$z\,\text{m}$，则问题就为求函数 $S = 2(xy+yz+xz)$ 在自变量满足附加条件 $xyz = 8$ 时的条件极值，可从附加条件 $xyz = 8$ 中解出 $z = \dfrac{8}{xy}$，并代入 S 中，得 $S = 2\left(xy + \dfrac{8}{x} + \dfrac{8}{y}\right)$，从而转化为无条件极值. 但在实际问题中，将条件极值转化为无条件极值并不这样简单. 下面介绍一种直接求函数 $z = f(x,y)$ 在

满足附加条件 $\varphi(x,y)=0$ 时的可能极值点的方法——拉格朗日乘数法，此法可以不必先把问题转化为无条件极值问题.

我们首先寻求函数

$$z = f(x,y)$$

在条件

$$\varphi(x,y) = 0$$

下取得极值的必要条件.

设点 $P_0(x_0, y_0)$ 是函数 $z = f(x,y)$ 在条件 $\varphi(x,y)=0$ 下的极值点，即函数 $z = f(x,y)$ 在 P_0 处有极值，且 $\varphi(x_0, y_0)=0$. 我们假定在 $P_0(x_0, y_0)$ 的某一邻域内 $f(x,y)$ 和 $\varphi(x,y)$ 均有一阶连续偏导数，而 $\varphi_y(x_0, y_0) \neq 0$. 由隐函数存在定理知，$\varphi(x,y)=0$ 确定一个连续且具有连续导数的函数 $y = g(x)$，将它代入 $z = f(x,y)$ 中，得

$$z = f[x, g(x)]$$

由点 $P_0(x_0, y_0)$ 是函数 $z = f(x,y)$ 的极值点可知，点 $x = x_0$ 是一元函数 $z = f[x, g(x)]$ 的极值点. 于是，根据一元函数极值的必要条件，有

$$\left.\frac{\mathrm{d}z}{\mathrm{d}x}\right|_{x=x_0} = f_x(x_0, y_0) + f_y(x_0, y_0)g'(x_0) = 0$$

又由隐函数求导公式，知

$$g'(x_0) = -\frac{\varphi_x(x_0, y_0)}{\varphi_y(x_0, y_0)}$$

所以函数 $z = f(x,y)$ 在条件 $\varphi(x,y)=0$ 下在 $P_0(x_0, y_0)$ 处取得极值的的必要条件为

$$\begin{cases} f_x(x_0, y_0) - f_y(x_0, y_0)\dfrac{\varphi_x(x_0, y_0)}{\varphi_y(x_0, y_0)} = 0 \\ \varphi(x_0, y_0) = 0 \end{cases}$$

引入比例系数 $\lambda = -\dfrac{f_y(x_0, y_0)}{\varphi_y(x_0, y_0)}$，那么，上述必要条件又可写成

$$\begin{cases} f_x(x_0, y_0) + \lambda\varphi_x(x_0, y_0) = 0 \\ f_y(x_0, y_0) + \lambda\varphi_y(x_0, y_0) = 0 \\ \varphi(x_0, y_0) = 0 \end{cases} \tag{7.18}$$

若引入辅助函数

$$L(x, y) = f(x, y) + \lambda \varphi(x, y) ,$$

其中 λ 为某一常数. 则式（7.18）中前两式就是

$$L_x(x_0, y_0) = 0 , \quad L_y(x_0, y_0) = 0 .$$

函数 $L(x, y)$ 称为**拉格朗日函数**，参数 λ 称为**拉格朗日乘子**.

由以上讨论，求函数 $z = f(x, y)$ 在条件 $\varphi(x, y) = 0$ 下的极值的拉格朗日乘数法的基本步骤为：

（1）构造拉格朗日函数

$$L(x, y) = f(x, y) + \lambda \varphi(x, y) ,$$

其中 λ 为参数；

（2）求其对 x 与 y 的一阶偏导数，并使之为零，再与 $\varphi(x, y) = 0$ 联立成方程组，由方程组

$$\begin{cases} L_x = f_x(x, y) + \lambda \varphi_x(x, y) = 0 \\ L_y = f_y(x, y) + \lambda \varphi_y(x, y) = 0 , \\ \varphi(x, y) = 0 \end{cases}$$

解出 x, y, λ ，而 (x, y) 就是所要求的可能的极值点.

注 拉格朗日乘数法只给出函数取极值的必要条件，因此按照这种方法求出来的点是否极值点，还需要加以讨论. 不过在实际问题中，往往可以根据问题本身的性质来判定所求的点是不是极值点.

这种方法可以推广到自变量多于两个而条件多于一个的情形.

【**例 7.42**】 求表面积为 a^2 而体积最大的长方体的体积.

解 设长方体的三棱的长为 x，y，z，则问题就是在条件

$$2(xy + yz + xz) = a^2$$

下求函数 $V = xyz$ 的最大值.

构造拉格朗日函数

$$L(x, y, z) = xyz + \lambda(2xy + 2yz + 2xz - a^2)$$

解方程组

$$\begin{cases} L_x(x, y, z) = yz + 2\lambda(y + z) = 0 \\ L_y(x, y, z) = xz + 2\lambda(x + z) = 0 \\ L_z(x, y, z) = xy + 2\lambda(y + x) = 0 \\ 2xy + 2yz + 2xz = a^2 \end{cases}$$

得 $x = y = z = \dfrac{\sqrt{6}}{6}a$，这是唯一可能的极值点. 因为由问题本身可知最大值一定

存在，所以最大值就在这个可能的极值点处取得，此时 $V = \dfrac{\sqrt{6}}{36}a^3$.

习题 7-7

1. 求函数 $z = 4(x-y) - x^2 - y^2$ 的极值.

2. 求函数 $z = (6x - x^2)(4y - y^2)$ 的极值.

3. 求函数 $z = \mathrm{e}^{2x}(x + y^2 + 2y)$ 的极值.

4. 求函数 $z = xy$ 在附加条件 $x + y = 1$ 下的极大值.

5. 从斜边之长为 l 的一切直角三角形中，求有最大周长的直角三角形.

6. 要造一个体积等于定数 k 的长方体无盖水池，应如何选择水池的尺寸，方可使它的表面积最小？

7. 在 xOy 面上求一点，使它到直线 $x = 0$，$y = 0$，$x + 2y - 16 = 0$ 的距离的平方和最小.

8. 求内接于半径为 R 的球且有最大体积的长方体.

7.8 利用 Matlab 求多元函数的偏导数

一、基本命令

命 令 语 法	功　　能
syms　x y z	生成符号变量 x, y, z
diff（S, 'v'）	求表达式 S 对自变量 v 的导数
diff（S, n）	求表达式 S 的 n 阶导数
diff（S, 'v', n）	求表达式 S 对自变量 v 的 n 阶导数
diff（diff（f, 'x', m）, 'y', n）	求高阶偏导数 $\dfrac{\partial^{m+n} f}{\partial x^m \partial y^n}$

二、例题

【例 7.43】　设 $z = \sin\sqrt{x^2 + y^2}$，求 $\dfrac{\partial z}{\partial x}$，$\dfrac{\partial z}{\partial y}$，$\dfrac{\partial^2 z}{\partial x \partial y}$

解　>>syms x y　　　　　　　　　%生成符号变量 x, y

　　>>f=sin（sqrt（x^2+y^2））　　　%生成符号表达式

　　>>fx=diff（f, 'x'）

输出结果：fx =

(x*cos（（x^2＋y^2）^（1/2）））/（x^2＋y^2）^（1/2）

>>fy=diff（f，'y'）

输出结果：fx =

(y*cos（（x^2＋y^2）^（1/2）））/（x^2＋y^2）^（1/2）

>> fxy=diff（diff（f，'x'），'y'）

输出结果：fxy =

－（x*y*cos（（x^2+y^2）^（1/2）））/（x^2+y^2）^（3/2）- (x*y*sin（（x^2+y^2）^（1/2）））/（x^2+y^2）

【例 7.44】 设方程 $x+2y+z-\mathrm{e}^{xyz}=0$ 确定了函数 $z=z(x,y)$，求 $\dfrac{\partial z}{\partial x}, \dfrac{\partial z}{\partial y}$

解 >> syms x y z

>> f=x+2*y+z-exp（x*y*z）

输出结果：f =

x + 2*y + z－exp（x*y*z）

>> fx=diff（f，'x'）

输出结果：fx =

1－y*z*exp（x*y*z）

>> fy=diff（f，'y'）

输出结果：fy =

2－x*z*exp（x*y*z）

>> fz=diff（f，'z'）

输出结果：fz =

1 - x*y*exp（x*y*z）

>> dzx=-fx/fz

输出结果：dzx =

－（y*z*exp（x*y*z）－1）/（x*y*exp（x*y*z）－1）

>> dzy=-fy/fz

输出结果：dzy =

－（x*z*exp（x*y*z）－2）/（x*y*exp（x*y*z）－1）

即 $\dfrac{\partial z}{\partial x}=\dfrac{-1+yz\mathrm{e}^{xyz}}{1-xy\mathrm{e}^{xyz}}, \dfrac{\partial z}{\partial y}=\dfrac{-2+xz\mathrm{e}^{xyz}}{1-xy\mathrm{e}^{xyz}}$

本章小结

一、知识体系

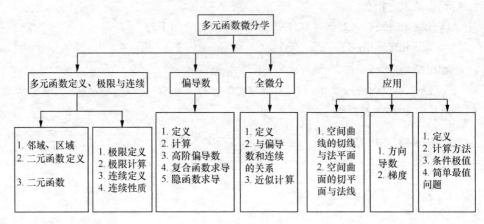

二、主要内容

1. 极限与连续

$$\lim_{(x,y)\to(x_0,y_0)} f(x,y) = A \quad;\quad \lim_{(x,y)\to(x_0,y_0)} f(x,y) = f(x_0,y_0)$$

理解极限与连续的相关概念，掌握求极限的基本方法，注意和一元函数的极限的差别.

2. 偏导数

$$f_x(x_0,y_0) = \lim_{\Delta x \to 0} \frac{f(x_0+\Delta x, y_0) - f(x_0,y_0)}{\Delta x}$$

$$f_y(x_0,y_0) = \lim_{\Delta y \to 0} \frac{f(x_0, y_0+\Delta y) - f(x_0,y_0)}{\Delta y}$$

在计算偏导数的过程中要注意，在对其中一个变量求导数时，其他的变量看做是常数.

3. 全微分

$$\mathrm{d}z = \frac{\partial z}{\partial x}\mathrm{d}x + \frac{\partial z}{\partial y}\mathrm{d}y$$

注意全微分和偏导数、连续的关系. 在二元函数中，在某点偏导数存在只是在该点可微分的必要条件，而非充分条件.

4. 多元函数微分法的应用

（1）在几何上的应用.

空间曲线的切线与法平面：设空间曲线 Γ 的参数方程为

$$x = \varphi(t) \ , \quad y = \psi(t) \ , \quad z = \omega(t)$$

$M_0(x_0, y_0, z_0)$ 是曲线 Γ 上对应于 $t = t_0$ 的一点，则曲线 Γ 在点 M_0 的切线方程为

$$\frac{x - x_0}{\varphi'(t_0)} = \frac{y - y_0}{\psi'(t_0)} = \frac{z - z_0}{\omega'(t_0)}$$

法平面方程为

$$\varphi'(t_0)(x - x_0) + \psi'(t_0)(y - y_0) + \omega'(t_0)(z - z_0) = 0$$

空间曲面的切平面与法线：设曲面 Σ 的方程为

$$F(x, y, z) = 0$$

$M_0(x_0, y_0, z_0)$ 是曲面 Σ 上的一点，则曲面 Σ 上过 M_0 点的切平面方程为

$$F_x(x_0, y_0, z_0)(x - x_0) + F_y(x_0, y_0, z_0)(y - y_0) + F_z(x_0, y_0, z_0)(z - z_0) = 0$$

法线方程为

$$\frac{x - x_0}{F_x(x_0, y_0, z_0)} = \frac{y - y_0}{F_y(x_0, y_0, z_0)} = \frac{z - z_0}{F_z(x_0, y_0, z_0)}$$

（2）方向导数与梯度.

了解方向导数与梯度的有关概念和计算方法.

（3）极值与最值.

掌握求极值的基本方法，包括判定驻点在什么条件下能成为极值点，利用拉格朗日乘数法来求实际问题中的最值等.

三、解题方法小结

1. 多元函数中可微、可导和连续的关系

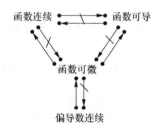

2. 复合函数求导法

（1）设函数 $z = f(u, v)$ ， $u = \varphi(t)$ 及 $v = \psi(t)$ 构成复合函数 $z = f[\varphi(t), \psi(t)]$ ，

$$\frac{\mathrm{d}z}{\mathrm{d}t} = \frac{\partial z}{\partial u} \cdot \frac{\mathrm{d}u}{\mathrm{d}t} + \frac{\partial z}{\partial v} \cdot \frac{\mathrm{d}v}{\mathrm{d}t}$$

（2）设函数 $z = f(u, v)$ ， $u = u(x, y)$ ， $v = v(x, y)$ 构成复合函数

$$z = f[u(x,y), v(x,y)],$$

$$\frac{\partial z}{\partial x} = \frac{\partial z}{\partial u} \cdot \frac{\partial u}{\partial x} + \frac{\partial z}{\partial v} \cdot \frac{\partial v}{\partial x}$$

$$\frac{\partial z}{\partial y} = \frac{\partial z}{\partial u} \cdot \frac{\partial u}{\partial y} + \frac{\partial z}{\partial v} \cdot \frac{\partial v}{\partial y}$$

3. 隐函数求导法

（1）若方程 $F(x,y) = 0$ 在点 $P(x_0, y_0)$ 的某一邻域内确定函数 $y = f(x)$，则有

$$\frac{\mathrm{d}y}{\mathrm{d}x} = -\frac{F_x}{F_y}$$

（2）若方程 $F(x,y,z) = 0$ 在点 (x_0, y_0, z_0) 的某一邻域内确定函数 $z = f(x,y)$，则有

$$\frac{\partial z}{\partial x} = -\frac{F_x}{F_z}, \quad \frac{\partial z}{\partial y} = -\frac{F_y}{F_z}$$

4. 极值的求法

（1）若函数 $f(x,y)$ 具有二阶连续偏导数，则求 $z = f(x,y)$ 的极值的一般步骤为

第一步　解方程组

$$f_x(x,y) = 0, f_y(x,y) = 0$$

求出 $f(x,y)$ 的所有驻点.

第二步　对于每一个驻点 (x_0, y_0)，求出二阶偏导数的值 A、B 和 C.

第三步　定出 $AC - B^2$ 的符号，判定驻点是否是极值点，最后求出函数 $f(x,y)$ 在极值点处的极值.

（2）求函数 $z = f(x,y)$ 在条件 $\varphi(x,y) = 0$ 下的极值的拉格朗日乘数法的基本步骤为

① 构造拉格朗日函数 $L(x,y,\lambda) = f(x,y) + \lambda\varphi(x,y)$，其中 λ 为某一常数；

② 由方程组

$$\begin{cases} L_x = f_x(x,y) + \lambda\varphi_x(x,y) = 0 \\ L_y = f_y(x,y) + \lambda\varphi_y(x,y) = 0 \\ \varphi(x,y) = 0 \end{cases}$$

解出 x，y，λ，其中 (x,y) 就是所要求的可能的极值点.

本 章 测 试

一、填空题

1. 如果点 $P(x,y)$ 以不同的方式趋于 $P_0(x_0, y_0)$ 时，$f(x,y)$ 趋于不同的常数，则

函数 $f(x, y)$ 在 $P_0(x_0, y_0)$ 处的二重极限_____.

2. 函数 $f(x, y) = \dfrac{\sqrt{y - x^2}}{\ln(1 - x^2 - y^2)}$ 的定义域是_____.

3. 极限 $\lim\limits_{(x, y) \to (2, 1)} \dfrac{x^2 - y}{3x + 2y} = $_____.

4. 函数 $z = x^2 y^3$ 在点 $(-1, 2)$ 处的全微分 $\mathrm{d}z = $_____.

5. 函数 $f(x, y) = x^2 + y^2 - 4x + 4y$ 的极小值是_____.

二、选择题

1. 函数 $f(x, y)$ 在点 (x_0, y_0) 处存在偏导数是函数在该点可微分的（　　）条件, 是函数在该点连续的（　　）条件.

A. 充分而不必要　　　　　　　　B. 必要而不充分

C. 必要且充分　　　　　　　　　D. 既不必要又不充分

2. 函数 $f(x, y) = \begin{cases} \dfrac{xy}{x^2 + y^2}, & x^2 + y^2 \neq 0 \\ 0, & x^2 + y^2 = 0 \end{cases}$ 在点 $(0, 0)$ 处（　　）.

A. 连续但不存在偏导数　　　　　B. 存在偏导数但不连续

C. 既不连续又不存在偏导数　　　D. 既连续又存在偏导数

3. 设函数 $f(x, y)$ 在点 $(0, 0)$ 的某邻域内有定义, 且 $f_x(0, 0) = 3$, $f_y(0, 0) = -1$, 则有（　　）.

A. $\mathrm{d}z\big|_{(0, 0)} = 3\mathrm{d}x - \mathrm{d}y$

B. 曲面 $z = f(x, y)$ 在点 $(0, 0, f(0, 0))$ 的一个法向量为 $(3, -1, 1)$

C. 曲线 $\begin{cases} z = f(x, y) \\ y = 0 \end{cases}$ 在点 $(0, 0, f(0, 0))$ 的一个切向量为 $(1, 0, 3)$

D. 曲线 $\begin{cases} z = f(x, y) \\ y = 0 \end{cases}$ 在点 $(0, 0, f(0, 0))$ 的一个切向量为 $(3, 0, 1)$

4. 下面 4 个函数中, 函数（　　）在点 $(0, 0)$ 处不取得极值但点 $(0, 0)$ 是它的驻点; 函数（　　）在点 $(0, 0)$ 处取得极值但在该点处的偏导数不存在.

A. $f(x, y) = xy$　　　　　　　　B. $f(x, y) = x^2 + y^2$

C. $f(x, y) = -(x^2 + y^2)$　　　　D. $f(x, y) = \sqrt{x^2 + y^2}$

三、解答题

1. 求函数的一阶和二阶偏导数.

（1）$z = \ln(x + y^2)$　　　　　　（2）$z = x^y$

2. 设 $z = \ln(\sqrt{x} + \sqrt{y})$，求 $x\dfrac{\partial z}{\partial x} + y\dfrac{\partial z}{\partial y}$.

3. 求函数 $z = \dfrac{xy}{x^2 - y^2}$ 当 $x = 2, y = 1, \Delta x = 0.01, \Delta y = 0.03$ 时的全增量和全微分.

4. 设 $u = x^y$，而 $x = \varphi(t), y = \psi(t)$ 都是可微函数，求 $\dfrac{\mathrm{d}u}{\mathrm{d}t}$.

5. 设 $z = f(u, v, w)$ 具有连续偏导数，而
$$u = \eta - \zeta, \quad v = \zeta - \xi, \quad w = \xi - \eta$$
求 $\dfrac{\partial z}{\partial \xi}, \dfrac{\partial z}{\partial \eta}, \dfrac{\partial z}{\partial \zeta}$.

6. 求螺旋线 $x = a\cos\theta, y = a\sin\theta, z = b\theta$，在点 $(a, 0, 0)$ 处的切线及法平面方程.

7. 在曲面 $z = xy$ 上求一点，使这点处的法线垂直于平面 $x + 3y + z + 9 = 0$，并写出这法线的方程.

8. 求函数 $z = \ln(x + y)$ 在抛物线 $y^2 = 4x$ 上点 $(1, 2)$ 处，沿着这条抛物线在该点处偏向 x 轴正向的切线方向的方向导数.

9. 将周长为 l 的矩形绕它的一边旋转而构成一个圆柱体，问矩形的边长各为多少时，才可使圆柱体的体积最大？

10. 抛物面 $z = x^2 + y^2$ 被平面 $x + y + z = 1$ 截成一椭圆，求这椭圆上的点到原点的距离的最大值与最小值.

数学史话

微积分向多元函数的推广

虽然微积分的创立者已经接触到了偏微商和重积分的概念，但将微积分算法推广到多元函数而建立偏导数理论和多重积分理论的主要是 18 世纪的数学家.

1720 年, 尼古拉·伯努利（Nicolaus Bernoulli II , 1687—1759）证明了函数 $f(x, y)$ 在一定条件下，对 x, y 求偏导数其结果与求导顺序无关. 欧拉在 1734 年的一篇文章中也证明了同样的事实. 在此基础上, 欧拉在一系列的论文中发展了偏导数理论，达朗贝尔在 1743 年的著作《动力学》和 1747 年关于弦振动的研究中，也推进了偏导数演算，不过当时一般都用同一个记号 d 表示通常导数与偏导数，专门的偏导数记号 $\dfrac{\partial}{\partial x}, \dfrac{\partial}{\partial y}$、…到 19 世纪 40 年代才由雅克比在其行列式理论中正式创用并逐渐普及，虽然拉格朗日在 1786 年曾建议使用这一符号.

微积分严格化的尝试

牛顿和莱布尼兹的微积分是不严格的，特别在使用无限小概念上的随意与混乱。当时的物理学家指责牛顿的流数术（流数就是今天所用的导数）叙述"模糊不

清"，莱布尼兹的高阶微分"缺乏根据"等．最令人震撼的抨击是来自英国哲学家、牧师伯克莱，伯克莱认为当时的数学家们以归纳代替演绎，没有为他们的方法提供合法性证明．集中攻击牛顿流数数论中关于无限小量的混乱假设，例如在首末比方法中，为了求幂 x^n 的增量 $nx^{n-1}+\dfrac{n(n-1)}{2}x^{n-2}o+\cdots$，让 o "消失"，得到 x^n 的流数 nx^{n-1}，伯克莱指出这里关于增量 o 的假设前后矛盾，是"分明的诡辩"．他讥讽的问道"这些消失的增量究竟是什么呢？它们既不是有限量，也不是无限小，又不是零，难道我们不能称它们为消逝量的鬼魂吗？"，伯克莱虽主要矛头是牛顿的流数术，但对莱布尼兹的微积分也同样竭力非难，认为其中的正确结论，是从错误的原理出发通过"错误的抵消"而获得．

伯克莱对微积分学说的攻击主要是出于宗教的动机，但他的许多批评是切中要害的，在客观上揭露了早期微积分的逻辑缺陷，刺激了数学家们为建立微积分的严格基础而努力．同学们学到这里，看到这里，是否有这样一个思绪，数学正是在这种质疑、释疑中严谨和壮大起来的呢．为了回答伯克莱的攻击，欧洲大陆的数学家们力图以代数化的途径来克服微积分基础的困难，在 18 世纪，这方面的代表人物是达朗贝尔、欧拉和拉格朗日．

达朗贝尔发展了牛顿的首末比方法，用极限概念代替了含糊的"最初比"与"最终比"；欧拉提出了关于无限小的不同阶零的理论，欧拉认为无限小就是零，但存在着"不同阶的零"，也就是不同阶的无穷小，而"无限小演算不过是不同无限小量的几何比的研究"．他断言如果采取了这种观点，"在这门崇高的科学中，我们就完全能保持最高度的数学严格性"；拉格朗日则主张用泰勒级数来定义导数。可以说，欧拉和拉格朗日引入了形式化观点，而达朗贝尔的极限观点则为微积分的严格表述提供了合理内核．19 世纪的分析严格化，正是这些不同方向融会发展的结果，我们此时正分享这一成果．

第8章 多元函数积分学

在一元函数积分学中，所学的定积分是函数在区间上某种特定形式的和式极限，将这种和式极限的概念推广到定义在平面区域或空间有界闭区域上的多元函数，就是本章讨论的二重积分和三重积分；当积分区域推广到平面或空间中的一段曲线段或一片曲面的情形，相应积分为本章讨论的曲线积分和曲面积分．因此多元函数的积分是一元函数定积分的推广和发展．

本章的主要内容有：二重积分、三重积分、曲线积分、曲面积分及它们之间的关系．

重点与难点

知 识 点	重 点	难 点	要 求
二重积分的概念、性质			理解
二重积分在直角坐标系下的计算方法	●		掌握
二重积分在极坐标系下的计算方法	●		掌握
空间曲面的面积			了解
三重积分的概念			了解
三重积分在直角坐标系下的计算方法		●	了解
三重积分在柱面、球面坐标系下的计算方法		●	了解
曲线积分的概念和性质	●		理解
曲线积分的计算法	●		掌握
曲面积分的概念和性质			了解
曲面积分的计算法			了解
格林公式	●	●	掌握
曲线积分与路径无关的条件			了解
二元函数全微分求积	●	●	掌握
高斯公式			了解
斯托克斯公式			了解
利用 Matlab 计算重积分			掌握

8.1 二 重 积 分

与定积分类似，二重积分的概念也是从实践中抽象出来的，它是定积分的推广，其中的数学思想与定积分一样，也是一种"和式的极限"．所不同的是：定积分的被积函数是一元函数，积分范围是一个区间；而二重积分的被积函数是二元函数，积分范围是平面上的一个区域．二重积分的计算方法的基本思想是将其化为两次定积分（即二次积分）来计算.

8.1.1　二重积分的概念和性质

1. 引例

曲顶柱体的体积

设 D 为 xOy 面上的有界闭区域，曲面 $z = f(x, y)$ 在区域 D 上连续，且 $f(x, y) \geqslant 0$. 过 D 的边界曲线做垂直于 xOy 面的柱面 S ，则区域 D 和柱面 S 以及曲面 $z = f(x, y)$ 构成一个封闭的立体，成为以 D 为底以 $z = f(x, y)$ 为顶的**曲顶柱体**. 如图 8.1 所示，求曲顶柱体的体积 V .

对于平顶柱体，已知其体积公式：平顶柱体体积＝底面积×高. 对于曲顶柱体，由于柱体的高是变化不定的，故不能直接利用上述平顶柱体的体积公式来计算其体积. 这与计算曲边梯形面积遇到的问题类似. 可仿照曲边梯形面积的求法，我们采取"分割""近似""求和""取极限"的步骤来求曲顶柱体的体积.

① 分割：将区域 D 任意分割为 n 个小区域 $\Delta\sigma_1, \Delta\sigma_2, \cdots, \Delta\sigma_n$ ，并以 $\Delta\sigma_i$ 表示第 i 个小区域的面积，相应地将曲顶柱体分割成 n 个小曲顶柱体，如图 8.2 所示，用 λ_i 表示第 i 个小区域内任意两点间距离的最大值，称其为第 i 个小区域的直径($i = 1, 2, \cdots, n$)，并记

$$\lambda = \max(\lambda_1, \lambda_2, \cdots, \lambda_n)$$

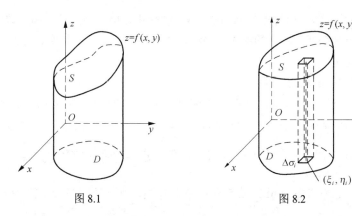

图 8.1　　　　　　　　图 8.2

② 近似：在分割很细密即 λ 充分小时，可将小曲顶柱体近似看成平顶柱体，这时在第 i 个小区域 $\Delta\sigma_i$ 内任取一点 (ξ_i, η_i) ，并以 $f(\xi_i, \eta_i)$ 表示第 i 个小平顶区域的高，则第 i 个小曲顶柱体的体积 ΔV_i 可近似表示为：

$$\Delta V_i \approx f(\xi_i, \eta_i)\Delta\sigma_i \qquad (i = 1, 2, \cdots, n)$$

③ 求和：将所有小曲顶柱体体积的近似值相加，得到整个曲顶柱体 V 的近似值为：

$$V = \sum_{i=1}^{n} V_i \approx \sum_{i=1}^{n} f(\xi_i, \eta_i)\Delta\sigma_i$$

④ 取极限：当区域 D 的划分越来越细密时，即当 $\lambda \to 0$（这时 $n \to \infty$）时取和式的极限，得到曲顶柱体的体积：

$$V = \lim_{\lambda \to 0} \sum_{i=1}^{n} f(\xi_i, \eta_i) \Delta \sigma_i$$

平面薄板的质量

当平面薄板的质量是均匀分布时，则有平面薄板的质量=面密度×面积. 若平面薄板的质量不是均匀分布时，考虑应如何计算该薄板的质量.

设一平面薄板所占的区域为闭区域 D，面密度 $\mu(x,y) > 0$ 且在 D 上连续，求该平面薄板的质量.

① 分割：用曲线将 D 任意分割成 n 个小区域 $\Delta\sigma_1, \Delta\sigma_2, \cdots, \Delta\sigma_n$，以 $\Delta\sigma_i$ 表示第 i 个小区域的面积，用 λ_i 表示 $\Delta\sigma_i$ 的直径（$i=1,2,\cdots,n$）.

② 近似：在 $\Delta\sigma_i$ 内任取一点 (ξ_i, η_i)，当 $\Delta\sigma_i$ 很小时，可近似看作均匀的小片，并以 $\mu(\xi_i, \eta_i)$ 表示 $\Delta\sigma_i$ 的密度，则 $\Delta\sigma_i$ 这一小块质量的近似值为：$\Delta m_i \approx \mu(\xi_i, \eta_i)\Delta\sigma_i$.

③ 求和：平面薄板的质量 $M = \sum_{i=1}^{n} \Delta m_i \approx \sum_{i=1}^{n} \mu(\xi_i, \eta_i)\Delta\sigma_i$

④ 取极限：记 $\lambda = \max(\lambda_1, \lambda_2, \cdots, \lambda_n)$，当区域 D 的分割越来越细密时，即当时 $\lambda \to 0$ 取和式的极限，则平面薄板的质量 $M = \lim_{\lambda \to 0} \sum_{i=1}^{n} \mu(\xi_i, \eta_i)\Delta\sigma_i$.

从上述两例看到，所讨论的问题的实际背景不同，但都用到了相同的数学思想，即都归结为求某个特殊和式的极限. 将实际背景除去，提取其中数量上的关系，得到二重积分的概念.

2. 二重积分的概念和性质

定义 8.1 设 $f(x,y)$ 是定义在有界闭区域 D 上的有界函数. 将 D 任意分割为 n 个小区域 $\Delta\sigma_1, \Delta\sigma_2, \cdots, \Delta\sigma_n$，$\Delta\sigma_i$ 和 λ_i 表示第 i 个小区域的面积和直径，并记 $\lambda = \max(\lambda_1, \lambda_2, \cdots, \lambda_n)$. 在每个小区域内任取一点 (ξ_i, η_i)，作和 $\sum_{i=1}^{n} f(\xi_i, \eta_i)\Delta\sigma_i$，当 $\lambda \to 0$ 时，如果极限 $\lim_{\lambda \to 0} \sum_{i=1}^{n} f(\xi_i, \eta_i)\Delta\sigma_i$ 总存在，则称该极限为函数 $f(x,y)$ 在闭区域 D 上的二重积分，记作 $\iint\limits_{D} f(x,y)\mathrm{d}\sigma$.

即：

$$\iint\limits_{D} f(x,y)\mathrm{d}\sigma = \lim_{\lambda \to 0} \sum_{i=1}^{n} f(\xi_i, \eta_i)\Delta\sigma_i$$

其中 x 和 y 称为积分变量，$\mathrm{d}\sigma$ 称为面积元素，D 为积分区域，$f(x,y)$ 为被积函数 $f(x,y)\mathrm{d}\sigma$ 称为被积表达式，$\sum_{i=1}^{n} f(\xi_i, \eta_i)\Delta\sigma_i$ 称为积分和.

按照二重积分的定义，曲顶柱体的体积可以表示为 $V = \iint\limits_{D} f(x,y)\mathrm{d}\sigma$，平面薄板

的质量可表示为 $M = \iint\limits_{D} \mu(x,y)\mathrm{d}\sigma$.

对二重积分定义的说明:

（1）如果二重积分 $\iint\limits_{D} f(x,y)\mathrm{d}\sigma$ 存在，称函数 $f(x,y)$ 在 D 上是可积的. 若函数 $f(x,y)$ 在有界闭区域 D 上连续，则它在 D 上可积，今后总假定 $f(x,y)$ 在区域 D 上连续.

（2）如果 $f(x,y)$ 在区域 D 上可积，则二重积分的值与积分区域 D 的分割无关. 因此，在直角坐标系中，常用平行于 x 轴和 y 轴的两组直线来分割积分区域 D，则除了包含边界的一些小闭区域外，其余的小闭区域都是矩形闭区域. 设矩形闭区域 $\Delta\sigma_i$（i=1, 2, $\cdots$, n）的边长为 Δx_i 和 Δy_i，于是小矩形的面积为

$$\Delta\sigma_i = \Delta x_i \Delta y_i \qquad i = 1, 2, \cdots n$$

取极限后，面积元素为 $\mathrm{d}\sigma = \mathrm{d}x\mathrm{d}y$，所以在直角坐标系中，二重积分可记为：

$$\iint\limits_{D} f(x,y)\mathrm{d}\sigma = \iint\limits_{D} f(x,y)\mathrm{d}x\mathrm{d}y$$

比较定积分和二重积分的定义可以想到，二重积分与定积分有相似的性质. 以下性质均假设被积函数在所在的区域上可积.

性质 1 （线性性质）$\iint\limits_{D}[f(x,y)+g(x,y)]\mathrm{d}\sigma = \iint\limits_{D} f(x,y)\mathrm{d}\sigma + \iint\limits_{D} g(x,y)\mathrm{d}\sigma$

性质 2 （线性性质）$\iint\limits_{D} kf(x,y)\mathrm{d}\sigma = k\iint\limits_{D} f(x,y)\mathrm{d}\sigma \quad (k \in R)$

性质 3 （积分区域的可加性）$\iint\limits_{D=D_1+D_2} f(x,y)\mathrm{d}\sigma = \iint\limits_{D_1} f(x,y)\mathrm{d}\sigma + \iint\limits_{D_2} f(x,y)\mathrm{d}\sigma$

性质 4 如果 $f(x,y) \equiv 1$ 且连续，则有 $\iint\limits_{D} 1\mathrm{d}\sigma = \iint\limits_{D}\mathrm{d}\sigma = D$ 的面积

这个性质表明：以 D 为底、高为 1 的平顶柱体的体积在数值上等于柱体的底面积.

性质 5 （比较性质）如果区域 D 上满足 $f(x,y) \leqslant g(x,y)$，则有 $\iint\limits_{D} f(x,y)\mathrm{d}\sigma \leqslant \iint\limits_{D} g(x,y)\mathrm{d}\sigma$ ，

特别地，有 $\left|\iint\limits_{D} f(x,y)\mathrm{d}\sigma\right| \leqslant \iint\limits_{D} |f(x,y)|\mathrm{d}\sigma$.

性质 6 （估值性质）设 S_D 是区域 D 的面积. 如果 $f(x,y)$ 在 D 上有最大值 M 和最小值 m，则有

$$mS_D \leqslant \iint\limits_{D} f(x,y)\mathrm{d}\sigma \leqslant MS_D \quad （二重积分的估值不等式）$$

性质 7（二重积分的中值定理） 如果 $f(x,y)$ 在有界闭区域 D 上连续，则在 D 上至少存在一点 (ξ,η)，使得 $\iint\limits_{D} f(x,y)\mathrm{d}\sigma = f(\xi,\eta) \cdot S_D$

3．二重积分的几何意义

（1）当 $z = f(x,y) \geqslant 0$ 时，二重积分 $\iint\limits_{D} f(x,y)\mathrm{d}\sigma$ 表示以积分区域 D 为底、曲面 $z = f(x,y)$ 为顶的曲顶柱体的体积．

（2）当 $z = f(x,y) \leqslant 0$ 时，以积分区域 D 为底、曲面 $z = f(x,y)$ 为顶的曲顶柱体的体积

$$V = -\iint\limits_{D} f(x,y)\mathrm{d}\sigma$$

8.1.2 直角坐标系下二重积分的计算

在实际应用中，直接通过二重积分的定义和性质来计算二重积分一般是困难的，本节讨论在直角坐标系下二重积分的计算方法，是将二重积分化为二次定积分来计算，转化后的这种二次定积分常称为**二次积分**或**累次积分**．

设积分区域 D 由两条平行于 y 轴的直线 $x = a, x = b$ 及两条曲线 $y = \varphi_1(x)$ 及 $y = \varphi_2(x)$ 所围成，如图 8.3 所示．D 用不等式表示为

$$D: a \leqslant x \leqslant b, \quad \varphi_1(x) \leqslant y \leqslant \varphi_2(x)$$

其中 $\varphi_1(x)$，$\varphi_2(x)$ 在区间 $[a,b]$ 上连续．

当 $f(x,y) \geqslant 0$ 时，二重积分 $V = \iint\limits_{D} f(x,y)\mathrm{d}\sigma$ 表示以积分区域 D 为底、曲面 $z = f(x,y)$ 为顶的曲顶柱体的体积．下面我们用"切片法"来求曲顶柱体的体积 V．

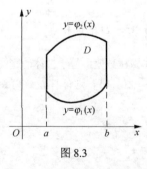

图 8.3

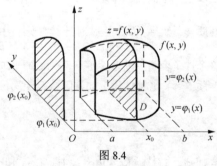

图 8.4

用平行于 yOz 坐标面的平面 $x = x_0 (a \leqslant x_0 \leqslant b)$ 去截曲顶柱体，得一截面，它是一个以区间 $[\varphi_1(x_0), \varphi_2(x_0)]$ 为底，以 $z = f(x_0,y)$ 为曲边的曲边梯形（见图 8.4），所以这截面积为

$$S(x_0) = \int_{\varphi_1(x_0)}^{\varphi_2(x_0)} f(x_0,y)\mathrm{d}y$$

由此，我们可以看到这个截面面积是 x_0 的函数．一般地，过区间 $[a,b]$ 上任一点 x 且平行于 yOz 坐标面的平面，与曲顶柱体相交所得切片（截面）的面积为

$$S(x) = \int_{\varphi_1(x)}^{\varphi_2(x)} f(x,y)\mathrm{d}y$$

其中 y 是积分变量，x 在积分时保持不变. 因此 $S(x)$ 是 x 的函数，曲顶柱体的体积 V 即为在区间 $[a,b]$ 沿着 x 轴累加这些薄片的体积 $S(x)\cdot\mathrm{d}x$，所以

$$V = \int_a^b S(x)\mathrm{d}x = \int_a^b \left[\int_{\varphi_1(x)}^{\varphi_2(x)} f(x,y)\mathrm{d}y\right]\mathrm{d}x$$

习惯上可记作

$$V = \iint_D f(x,y)\mathrm{d}x\mathrm{d}y = \int_a^b \mathrm{d}x \int_{\varphi_1(x)}^{\varphi_2(x)} f(x,y)\mathrm{d}y$$

在上面的讨论中，假定 $f(x,y) \geqslant 0$，而事实上，上面的公式不受此条件的限制. 这里把此结论叙述如下.

若 $z = f(x,y)$ 在闭区域 D 上连续，D：$a \leqslant x \leqslant b$，$\varphi_1(x) \leqslant y \leqslant \varphi_2(x)$，其中 $\phi_1(x)$，$\varphi_2(x)$ 在 $[a,b]$ 上连续，则二重积分可化为先对 y 后对 x 的二次积分.

$$\iint_D f(x,y)\mathrm{d}x\mathrm{d}y = \int_a^b \mathrm{d}x \int_{\varphi_1(x)}^{\varphi_2(x)} f(x,y)\mathrm{d}y \tag{8.1}$$

类似地，若积分区域 D 由两条平行于 x 轴的直线 $y = c$，$y = d$ 及两条曲线 $x = \psi_1(y)$，$x = \psi_2(y)$ 所围成，如图 8.5 所示，积分区域 D 表示为

$$D: c \leqslant y \leqslant d, \quad \psi_1(y) \leqslant x \leqslant \psi_2(y)$$

且 $\psi_1(x), \psi_2(x)$ 在 $[c,d]$ 上连续，则二重积分可化成先对 x 后对 y 的二次积分，记为

$$\iint_D f(x,y)\mathrm{d}x\mathrm{d}y = \int_c^d \mathrm{d}y \int_{\psi_1(y)}^{\psi_2(y)} f(x,y)\mathrm{d}x \tag{8.2}$$

一般称图 8.3 所示的积分区域为 **X-型区域**，其特征是穿过 D 内部且平行于 y 轴的直线与 D 边界最多相交于两点. 称图 8.5 所示的积分区域为 Y-型区域，其特征是穿过 D 内部且平行于 x 轴的直线与 D 边界最多相交于两点. 利用公式（8.1）化为先对 y 后对 x 的二次积分，积分区域须是 X-型区域. 利用公式（8.2）化为先对 x 后对 y 的二次积分时，积分区域须是 Y-型区域.

若积分区域既不是 X-型区域又不是 Y-型区域如图 8.6 所示，我们可以将它划分成几块区域，使每个小区域符合 X-型区域或 Y-型区域，根据积分区域的可加性，化为二次积分.

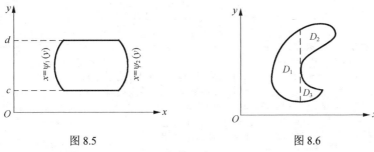

图 8.5　　　　　　　　　　　　　　图 8.6

若积分 D 区域既是 X-型区域表示为：$a \leqslant x \leqslant b$，$\varphi_1(x) \leqslant y \leqslant \varphi_2(x)$. 又是 Y-

型区域表示为：$c \leqslant y \leqslant d$，$\psi_1(y) \leqslant x \leqslant \psi_2(y)$，则

$$\iint\limits_{D} f(x,y)\mathrm{d}x\mathrm{d}y = \int_a^b \mathrm{d}x \int_{\varphi_1(x)}^{\varphi_2(x)} f(x,y)\mathrm{d}y = \int_c^d \mathrm{d}y \int_{\psi_1(y)}^{\psi_2(y)} f(x,y)\mathrm{d}x$$

积分区域 D 为 X-型区域时，计算二重积分的步骤如下.

（1）画出积分区域 D 的草图.

（2）确定积分限. 将区域 D 向 x 轴投影，投影区间 $[a,b]$ 为区域 D 上点的横坐标 x 的变动范围，为 x 的下限和上限即：$a \leqslant x \leqslant b$，$a,b$ 都是常数. 将区域 D 的下边界曲线、上边界曲线表示成 y 是 x 的函数，分别为 $y = \varphi_1(x)$，$y = \varphi_2(x)$，则区域 D 的纵坐标 y 的积分限为 $\varphi_1(x) \leqslant y \leqslant \varphi_2(x)$. 故 D 表示为：$a \leqslant x \leqslant b$，$\varphi_1(x) \leqslant y \leqslant \varphi_2(x)$.

（3）将二重积分转化成二次积分（8.1）式.

（4）先对 y 进行定积分计算，计算时 x 是暂时的常量，然后再进行第二次定积分计算.

注意：利用公式（8.2）计算积分区域为 Y-型区域的二重积分，确定积分限时，将区域 D 向 y 轴投影，投影区间的下端点与上端点分别为 y 的下限和上限，$c \leqslant y \leqslant d$，它们都是常数；将区域 D 的左边界曲线、右边界曲线表示成 x 是 y 的函数，分别为 $x = \psi_1(y), x = \psi_2(y)$，则 x 的积分限为 $\psi_1(y) \leqslant x \leqslant \psi_2(y)$. 其他计算步骤与 X-型区域的步骤相同.

【例 8.1】　计算 $\iint\limits_{D} xy\mathrm{d}\sigma$ 的闭区域，其中积分区域 D 是由直线 $y = 1, x = 2$ 及 $y = x$ 所围成的区域.

分析　画出积分区域 D 的图形，易见区域 D 既是 X-型区域又是 Y-型区域.

如果将区域 D 视为 X-型区域，区域 D 向 x 轴投影，投影区间为 $[1,2]$，区域 D 的下边界曲线、上边界曲线分别为 $y = 1$ 及 $y = x$，故 D 表示为：$1 \leqslant x \leqslant 2$，$1 \leqslant y \leqslant x$.

如果将区域 D 视为 Y-型区域，将区域 D 向 y 轴投影，投影区间 $[1,2]$，左右的边界曲线分别为 $x = y$ 及 $x = 2$，故 D 表示为：$1 \leqslant y \leqslant 2$，$y \leqslant x \leqslant 2$.

解法一　（1）积分区域 D 视为 X-型区域，如图 8.7（a）所示.

（2）确定积分限. 将区域 D 表示为 X-型区域，D：$1 \leqslant x \leqslant 2$，$1 \leqslant y \leqslant x$.

（3）二重积分转换成先对 y 后对 x 的二次积分

$$\iint\limits_{D} xy\mathrm{d}\sigma = \int_1^2 \mathrm{d}x \int_1^x xy\mathrm{d}y$$

（4）计算二次积分.

$$\iint\limits_{D} xy\mathrm{d}\sigma = \int_1^2 \left[x \cdot \frac{y^2}{2} \right]_1^x \mathrm{d}x = \int_1^2 \left(\frac{1}{2}x^3 - \frac{1}{2}x \right)\mathrm{d}x$$

$$= \left[\frac{x^4}{8} - \frac{1}{4}x^2 \right]_1^2 = \frac{9}{8}$$

解法二　积分区域 D 视为 Y-型区域，如图 8.7（b）所示.

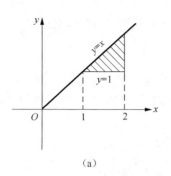 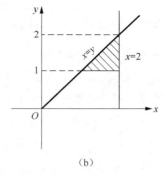

$$（a）\qquad\qquad （b）$$

图 8.7

将区域 D 表示为 Y -型区域，$D: 1 \leqslant y \leqslant 2, \ y \leqslant x \leqslant 2$，

于是
$$\iint\limits_{D} xy\mathrm{d}\sigma = \int_1^2 \mathrm{d}y \int_y^2 xy\mathrm{d}x$$

$$\iint\limits_{D} xy\mathrm{d}\sigma = \int_1^2 \left[y \cdot \frac{x^2}{2} \right]_y^2 \mathrm{d}y = \int_1^2 \left(2y - \frac{1}{2}y^3 \right)\mathrm{d}y$$

$$= \left[y^2 - \frac{y^4}{8} \right]_1^2 = \frac{9}{8}$$

【例 8.2】 计算二重积分 $\iint\limits_{D} xy^2\mathrm{d}\sigma$，其中 D 是由直线 $x = 1, \ x = 2$ 以及 $y = x, \ y = \sqrt{3}x$ 所围成的闭区域.

解 画出积分区域 D 的图形，如图 8.8 所示，积分区域 D 向 x 轴投影，投影区间为 $1 \leqslant x \leqslant 2$，上下边界曲线分别为：$y = x$, 及 $y = \sqrt{3}x$，区域 D 是 X -型区域，$D: 1 \leqslant x \leqslant 2, \ x \leqslant y \leqslant \sqrt{3}x$ 于是
$$\iint\limits_{D} xy^2\mathrm{d}\sigma = \int_1^2 \mathrm{d}x \int_x^{\sqrt{3}x} xy^2\mathrm{d}y$$

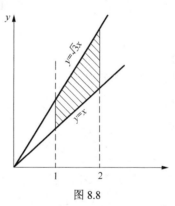

图 8.8

$$\iint\limits_{D} xy^2\mathrm{d}\sigma = \int_1^2 \left[x \cdot \frac{y^3}{3} \right]_x^{\sqrt{3}x} \mathrm{d}x$$

$$= \int_1^2 \left(\sqrt{3} - \frac{1}{3} \right) x^4 \mathrm{d}x = \frac{1}{5}\left(\sqrt{3} - \frac{1}{3} \right) \left[x^5 \right]_1^2 = \frac{31}{5}\left(\sqrt{3} - \frac{1}{3} \right)$$

【例 8.3】 计算二次积分 $\iint\limits_{D} xy\mathrm{d}\sigma$，其中 D 是由抛物线 $y^2 = x$ 与直线 $y = x - 2$ 所围成的闭区域.

解 首先求抛物线 $y^2 = x$ 与直线 $y = x - 2$ 的交点，解方程组 $\begin{cases} y^2 = x \\ y = x - 2 \end{cases}$

解得交点坐标为 $A(1, -1)$ 和 $B(4, 2)$.

积分区域 D 如图 8.9（a）所示，视为 Y-型区域，将区域 D 向 y 轴投影，投影区间 $-1 \leqslant y \leqslant 2$，左边界曲线为 $x = y^2$，右边界曲线为 $x = y + 2$，故积分区域 D 的表示为

$$-1 \leqslant y \leqslant 2,\ y^2 \leqslant x \leqslant y + 2$$

二重积分转换成二次积分

$$\iint\limits_D xy\mathrm{d}\sigma = \int_{-1}^2 \mathrm{d}y \int_{y^2}^{y+2} xy\mathrm{d}x$$

$$\iint\limits_D xy\mathrm{d}\sigma = \int_{-1}^2 \left[y \cdot \frac{x^2}{2} \right]_{y^2}^{y+2} \mathrm{d}x = \frac{1}{2} \int_{-1}^2 [y(y+2)^2 - y^5]\mathrm{d}x$$

$$= \frac{1}{2} \left[\frac{y^4}{4} + \frac{4}{3}y^3 + 2y^2 - \frac{y^6}{6} \right]_{-1}^2 = \frac{45}{8}$$

如果将积分区域 D 视为 X-型区域，向 x 轴投影，投影区间为 $0 \leqslant x \leqslant 4$，由于在区间 $[0,1]$ 及 $[1,4]$，上边界曲线的函数表达式不同，故积分区域 D 由直线 $x = 1$ 分成 D_1 和 D_2 两部分如图 8.9（b）所示，其中 D_1 和 D_2 分别写成 X-型区域表达式为

$$D_1 : 0 \leqslant x \leqslant 1,\ -\sqrt{x} \leqslant y \leqslant \sqrt{x}$$

$$D_2 : 1 \leqslant x \leqslant 4,\ x - 2 \leqslant y \leqslant \sqrt{x}$$

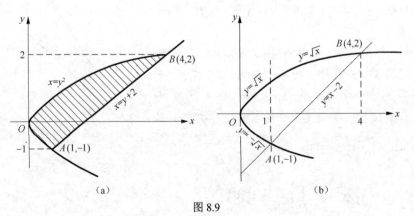

(a)　　　　　　　　　　　　(b)

图 8.9

由积分区域可加的性质，

$$\iint\limits_D xy\mathrm{d}\sigma = \iint\limits_{D_1} xy\mathrm{d}\sigma + \iint\limits_{D_2} xy\mathrm{d}\sigma$$

$$= \int_0^1 \mathrm{d}x \int_{-\sqrt{x}}^{\sqrt{x}} xy\mathrm{d}y + \int_1^4 \mathrm{d}x \int_{x-2}^{\sqrt{x}} xy\mathrm{d}y$$

显然，这里的计算要比前面麻烦.

【**例 8.4**】 计算二重积分 $\iint\limits_{D} e^{y^2} dxdy$，其中 D 是由抛物线 $y=x$，$y=1$ 及 y 轴围成的闭区域.

分析 画出区域 D 如图 8.10 所示，将 D 看作 X-型闭区域，其表达式为

$$0 \leqslant x \leqslant 1, \quad x \leqslant y \leqslant 1.$$

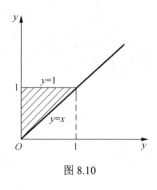

图 8.10

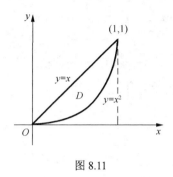

图 8.11

则二重积分：$\iint\limits_{D} e^{y^2} dxdy = \int_0^1 dx \int_x^1 e^{y^2} dy$.

因为上式中 $\int e^{y^2} dy$ 的原函数不能用初等函数表示，所以我们要变换积分次序.

解 将 D 视为 Y-型区域，其表示式为：$0 \leqslant y \leqslant 1$，$0 \leqslant x \leqslant y$，故二重积分化为二次积分计算得

$$\iint\limits_{D} e^{y^2} dxdy = \int_0^1 dy \int_0^y e^{y^2} dx = \int_0^1 e^{y^2} (x)_0^y dy$$

$$= \int_0^1 y e^{y^2} dy = \frac{1}{2} \int_0^1 e^{y^2} d(y^2) = \frac{1}{2} \left(e^{y^2} \right)_0^1 = \frac{1}{2}(e-1)$$

由上面的例题可以看出，计算二重积分时，合理选择积分次序是比较关键的一步，选择不同，二重积分计算的难易程度不同. 因此对给定的二次积分要考虑积分次序的交换.

【**例 8.5**】 交换二次积分 $\int_0^1 dx \int_{x^2}^x f(x,y) dy$ 的积分次序.

解 （1）根据积分限画出积分区域图.

上式积分对应着 D 的 X-型区域：$0 \leqslant x \leqslant 1$，$x^2 \leqslant y \leqslant x$，即区域 D 是由两条平行线 $x=0$，$x=1$ 及上下两条曲线 $y=x$，$y=x^2$ 所围成的，如图 8.11 所示.

（2）将区域 D 可改写为 Y-型区域：$0 \leqslant y \leqslant 1$，$y \leqslant x \leqslant \sqrt{y}$.

（3）所给的二次积分交换次序

$$\int_0^1 dx \int_{x^2}^x f(x,y) dy = \int_0^1 dy \int_y^{\sqrt{y}} f(x,y) dx$$

【**例 8.6**】 求两个底面圆半径相等的圆柱体所围成的立体体积.

解 设圆柱的底面半径为 a，两个圆柱面方程分别为 $x^2 + y^2 = a^2$ 及 $x^2 + z^2 = a^2$.

立体在第一卦限部分如图 8.12 所示，它的曲顶为 $z = \sqrt{a^2 - x^2}$，在 xOy 面的投影区域 D 为：$0 \leqslant x \leqslant a$，$0 \leqslant y \leqslant \sqrt{a^2 - x^2}$.

立体在第一卦限部分的体积：

$$V_1 = \iint\limits_D \sqrt{a^2 - x^2}\, \mathrm{d}\sigma$$

于是

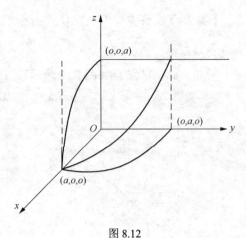

图 8.12

$$V_1 = \iint\limits_D \sqrt{a^2 - x^2}\, \mathrm{d}\sigma = \int_0^a \mathrm{d}x \int_0^{\sqrt{a^2 - x^2}} \sqrt{a^2 - x^2}\, \mathrm{d}y = \int_0^a \left[y\sqrt{a^2 - x^2} \right] \Big|_0^{\sqrt{a^2 - x^2}} \mathrm{d}x$$

$$= \int_0^a (a^2 - x^2)\mathrm{d}x = \left[a^2 x - \frac{x^3}{3} \right] \Big|_0^a = \frac{2}{3}a^3$$

由立体对坐标面的对称性，所求体积是它位于第一卦限部分的体积的 8 倍. 所以所求立体的体积 $V = 8V_1 = \dfrac{16a^3}{3}$.

8.1.3 极坐标系下二重积分的计算

在计算二重积分时，往往会发现有些二重积分在直角坐标系下的计算很复杂. 有些二重积分，其积分区域 D 的边界曲线用极坐标方程来表示比较简单，如圆形或扇形区域的边界等. 此时如果该积分的被积函数在极坐标系下也有比较简单的形式，就考虑用极坐标来计算二重积分.

设通过极点的射线与区域 D 的边界线的交点不多于两点，我们用一组同心圆和一组通过极点的射线，将区域 D 分成多个小区域，如图 8.13 所示.

将极角分别为 θ 和 $\theta + \Delta\theta$ 的两条射

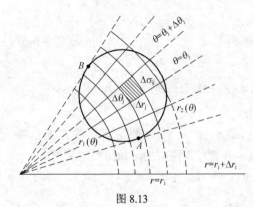

图 8.13

线和半径分别为 r 与 $r + \Delta r$ 的两条圆弧所围成的小区域记作 $\Delta\sigma$，则由扇形面积公式得

$$\Delta\sigma = \frac{1}{2}(r + \Delta r)^2 \Delta\theta - \frac{1}{2}r^2 \Delta\theta = r\Delta r\Delta\theta + \frac{1}{2}(\Delta r)^2 \Delta\theta$$

略去高阶无穷小量 $\dfrac{1}{2}(\Delta r)^2 \Delta \theta$，由微分的定义，当 $\Delta r \to 0$, $\Delta \theta \to 0$ 时，有

$$\mathrm{d}\sigma = r\mathrm{d}r\mathrm{d}\theta$$

$r\mathrm{d}r\mathrm{d}\theta$ 即为极坐标系下的面积元素.

若已知直角坐标系下的二重积分 $\displaystyle\iint\limits_{D} f(x,y)\mathrm{d}\sigma$，则用以下方法把其变换为极坐标系下的二重积分：

（1）将积分区域 D 的边界用极坐标方程表示；

（2）利用变换 $x = r\cos\theta$, $y = r\sin\theta$ 将被积函数 $f(x,y)$ 转换为 r, θ 的函数：

$$f(x,y) = f(r\cos\theta, r\sin\theta)$$

（3）将面积元素 $\mathrm{d}\sigma$ 转化为极坐标系下的面积元素 $r\mathrm{d}r\mathrm{d}\theta$.

则二重积分的极坐标系下的表达式为

$$\iint\limits_{D} f(x,y)\mathrm{d}\sigma = \iint\limits_{D} f(r\cos\theta, r\sin\theta)r\mathrm{d}r\mathrm{d}\theta \tag{8.3}$$

在极坐标系下计算二重积分，也要将它化为二次积分. 我们分三种情况来讨论.

第一种　极点 O 在积分区域 D 之外. 如图 8.14（a）所示，这时积分区域 D 是位于两条射线 $\theta = \alpha, \theta = \beta$ 之间（α, β 是常量），和两条连续的曲线 $r = r_1(\theta)$, $r = r_2(\theta)$ 所围成的，D 内任意一点 (r, θ)，r, θ 的变化范围是：$\alpha \leqslant \theta \leqslant \beta$，$r_1(\theta) \leqslant r \leqslant r_2(\theta)$.

故 D 的表达式为：　$D = \left\{ (x,y) \middle| \alpha \leqslant x \leqslant \beta, r_1(\theta) \leqslant r \leqslant r_2(\theta) \right\}$.

则二重积分化为二次积分

$$\iint\limits_{D} f(x,y)\mathrm{d}\sigma = \iint\limits_{D} f(r\cos\theta, r\sin\theta)r\mathrm{d}r\mathrm{d}\theta$$
$$= \int_{\alpha}^{\beta} \mathrm{d}\theta \int_{r_1(\theta)}^{r_2(\theta)} f(r\cos\theta, r\sin\theta)r\mathrm{d}r\mathrm{d}\theta \tag{8.4}$$

第二种　极点 O 在积分区域 D 的边界上. 如图 8.14（b）所示，此时，D 由射线 $\theta = \alpha$，$\theta = \beta$ 及曲线 $r = r(\theta)$ 所围成，$D = \left\{ (x,y) \middle| \alpha \leqslant x \leqslant \beta, 0 \leqslant r \leqslant r(\theta) \right\}$.

则二重积分化为二次积分

$$\iint\limits_{D} f(x,y)\mathrm{d}\sigma = \iint\limits_{D} f(r\cos\theta, r\sin\theta)r\mathrm{d}r\mathrm{d}\theta$$
$$= \int_{\alpha}^{\beta} \mathrm{d}\theta \int_{0}^{r(\theta)} f(r\cos\theta, r\sin\theta)r\mathrm{d}r\mathrm{d}\theta \tag{8.5}$$

第三种　极点 O 在积分区域 D 之内. 如图 8.14（c）所示，此时，区域 D 可表示为

$$D = \left\{ (x,y) \middle| 0 \leqslant x \leqslant 2\pi, 0 \leqslant r \leqslant r(\theta) \right\}$$

则二重积分化为二次积分

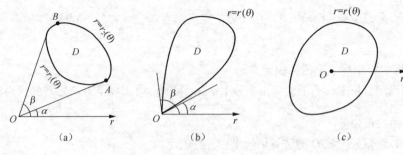

图 8.14

$$\iint\limits_{D} f(x,y)\mathrm{d}\sigma = \iint\limits_{D} f(r\cos\theta, r\sin\theta)r\mathrm{d}r\mathrm{d}\theta$$

$$= \int_0^{2\pi}\mathrm{d}\theta\int_0^{r(\theta)} f(r\cos\theta, r\sin\theta)r\mathrm{d}r\mathrm{d}\theta$$

(8.6)

注：根据二重积分的性质 3，闭区域 D 的面积σ在极坐标系下为

$$\sigma = \iint\limits_{D}\mathrm{d}\sigma = \iint\limits_{D} r\mathrm{d}r\mathrm{d}\theta$$

【**例 8.7**】 将下列区域用极坐标表示.

（1） $x^2+y^2 \leqslant 2x$ （2） $x^2+y^2 \leqslant y$

（3） $x^2+y^2 \leqslant a^2, (a>0)$ （4） $y=x, \ y=0$ 与 $x=1$ 所围成的闭区域

解 （1）如图 8.15（a）所示，区域的边界曲线为 $x^2+y^2=2x$，由变换公式 $\begin{cases} x=r\cos\theta \\ y=r\sin\theta \end{cases}$，则边界曲线的极坐标方程为： $r=2\cos\theta$.

对于极点 O 由 $r=0$，则有 $2\cos\theta=0$，即 $\theta=\dfrac{\pi}{2}$ 或 $\theta=-\dfrac{\pi}{2}$，从而 θ 的变化范围为

$$-\frac{\pi}{2} \leqslant \theta \leqslant \frac{\pi}{2}$$

从极点出发作一条极角为 θ 的射线，交于区域边界于两点： $r=0$, $r=2\cos\theta$，故区域的极坐标表示式为： $0 \leqslant r \leqslant 2\cos\theta, \ -\dfrac{\pi}{2} \leqslant \theta \leqslant \dfrac{\pi}{2}$.

（2）如图 8.15（b）所示，区域的边界曲线为 $x^2+y^2=y$，由变换公式 $\begin{cases} x=r\cos\theta \\ y=r\sin\theta \end{cases}$，则边界曲线的极坐标方程为： $r=\sin\theta$.

对于极点 O 由 $r=0$，则有 $\sin\theta=0$，即 $\theta=0$ 或 $\theta=\pi$，从而 θ 的变化范围为

$$0 \leqslant \theta \leqslant \pi$$

从极点出发作一条极角为 θ 的射线，交于区域边界于两点： $r=0$, $r=\sin\theta$，故区域的极坐标表示式为： $0 \leqslant r \leqslant \sin\theta, \ 0 \leqslant \theta \leqslant \pi$.

（3）如图 8.15（c）所示极点在区域的内部，故 θ 的变化范围为 $0 \leqslant \theta \leqslant 2\pi$. 而

边界曲线 $x^2 + y^2 = a^2$ 的极坐标方程为 $r = a$，故区域的极坐标表示式为：

$$0 \leqslant r \leqslant a, \ 0 \leqslant \theta \leqslant 2\pi$$

（4）如图 8.15（d）所示，利用变换公式 $\begin{cases} x = r\cos\theta \\ y = r\sin\theta \end{cases}$ 可知，直线 $y = 0$ 的极坐标方程为 $\theta = 0$，直线 $y = x$ 的极坐标方程为 $\theta = \dfrac{\pi}{4}$，直线 $x = 1$ 的极坐标方程为 $r = \dfrac{1}{\cos\theta}$，故区域的极坐标表示式为：$0 \leqslant r \leqslant \dfrac{1}{\cos\theta}, \ 0 \leqslant \theta \leqslant \dfrac{\pi}{4}$

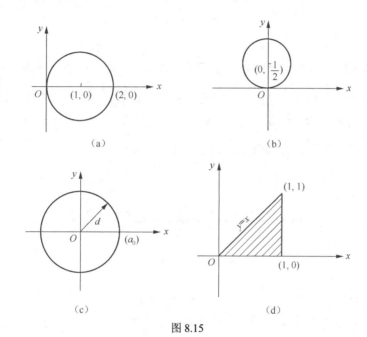

图 8.15

【例 8.8】 计算 $\displaystyle\iint\limits_{D} \sqrt{a^2 - x^2 - y^2}\,\mathrm{d}\sigma$，其中 D 是由 $x^2 + y^2 \leqslant a^2$，$y = x$ 及 y 轴所围成的第一象限内的闭区域.

解 在极坐标系下，闭区域 D 可表示为 $0 \leqslant r \leqslant a, \ \dfrac{\pi}{4} \leqslant \theta \leqslant \dfrac{\pi}{2}$.

$$\iint\limits_{D} \sqrt{a^2 - x^2 - y^2}\,\mathrm{d}\sigma = \int_{\frac{\pi}{4}}^{\frac{\pi}{2}}\mathrm{d}\theta \int_{0}^{a} \sqrt{a^2 - r^2\cos^2\theta - r^2\sin^2\theta}\cdot r\mathrm{d}r$$

$$= \int_{\frac{\pi}{4}}^{\frac{\pi}{2}}\mathrm{d}\theta \int_{0}^{a} \sqrt{a^2 - r^2}\cdot r\mathrm{d}r = \frac{\pi}{4}[-\frac{1}{2}\int_{0}^{a}\sqrt{a^2 - r^2}\,\mathrm{d}(a^2 - r^2)]$$

$$= -\frac{\pi}{8}\cdot\frac{2}{3}(a^2 - r^2)^{\frac{3}{2}}\Big|_{0}^{a} = \frac{1}{12}\pi a^3$$

【**例 8.9**】 计算 $\iint\limits_{D} e^{-(x^2+y^2)} d\sigma$，其中 D 是由圆 $x^2 + y^2 = 4$ 及圆 $x^2 + y^2 = 1$ 所围成的平面区域.

解 区域 D 是中心在原点的圆环，在极坐标系下 D 的表示式为

$$0 \leqslant r \leqslant 2, \ \ 0 \leqslant \theta \leqslant 2\pi$$

故二重积分

$$\iint\limits_{D} e^{-(x^2+y^2)} d\sigma = \iint\limits_{D} e^{-r^2} r dr d\theta$$

$$= \int_0^{2\pi} d\theta \int_1^2 e^{-r^2} r dr = \pi(e^{-1} - e^{-4})$$

【**例 8.10**】 计算 $\iint\limits_{D} \dfrac{y^2}{x^2} d\sigma$，其中 D 是由曲线 $x^2 + y^2 = 2x$ 所围成的平面区域.

解 由例 8.7（1）可知，积分区域 D 是以点 $(1,0)$ 为圆心，以 1 为半径的圆区域，其边界曲线的极坐标方程为 $r = 2\cos\theta$. 区域 D 的极坐标表示式为

$$0 \leqslant r \leqslant 2\cos\theta, \ \ -\frac{\pi}{2} \leqslant \theta \leqslant \frac{\pi}{2}$$

所以

$$\iint\limits_{D} \frac{y^2}{x^2} d\sigma = \iint\limits_{D} \frac{r^2 \sin^2\theta}{r^2 \cos^2\theta} r dr d\theta = \int_{-\frac{\pi}{2}}^{\frac{\pi}{2}} d\theta \int_0^{2\cos\theta} \frac{\sin^2\theta}{\cos^2\theta} r dr$$

$$= \int_{-\frac{\pi}{2}}^{\frac{\pi}{2}} 2\sin^2\theta d\theta = \int_{-\frac{\pi}{2}}^{\frac{\pi}{2}} (1 - \cos 2\theta) d\theta = \pi$$

【**例 8.11**】 求球体 $x^2 + y^2 + z^2 \leqslant 4a^2$ 被圆柱面 $x^2 + y^2 = 2ax \ (a > 0)$ 所截得的（含在圆柱面内的部分）立体的体积.

解 球体被柱面所截得的立体在第一卦限部分，如图 8.16 所示为一曲顶柱体，曲顶是球面的一部分，函数表示为 $z = \sqrt{4a^2 - x^2 - y^2}$，向 xOy 面的投影区域 D 为半圆周 $y = \sqrt{2ax - x^2}$ 及 x 轴所围成的闭区域，立体在第一卦限部分的体积为 $V_1 = \iint\limits_{D} \sqrt{4a^2 - x^2 - y^2} dxdy$.

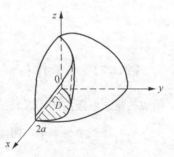

图 8.16

由对称性所求体积

$$V = 4V_1 = 4\iint\limits_{D} \sqrt{4a^2 - x^2 - y^2} dxdy$$

在极坐标系下，积分区域 $\quad D: 0 \leqslant \theta \leqslant \dfrac{\pi}{2}, \ \ 0 \leqslant r \leqslant 2a\cos\theta$,

于是

$$V = 4\iint\limits_{D} \sqrt{4a^2 - r^2}\, r\mathrm{d}r\mathrm{d}\theta = 4\int_0^{\frac{\pi}{2}}\mathrm{d}\theta\int_0^{2a\cos\theta}\sqrt{4a^2 - r^2}\, r\mathrm{d}r$$

$$= \frac{32}{3}a^3\int_0^{\frac{\pi}{2}}(1 - \sin^3\theta)\mathrm{d}\theta = \frac{32}{3}a^3\left(\frac{\pi}{2} - \frac{2}{3}\right)$$

* 8.1.4 二重积分的换元法

与定积分一样，二重积分也可用换元法求其值. 对二重积分 $\iint\limits_{D}f(x,y)\mathrm{d}\sigma$ 作变量

替换 $\begin{cases} x = x(u,v) \\ y = y(u,v) \end{cases}$ 时，既要把 $f(x,y)$ 变成 $f(x(u,v),y(u,v))$，还要把 xOy 面上的积

分区域 D 变成 uOv 面上的区域 D_{uv}，关于二重积分的换元公式有如下结论.

定理 8.1 若 $f(x,y)$ 在 xOy 平面上的闭区域 D 上连续，变换 T: $x = x(u,v)$, $y = y(u,v)$，将 uOv 平面上的闭区域 D_{uv} 变成 xOy 平面上的 D，且满足

（1） $x(u,v), y(u,v)$ 在 D_{uv} 上具有一阶连续偏导数，

（2）在 D_{uv} 上雅可比式

$$J = \frac{\partial(x,y)}{\partial(u,v)} = \begin{vmatrix} \dfrac{\partial x}{\partial u} & \dfrac{\partial x}{\partial v} \\ \dfrac{\partial y}{\partial u} & \dfrac{\partial y}{\partial v} \end{vmatrix} \neq 0$$

（3）变换 T: $D_{uv} \to D$ 是一对一的，则有：

$$\iint\limits_{D}f(x,y)\mathrm{d}x\mathrm{d}y = \iint\limits_{D_{uv}}f[x(u,v),y(u,v)]|J|\mathrm{d}u\mathrm{d}v \tag{8.7}$$

（证明略）.

*【例 8.12】 计算二重积分 $\iint\limits_{D}\mathrm{e}^{\frac{y-x}{y+x}}\mathrm{d}x\mathrm{d}y$，其中 D 是由 x 轴，y 轴和直线 $x + y = 2$

所围成的闭区域.

解 令 $u = y - x, v = y + x$，则 $x = \dfrac{v - u}{2}$，$y = \dfrac{v + u}{2}$.

在此变换下，xOy 面上闭区域 D 的边界曲线 $x = 0$，$y = 0$，$x + y = 2$，分别变为 uOv 面上的边界曲线 $v = u$，$v = -u$，$v = 2$，xOy 面上闭区域 D 就对应区域 D' 如图 8.17 所示.

雅可比式为：$J = \dfrac{\partial(x,y)}{\partial(u,v)} = \begin{vmatrix} -\dfrac{1}{2} & \dfrac{1}{2} \\ \dfrac{1}{2} & \dfrac{1}{2} \end{vmatrix} = -\dfrac{1}{2}$，

则得：$\iint\limits_{D}\mathrm{e}^{\frac{y-x}{y+x}}\mathrm{d}x\mathrm{d}y = \iint\limits_{D'}\mathrm{e}^{\frac{u}{v}}\left|-\dfrac{1}{2}\right|\mathrm{d}u\mathrm{d}v = \dfrac{1}{2}\int_0^2\mathrm{d}v\int_{-v}^{v}\mathrm{e}^{\frac{u}{v}}\mathrm{d}u = \dfrac{1}{2}\int_0^2(\mathrm{e} - \mathrm{e}^{-1})v\mathrm{d}v = \mathrm{e} - \mathrm{e}^{-1}$.

高等数学（下册）

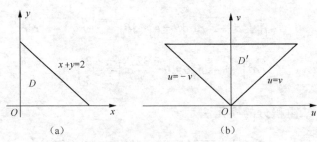

图 8.17

*【例 8.13】 设 D 为 xOy 平面内由以下 4 条抛物线所围成的区域：$x^2 = ay, x^2 = by, y^2 = px$，$y^2 = qx$，其中 $0 < a < b, 0 < p < q$，求 D 的面积.

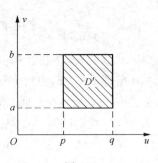

图 8.18

解 由 D 的构造特点，做变量替换 $u = \dfrac{y^2}{x}$，$v = \dfrac{x^2}{y}$，

xOy 面上闭区域 D 就对应区域 D' 如图 8.18 所示.

$$D': a \leqslant v \leqslant b, \quad p \leqslant u \leqslant q$$

雅可比行列式为

$$J = \frac{\partial(x,y)}{\partial(u,v)} = \frac{1}{\dfrac{\partial(u,v)}{\partial(x,y)}} = \cfrac{1}{\begin{vmatrix} -\dfrac{y^2}{x^2} & \dfrac{2y}{x} \\ \dfrac{2x}{y} & -\dfrac{x^2}{y^2} \end{vmatrix}} = -\frac{1}{3}$$

则所求面积

$$S = \iint\limits_{D} \mathrm{d}x\mathrm{d}y = \iint\limits_{D'} \frac{1}{3}\mathrm{d}u\mathrm{d}v = \frac{1}{3}(b-a)(q-p).$$

8.1.5 利用二重积分计算曲面的面积.

设曲面 Σ 由方程 $z = f(x,y)$ 给出，D 为曲面 Σ 在 xOy 面上的投影区域，函数 $f(x,y)$ 在 D 上具有连续偏导数 $f_x(x,y)$ 和 $f_y(x,y)$，计算曲面 Σ 的面积 A.

在闭区域 D 上任取一直径很小的闭区域 $\mathrm{d}\sigma$，这个小闭区域的面积也记作 $\mathrm{d}\sigma$. 在 $\mathrm{d}\sigma$ 上任取一点 $P(x,y)$，对应的曲面 Σ 上有一点 $M(x,y,f(x,y))$，点 M 在 xOy 上的投影即点 P. 点 M 处曲面 Σ 的切平面设为 T，如图 8.19 所示，以小闭区域 $\mathrm{d}\sigma$ 沿平行于 z 轴的方向向

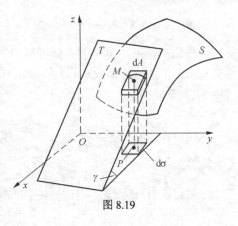

图 8.19

切平面 T 投影，得切平面 T 的小闭区域 $\mathrm{d}A$ 可近似代替相应的那小片曲面的面积.

切平面与 xOy 面的夹角为 γ，即为点 M 处曲面的法向量（指向朝上）与 Z 轴的夹角，则 $\mathrm{d}A = \dfrac{\mathrm{d}\sigma}{\cos\gamma}$，$\mathrm{d}\sigma = \mathrm{d}A \cdot \cos\gamma$，

因为
$$\cos\gamma = \frac{1}{\sqrt{1 + f_x^2(x,y) + f_y^2(x,y)}},$$

所以
$$\mathrm{d}A = \sqrt{1 + f_x^2(x,y) + f_y^2(x,y)}\,\mathrm{d}\sigma.$$

$\mathrm{d}A$ 就是曲面 Σ 的面积元素，以它为被积表达式在闭区域 D 上积分，得

$$A = \iint_D \sqrt{1 + f_x^2(x,y) + f_y^2(x,y)}\,\mathrm{d}\sigma$$

上式也可写成
$$A = \iint_D \sqrt{1 + \left(\frac{\partial z}{\partial x}\right)^2 + \left(\frac{\partial z}{\partial x}\right)^2}\,\mathrm{d}x\mathrm{d}y \tag{8.8}$$

【例 8.14】 求球面 $x^2 + y^2 + z^2 = 4a^2$ 含在圆柱面 $x^2 + y^2 = 2ax\ (a > 0)$ 内部的那部分的面积.

解 由球面对坐标面的对称性，所求曲面的面积 A 是它位于第一卦限部分曲面的面积 A_1 的 4 倍. 曲面在第一卦限部分如图 8.16 所示. 在 xOy 面的投影区域 D_1：$0 \leqslant x \leqslant a$，$0 \leqslant y \leqslant \sqrt{2ax - x^2}$，曲面方程表示为 $z = \sqrt{4a^2 - x^2 - y^2}$.

于是
$$\frac{\partial z}{\partial x} = \frac{-x}{\sqrt{4a^2 - x^2 - y^2}}, \quad \frac{\partial z}{\partial y} = \frac{-y}{\sqrt{4a^2 - x^2 - y^2}}$$

$$\sqrt{1 + \left(\frac{\partial z}{\partial x}\right)^2 + \left(\frac{\partial z}{\partial x}\right)^2} = \frac{2a}{\sqrt{4a^2 - x^2 - y^2}}$$

由曲面面积公式 8.8 得

$$A_1 = \iint_{D_1} \sqrt{1 + \left(\frac{\partial z}{\partial x}\right)^2 + \left(\frac{\partial z}{\partial x}\right)^2}\,\mathrm{d}x\mathrm{d}y = \iint_{D_1} \frac{2a}{\sqrt{4a^2 - x^2 - y^2}}\,\mathrm{d}x\mathrm{d}y$$

$$= \int_0^{\frac{\pi}{2}} \mathrm{d}\theta \int_0^{2a\cos\theta} \frac{2a}{\sqrt{4a^2 - r^2}}r\,\mathrm{d}r = \int_0^{\frac{\pi}{2}} 4a^2(1 - \sin\theta)\,\mathrm{d}\theta = 4a^2\left(\frac{\pi}{2} - 1\right)$$

故所求的面积 $A = 4A_1 = 16a^2\left(\dfrac{\pi}{2} - 1\right)$.

习题 8-1

1. 填空.

（1）设 D 为由 $\left\{(x,y) \left| \dfrac{x^2}{4} + y^2 \leqslant 1 \right.\right\}$ 所确定的闭区域，则 $\displaystyle\iint_D \mathrm{d}x\mathrm{d}y = $ _____.

（2）设 D 是由 $\left\{(x,y)\Big|1^2 \leqslant x^2+y^2 \leqslant 3^2\right\}$ 所确定的闭区域, 则 $\iint\limits_D \mathrm{d}x\mathrm{d}y = $ _____.

（3）比较 $I_1 = \iint\limits_D (x^2+y^2)\mathrm{d}\sigma$ 与 $I_2 = \iint\limits_D (x^2+y^2)^2\mathrm{d}\sigma$ 的大小, _____, 其中区域 $D=\left\{(x,y)\Big|x^2+y^2 \leqslant 1\right\}$.

（4）估计积分 $I = \iint\limits_D (x+y+1)\mathrm{d}\sigma$ 的值, _____, 其中 D 是矩形闭区域: $0 \leqslant x \leqslant 1,\ 0 \leqslant y \leqslant 2$.

2. 选择题.

（1）设 f 是连续函数而 D: $x^2+y^2 \leqslant 1$ 且 $y \geqslant 0$, 则 $I = \iint\limits_D f(\sqrt{x^2+y^2})\,\mathrm{d}x\mathrm{d}y = $

_____.

A $\pi\int_0^1 rf(r)\mathrm{d}r$ B $2\pi\int_0^1 rf(r)\mathrm{d}r$

C $2\pi\int_0^1 f(r)\mathrm{d}r$ D $\pi\int_0^1 f(r)\mathrm{d}r$

（2）设 D 是由 $x^2+y^2 \leqslant 2y$ 所围成的闭区域, 则 $I = \iint\limits_D f(x^2+y^2)\mathrm{d}x\mathrm{d}y = $

_____.

A $2\int_0^2 \mathrm{d}y\int_0^{\sqrt{2y-y^2}} f(x^2+y^2)\mathrm{d}x$ B $\int_0^{2\pi}\mathrm{d}\theta\int_0^1 f(r^2)r\mathrm{d}r$

C $\int_0^\pi\mathrm{d}\theta\int_0^{2\sin\theta} f(r^2)r\mathrm{d}r$ D $\int_{-1}^1 \mathrm{d}x\int_0^2 f(x^2+y^2)\mathrm{d}y$

3. 计算下列二重积分.

（1）设 D 是由 $x=0,\ y=0, 2x+y=4$ 所确定的闭区域, 求 $\iint\limits_D (4-x^2)\mathrm{d}x\mathrm{d}y$.

（2）设 D 是由 $y=2,\ y=x,\ y=2x$ 所围成的闭区域, 求 $\iint\limits_D (x^2+y^2-x)\mathrm{d}x\mathrm{d}y$.

（3）设 D 是由 $x=0,\ y=\pi,\ y=x$ 所确定的闭区域, 求 $\iint\limits_D \sin(x+y)\mathrm{d}x\mathrm{d}y$.

（4）设 D 是由 $y=x,\ x=y^2$ 所确定的闭区域, 求 $\iint\limits_D \dfrac{\sin y}{y}\mathrm{d}x\mathrm{d}y$.

4. 把二重积分 $I = \iint\limits_D f(x,y)\mathrm{d}\sigma$ 转化为两种不同次序的二次积分, 其中 D 为

（1）由抛物线 $y=x^2$ 与直线 $y=4x$ 所围成的闭区域;

（2）由直线 $x+y=1,\ x-y=1,\ x=0$ 所围成的闭区域;

（3）由直线 $y=x,\ x=2$, 及双曲线 $y=\dfrac{1}{x}$ $(x>0)$ 所围成的闭区域.

5. 交换下列二次积分的积分次序.

（1）$\int_0^1 \mathrm{d}y\int_0^y f(x,y)\mathrm{d}x$ （2）$\int_0^3 \mathrm{d}x\int_{x^2}^{3x} f(x,y)\mathrm{d}y$

(3) $\int_1^e dx \int_0^{\ln x} f(x,y) dy$ (4) $\int_0^1 dy \int_{-\sqrt{1-y^2}}^{\sqrt{1-y^2}} f(x,y) dx$

(5) $\int_1^2 dy \int_1^y f(x,y) dx + \int_2^4 dy \int_{\frac{y}{2}}^2 f(x,y) dx$

6. 利用极坐标计算下列积分.

(1) $\iint\limits_D \sqrt{x^2+y^2} dxdy$ ，积分区域 $D = \left\{(x,y) \big| a^2 \leqslant x^2+y^2 \leqslant b^2, 0 \leqslant a < b\right\}$.

(2) $\iint\limits_D \sin\sqrt{x^2+y^2} dxdy$ ，积分区域 $D = \left\{(x,y) \big| x^2+y^2 \leqslant \pi^2\right\}$.

(3) $\iint\limits_D \arctan\frac{y}{x} d\sigma$ ，积分区域 $D = \left\{(x,y) \big| 1 \leqslant x^2+y^2 \leqslant 4, \ 0 \leqslant y \leqslant x\right\}$.

(4) 计算 $\iint\limits_D \ln(1+x^2+y^2) dxdy$ ，其中 D 是区域 $x^2+y^2 \leqslant 1$.

(5) 计算 $\iint\limits_D \frac{dxdy}{\sqrt{4-x^2-y^2}}$ ，其中 D： $1 \leqslant x^2+y^2 \leqslant 2$ 且 $y \geqslant 0$.

7. 利用二重积分计算立体的体积.

(1) 四个平面 $x=0$, $y=0$, $x=1$, $y=1$ 所围成的柱体被平面 $z=0$, 及 $2x+3y+z=6$ 截得的立体的体积.

(2) 曲面 $z=x^2+2y^2$ 及 $z=6-2x^2-y^2$ 所围成的立体的体积.

8. 求锥面 $z=\sqrt{x^2+y^2}$ 被柱面 $x^2+y^2=2$ 所割下部分的曲面面积.

8.2　三 重 积 分

8.2.1　三重积分的概念

三重积分是二重积分的推广，它在物理和力学中同样有着重要的应用. 设一物体占有空间区域 Ω, 在 Ω 中每一点 (x,y,z) 处的体密度为 $\rho(x,y,z)$ ，其中 $\rho(x,y,z)$ 是 Ω 上的正值连续函数，试求该物体的质量 M .

与求平面薄板的质量类似，将空间区域 Ω 分割、近似、求和、取极限.

该物体的质量为：　$M = \lim\limits_{\lambda \to 0} \sum\limits_{i=1}^n \rho(\xi_i, \eta_i, \zeta_i) \Delta v_i.$

仿照二重积分定义可类似给出三重积分定义.

定义 8.2　设 Ω 是空间的有界闭区域, $f(x,y,z)$ 是 Ω 上的有界函数,任意将 Ω 分成 n 个小区域 $\Delta v_1, \Delta v_2, \cdots, \Delta v_n$ ，同时用 Δv_i 表示该小区域的体积，记 Δv_i 的直径为 $\lambda(\Delta v_i)$ ，并令 $\lambda = \max\limits_{1 \leqslant i \leqslant n} \lambda(\Delta v_i)$ ，在 Δv_i 上任取一点 (ξ_i, η_i, ζ_i) ， $(i=1,2,\cdots,n)$ ，做乘积 $f(\xi_i, \eta_i, \zeta_i) \Delta v_i$ ，做和式 $\sum\limits_{i=1}^n f(\xi_i, \eta_i, \zeta_i) \Delta v_i$ ，若极限 $\lim\limits_{\lambda \to 0} \sum\limits_{i=1}^n f(\xi_i, \eta_i, \zeta_i) \Delta v_i$ 存在（它

不依赖于区域 Ω 的分法及点的取法），则称这个极限值为函数 $f(x,y,z)$ 在空间区域 Ω 上的三重积分，记作 $\iiint\limits_{\Omega} f(x,y,z)\mathrm{d}v$ ，即 $\iiint\limits_{\Omega} f(x,y,z)\mathrm{d}v = \lim\limits_{\lambda\to 0}\sum\limits_{i=1}^{n} f(\xi_i,\eta_i,\zeta_i)\Delta v_i$ ，

其中 $f(x,y,z)$ 叫做被积函数，Ω 叫做积分区域，$\mathrm{d}v$ 叫做体积元素.

在直角坐标系中，若对区域 Ω 用平行于三个坐标面的平面来分割，于是把区域分成一些小长方体，体积元素 $\mathrm{d}v$ 记作 $\mathrm{d}x\mathrm{d}y\mathrm{d}z$，于是

$$\iiint\limits_{\Omega} f(x,y,z)\mathrm{d}v = \iiint\limits_{\Omega} f(x,y,z)\mathrm{d}x\mathrm{d}y\mathrm{d}z.$$

根据三重积分的定义，物体的质量就可用密度函数 $\rho(x,y,z)$ 在区域 V 上的三重积分表示，即 $M = \iiint\limits_{\Omega} \rho(x,y,z)\mathrm{d}v$.

如果在区域 Ω 上 $f(x,y,z)=1$，并且 Ω 的体积记作 v，由三重积分定义可知

$$\iiint\limits_{\Omega} 1\mathrm{d}v = \iiint\limits_{\Omega} \mathrm{d}v = V$$

即三重积分 $\iiint\limits_{\Omega} \mathrm{d}v$ 在数值上等于区域 Ω 的体积.

三重积分的基本性质，与二重积分相类似，此处不再重述.

8.2.2 直角坐标系下三重积分的计算

三重积分的计算与二重积分的计算类似，其基本思想化为累次积分. 下面借助三重积分的物理意义导出化为累次积分的方法. 为简单起见，在直角坐标系下，我们采用**微元分析法**来给出计算三重积分的公式.

将三重积分 $\iiint\limits_{\Omega} f(x,y,z)\mathrm{d}v$ 想象成占空间区域 Ω 的物体的质量. 设 Ω 是柱形区域，其上、下分别由连续曲面 $z = z_2(x,y)$, $z = z_1(x,y)$ 所围成，它们在 xOy 平面上的投影是有界闭区域 D；Ω 的侧面由柱面所围成，其母线平行于 z 轴，准线是 D 的边界线. 这时，区域 Ω 可表示为

$$\Omega = \{(x,y,z)\,|\,z_1(x,y) \leqslant z \leqslant z_2(x,y), (x,y)\in D\}$$

先在区域 D 内点 (x,y) 处取一面积微元 $\mathrm{d}\sigma = \mathrm{d}x\mathrm{d}y$，对应的有 Ω 中的一个小条，再用与 xOy 面平行的平面去截此小条，得到小薄片如图 8.20 所示.

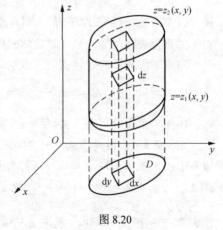

图 8.20

于是以 $d\sigma$ 为底，以 dz 为高的小薄片的质量为

$$f(x,y,z)\mathrm{d}x\mathrm{d}y\mathrm{d}z.$$

把这些小薄片沿 z 轴方向积分，得小条的质量为

$$\left[\int_{z_1(x,y)}^{z_2(x,y)} f(x,y,z)\mathrm{d}z\right]\mathrm{d}x\mathrm{d}y.$$

然后，再在区域 D 上积分，就得到物体的质量

$$\iint_D \left[\int_{z_1(x,y)}^{z_2(x,y)} f(x,y,z)\mathrm{d}z\right]\mathrm{d}x\mathrm{d}y.$$

也就是说，得到了三重积分的计算公式

$$\iiint_\Omega f(x,y,z)\mathrm{d}v = \iint_D \left[\int_{z_1(x,y)}^{z_2(x,y)} f(x,y,z)\mathrm{d}z\right]\mathrm{d}x\mathrm{d}y$$

$$= \iint_D \mathrm{d}x\mathrm{d}y \int_{z_1(x,y)}^{z_2(x,y)} f(x,y,z)\mathrm{d}z. \tag{8.9}$$

上式先计算对 z 的定积分然后计算区域 D 上的二重积分（简称先一后二的累次积分）．

【例 8.15】 计算三重积分 $\iiint_\Omega x\mathrm{d}x\mathrm{d}y\mathrm{d}z$，其中 Ω 是三个坐标面与平面 $x+y+z=1$ 所围成的区域，如图 8.21 所示．

解 积分区域 Ω 在 xOy 平面的投影区域 D 是由坐标轴与直线 $x+y=1$ 围成的区域：$0\leqslant x\leqslant 1$，$0\leqslant y\leqslant 1-x$，积分区域 Ω 的上下曲面方程为：$z=0$，$z=1-x-y$．故区域 Ω 内点的竖坐标的变化范围是 $0\leqslant z\leqslant 1-x-y$，所以

$$\iiint_\Omega x\mathrm{d}x\mathrm{d}y\mathrm{d}z = \iint_D \mathrm{d}x\mathrm{d}y \int_0^{1-x-y} x\mathrm{d}z = \int_0^1 \mathrm{d}x \int_0^{1-x} \mathrm{d}y \int_0^{1-x-y} x\mathrm{d}z$$

$$= \int_0^1 \mathrm{d}x \int_0^{1-x} x(1-x-y)\mathrm{d}y$$

$$= \int_0^1 x\frac{(1-x)^2}{2}\mathrm{d}x = \frac{1}{24}$$

三重积分化为累次积分时，除上面所说的方法外，还可以用先求二重积分再求定积分的方法计算．若积分区域 Ω 如图 8.22 所示，它在 z 轴的投影区间为 $[A,B]$，对于区间内的任意一点 z，过 z 作平行于 xOy 面的平面，该平面与区域 Ω 相交为一平面区域，记作 $D(z)$．这时三重积分可以化为先对区域 $D(z)$ 求二重积分，再对 z 在 $[A,B]$ 上求定积分，得

$$\iiint_\Omega f(x,y,z)\mathrm{d}v = \int_A^B \mathrm{d}z \iint_{D(z)} f(x,y,z)\mathrm{d}x\mathrm{d}y \tag{8.10}$$

（8.10）式是先计算对区域 $D(z)$ 的二重积分，然后计算对 z 的定积分，简称先二后一的累次积分．

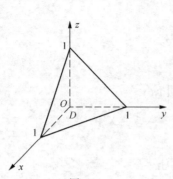

图 8.21

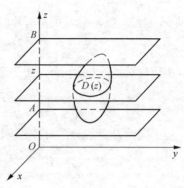

图 8.22

【例 8.16】 计算三重积分 $\iiint\limits_{\Omega} z^2 \mathrm{d}v$ ，其中 $\Omega: \dfrac{x^2}{a^2}+\dfrac{y^2}{b^2}+\dfrac{z^2}{c^2} \leqslant 1$.

解 利用公式（8.10）将三重积分化为累次积分. 区域 Ω 在 z 轴上的投影区间为 $[-c,c]$，对于区间内任意一点 z，相应的有一平面区域 $D(z)$：

$$\frac{x^2}{a^2\left(1-\dfrac{z^2}{c^2}\right)}+\frac{y^2}{b^2\left(1-\dfrac{z^2}{c^2}\right)} \leqslant 1$$

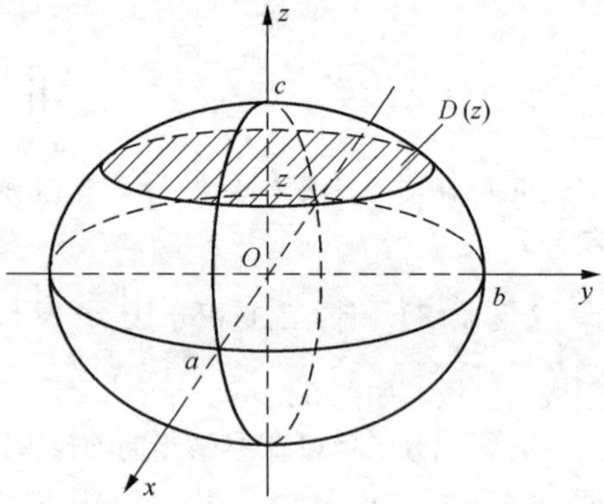

图 8.23

与之相应，该区域是一椭圆如图 8.23 所示，两个半轴分别是 $a\sqrt{\left(1-\dfrac{z^2}{c^2}\right)}$ 及 $b\sqrt{\left(1-\dfrac{z^2}{c^2}\right)}$ ，其面积为 $\pi ab\left(1-\dfrac{z^2}{c^2}\right)$. 所以

$$\iiint\limits_{\Omega} z^2\mathrm{d}v = \int_{-c}^{c} z^2\mathrm{d}z \iint\limits_{D(z)}\mathrm{d}x\mathrm{d}y = \int_{-c}^{c}\pi abz^2\left(1-\frac{z^2}{c^2}\right)\mathrm{d}z = \frac{4}{15}\pi abc^3 .$$

8.2.3 三重积分的换元法

与二重积分的换元法类似，对于三重积分 $\iiint\limits_{\Omega} f(x,y,z)\mathrm{d}v$ 作变量替换：

$$\begin{cases} x=x(r,s,t) \\ y=y(r,s,t) \\ z=z(r,s,t) \end{cases}$$

它给出了 $Orst$ 空间到 $Oxyz$ 空间的一个映射，若 $x(r,s,t)$，$y(r,s,t)$，$z(r,s,t)$ 有连续的一阶偏导数，且 $\dfrac{\partial(x,y,z)}{\partial(r,s,t)}\neq 0$ ，则建立了 $Orst$ 空间中区域 Ω^* 和 $Oxyz$ 空间中相

应区域 Ω 的一一对应，与二重积分换元法类似，我们有 $dv = \left| \dfrac{\partial(x,y,z)}{\partial(r,s,t)} \right| drdsdt$.

于是，有换元公式

$$\iiint\limits_{\Omega} f(x,y,z)dv = \iiint\limits_{\Omega^*} f\left[x(r,s,t), y(r,s,t), z(r,s,t)\right] \cdot \left| \frac{\partial(x,y,z)}{\partial(r,s,t)} \right| drdsdt$$

作为变量替换的实例，给出应用最为广泛的两种变换：柱面坐标变换及球面坐标变换．

1．柱面坐标变换

定义 8.3 变换：$\begin{cases} x = r\cos\theta \\ y = r\sin\theta \\ z = z \end{cases}$ $(0 \leqslant r < +\infty,\ \ 0 \leqslant \theta \leqslant 2\pi,\ -\infty < z < +\infty)$称为

柱面坐标变换，空间点 $M(x,y,z)$ 与 (r,θ,z) 建立了一一对应关系，把 (r,θ,z) 称为点 $M(x,y,z)$ 的**柱面坐标**.

不难看出，柱面坐标实际是极坐标的推广，这里 r, θ 为点 M 在 xOy 面上的投影 P 的极坐标，如图 8.24 所示.

柱面坐标系的三组坐标面为：

（1） $r =$ 常数，以 z 为轴的圆柱面.

（2） $\theta =$ 常数，过 z 轴的半平面.

（3） $z =$ 常数，平行于 xOy 面的平面.

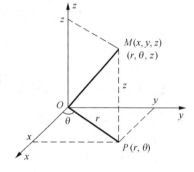

图 8.24

由于 $\dfrac{\partial(x,y,z)}{\partial(r,\theta,z)} = \begin{vmatrix} \cos\theta & -r\sin\theta & 0 \\ \sin\theta & r\cos\theta & 0 \\ 0 & 0 & 1 \end{vmatrix} = r$ ，则在柱面坐标变换下，体积元素之间

的关系式为：

$$dxdydz = rdrd\theta dz$$

于是，柱面坐标变换下三重积分换元公式为：

$$\iiint\limits_{\Omega} f(x,y,z)dxdydz = \iiint\limits_{\Omega} f(r\cos\theta, r\sin\theta, z)rdrd\theta dz \tag{8.11}$$

由上式变换为柱面坐标后的三重积分计算，则可化为三次积分来进行.

通常，把积分区域 Ω 向 xOy 面投影得投影区域 D ，于是三重积分可化为

$$\iiint\limits_{\Omega} f(x,y,z)dxdydz = \iint\limits_{D} \left[\int_{z_1(x,y)}^{z_2(x,y)} f(x,y,z)\right]dxdy \quad ,$$

先求定积分

$$\int_{z_1(x,y)}^{z_2(x,y)} f(x,y,z)dz$$

然后对区域 D 上关于 $x,\ y$ 的二重积分作极坐标变换，按极坐标系下二重积分的计算方法计算．值得一提的是，这些步骤可以合并同时进行，即根据投影区域 D 确定 $r,\ \theta$ 的取值范围，z 的范围确定同直角坐标系情形，直接化为三次积分。

【例 8.17】 计算三重积分 $\iiint\limits_{\Omega} z\sqrt{x^2+y^2}\mathrm{d}x\mathrm{d}y\mathrm{d}z$，其中 Ω 是由锥面 $z=\sqrt{x^2+y^2}$ 与平面 $z=1$ 所围成的区域．

解 在柱面坐标系下，做柱面坐标变换 $x=r\cos\theta$，$y=r\sin\theta$，$z=z$．

把积分区域 Ω 向 xOy 面的投影区域 $D=\{(x,y)\ |\ x^2+y^2\leqslant1\}$，用极坐标表示为 $0\leqslant r\leqslant1, 0\leqslant\theta\leqslant2\pi$，如图 8.25 所示，围成积分区域 Ω 的边界曲面方程为 $z=r$，$z=1$．故积分区域 Ω 的柱面坐标表示为 $r\leqslant z\leqslant1$，$0\leqslant r\leqslant1$，$0\leqslant\theta\leqslant2\pi$．所以由公式 8.11 有：

$$\iiint\limits_{\Omega} z\sqrt{x^2+y^2}\mathrm{d}x\mathrm{d}y\mathrm{d}z=\int_0^{2\pi}\mathrm{d}\theta\int_0^1\mathrm{d}r\int_r^1 z\cdot r^2\mathrm{d}z$$

$$=2\pi\int_0^1\frac{1}{2}r^2(1-r^2)\mathrm{d}r=\frac{2}{15}\pi$$

【例 8.18】 计算三重积分 $\iiint\limits_{\Omega}(x^2+y^2)\mathrm{d}x\mathrm{d}y\mathrm{d}z$，其中 Ω 是由曲线 $y^2=2z,\ x=0$ 绕 z 轴旋转一周而成的曲面与两平面 $z=2,\ z=8$ 所围的区域．

解 曲线 $y^2=2z,\ x=0$ 绕 z 旋转，所得旋转面方程为 $x^2+y^2=2z$．

设由旋转曲面与平面 $z=2$ 所围成的区域为 Ω_1，该区域在 xOy 平面上的投影为 D_1，$D_1=\{(x,y)|x^2+y^2\leqslant4\}$．由旋转曲面与 $z=8$ 所围成的区域为 Ω_2，Ω_2 在 xOy 平面上的投影为 D_2，$D_2=\{(x,y)|x^2+y^2\leqslant16\}$．则有 $\Omega_2=\Omega\bigcup\Omega_1$，如图 8.26 所示．

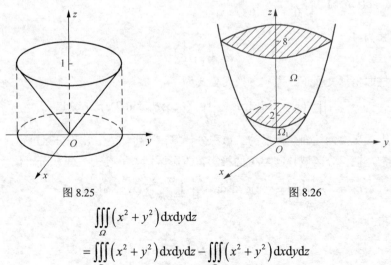

图 8.25　　　　　　　　　　图 8.26

$$\iiint\limits_{\Omega}\left(x^2+y^2\right)\mathrm{d}x\mathrm{d}y\mathrm{d}z$$

$$=\iiint\limits_{\Omega_2}\left(x^2+y^2\right)\mathrm{d}x\mathrm{d}y\mathrm{d}z-\iiint\limits_{\Omega_1}\left(x^2+y^2\right)\mathrm{d}x\mathrm{d}y\mathrm{d}z$$

$$= \iint_{D_2} r \mathrm{d}r \mathrm{d}\theta \int_{\frac{r^2}{2}}^{8} r^2 \mathrm{d}z - \iint_{D_1} r \mathrm{d}r \mathrm{d}\theta \int_{\frac{r^2}{2}}^{2} r^2 \mathrm{d}z$$

$$= \int_0^{2\pi} \mathrm{d}\theta \int_0^4 r^3 \left(8 - \frac{1}{2}r^2\right) \mathrm{d}r - \int_0^{2\pi} \mathrm{d}\theta \int_0^2 r^3 \left(2 - \frac{r^2}{2}\right) \mathrm{d}r = 336\pi$$

2. 球面坐标变换

定义 8.4 变换：$\begin{cases} x = r\sin\varphi\cos\theta \\ y = r\sin\varphi\sin\theta \\ z = r\cos\varphi \end{cases}$ （$0 \leqslant r < +\infty$, $0 \leqslant \varphi \leqslant \pi$, $0 \leqslant \theta \leqslant 2\pi$） 称

为**球面坐标变换**，空间点 $M(x, y, z)$ 与 (r, φ, θ) 建立了一一对应关系，把 (r, φ, θ) 称为 $M(x, y, z)$ 的**球面坐标**，如图 8.27 所示，其中球面坐标系的三组坐标面为：

（1） $r =$ 常数，以原点为中心的球面；

（2） $\varphi =$ 常数，以原点为顶点，z 轴为轴，半顶角为 φ 的圆锥面；

（3） $\theta =$ 常数，过 z 轴的半平面.

由于球面坐标变换的雅可比行列式为

$$\frac{\partial(x, y, z)}{\partial(r, \varphi, \theta)} = \begin{vmatrix} \sin\varphi\cos\theta & r\cos\varphi\cos\theta & -r\sin\varphi\sin\theta \\ \sin\varphi\sin\theta & r\cos\varphi\sin\theta & r\sin\varphi\cos\theta \\ \cos\varphi & -r\sin\varphi & 0 \end{vmatrix} = r^2\sin\varphi$$

则在球面坐标变换下，体积元素之间的关系式为：

$$\mathrm{d}x\mathrm{d}y\mathrm{d}z = r^2\sin\varphi\mathrm{d}r\mathrm{d}\theta\mathrm{d}\varphi$$

于是，球面坐标变换下三重积分的换元公式为

$$\iiint_{\Omega} f(x, y, z)\mathrm{d}x\mathrm{d}y\mathrm{d}z$$

$$= \iiint_{\Omega'} f(r\sin\varphi\cos\theta, r\sin\varphi\sin\theta, r\cos\varphi) \cdot r^2\sin\varphi\mathrm{d}r\mathrm{d}\varphi\mathrm{d}\theta \qquad (8.12)$$

【例 8.19】 计算三重积分 $\iiint_{\Omega} z\mathrm{d}v$，其中 $\Omega: x \geqslant 0$, $y \geqslant 0$, $z \geqslant 0$, $x^2 + y^2 + z^2 \leqslant R^2$.

解 积分区域 Ω（见图 8.28）用球面坐标系表示显然容易，由球面坐标变换：

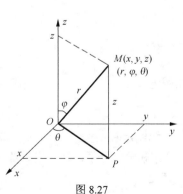

图 8.27

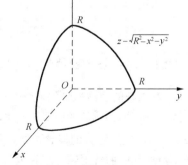

图 8.28

$$x = r\sin\varphi\cos\theta, \quad y = r\sin\varphi\sin\theta, \quad z = r\cos\varphi$$,

积分区域 Ω 的球面坐标的变化范围：$0 \leqslant r \leqslant R, 0 \leqslant \theta \leqslant \dfrac{\pi}{2}, 0 \leqslant \varphi \leqslant \dfrac{\pi}{2}$

因此，由公式（8.12），得

$$\iiint\limits_{\Omega} z \mathrm{d}v = \iiint\limits_{\Omega} r\cos\varphi \cdot r^2 \sin\varphi \mathrm{d}r \mathrm{d}\varphi \mathrm{d}\theta$$

$$= \int_0^{\frac{\pi}{2}} \mathrm{d}\theta \int_0^R r^3 \mathrm{d}r \int_0^{\frac{\pi}{2}} \frac{1}{2}\sin 2\varphi \mathrm{d}\varphi = \frac{\pi}{2}\left(\frac{1}{4}r^4\right)_0^R \cdot \left(-\frac{1}{4}\cos 2\varphi\right)_0^{\frac{\pi}{2}} = \frac{1}{16}\pi R^4$$

值得注意的是，三重积分计算是选择直角坐标，还是柱面坐标或球面坐标转化成三次积分，通常要综合考虑积分域和被积函数的特点．一般说来，积分域 Ω 的边界面中有柱面或圆锥面时，常采用柱面坐标系；有球面或圆锥面时，常采用球面坐标系．

习题 8-2

1. 化三重积分 $I = \iiint\limits_{D} f(x,y,z)\mathrm{d}x\mathrm{d}y\mathrm{d}z$ 为三次积分，其中积分区域 Ω 分别是

（1）由 $z = x^2 + y^2$, $z = 1$ 所围成的闭区域；

（2）由曲面 $z = x^2 + 2y^2$ 及曲面 $z = 1 + y^2$ 所围成的闭区域．

2. 设有一物体，占有空间闭区域 $\Omega: 0 \leqslant x \leqslant 2, 0 \leqslant y \leqslant 1, 0 \leqslant z \leqslant 1$，在点 (x,y,z) 处的密度为 $\rho(x,y,z) = x+y+z$，计算该物体的质量．

3. 利用柱面坐标计算三重积分 $\iiint\limits_{\Omega} z \mathrm{d}v$，其中积分区域 Ω 由下列曲面围成 $z = \sqrt{2 - x^2 - y^2}$ 及 $z = x^2 + y^2$．

4. 利用柱面坐标计算三重积分 $\iiint\limits_{\Omega}(x^2 + y^2)\mathrm{d}v$，其中积分区域 Ω 是由曲面 $2z = x^2 + y^2$ 及平面 $z = 2$ 所围成的闭区域．

5. 利用球面坐标计算 $\iiint\limits_{D} xyz\mathrm{d}x\mathrm{d}y\mathrm{d}z$，其中 Ω 为球面 $x^2 + y^2 + z^2 = 1$ 与三个坐标平面所围成的第一卦限内的闭区域．

8.3　曲线积分

8.3.1　对弧长的曲线积分（第一类曲线积分）

1. 对弧长的曲线积分的概念与性质

求一个不均匀物体的质量，如果物体为一根直线段，也就是质量分布在一根直线段 AB 上，由定积分的概念可知，只要计算一个定积分就行了．那如果质量分布在一条可求长的曲线上呢？现在要计算这物体的质量．

曲线型物体的质量 假定物体所处的位置在 xOy 平面内的一段曲线弧 L 上，它的线密度为 $f(x,y)$，由于物体上各点处的线密度为变量，我们利用下面 4 个步骤，求物体质量，如图 8.29 所示.

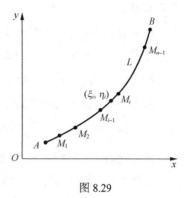

图 8.29

① 分割：在 L 上任意插入一点列 M_1，M_2，…，M_{n-1} 把 L 分成 n 个小段，设第 i 个小段的长度为 Δs_i.

② 近似：在第 i 个小段上任意取定的一点 (ξ_i, η_i)（$i=1,2,\cdots,n$），作乘积 $f(\xi_i,\eta_i)\Delta s_i$. 在线密度连续的前提下，只要这一小段很短，就可以用这一小段上任一点处的密度代替这小段上的线密度，这一段的质量 $m_i \approx f(\xi_i,\eta_i)\Delta s_i$.

③ 求和：求和 $\sum\limits_{i=1}^{n} f(\xi_i,\eta_i)\Delta s_i$. 当分点越多，$\Delta s_i$ 越小，和越接近物体的质量.

$$m = \sum_{i=1}^{n} m_i \approx \sum_{i=1}^{n} f(\xi_i,\eta_i)\Delta s_i$$

④ 求极限：记 $\lambda = \max\limits_{1\leqslant i\leqslant n}\{\Delta s_i\}$，当 $\lambda \to 0$ 时，这和的极限总存在，从而得到

$$m = \lim_{\lambda \to 0} \sum_{i=1}^{n} f(\xi_i,\eta_i)\Delta s_i$$

这种和的极限在研究其他问题时也会遇到，现在给出下面定义.

定义 8.5 设 L 为 xOy 平面内的一条光滑曲线弧，函数 $f(x,y)$ 在 L 上有界. 在 L 上任意插入一点列 M_1，M_2，…，M_{n-1} 把 L 分成 n 个小段. 设第 i 个小段的长度为 Δs_i. 又 (ξ_i,η_i) 为第 i 个小段上任意取定的一点，作乘积 $f(\xi_i,\eta_i)\Delta s_i$（$i=1,2,\cdots,n$），并作和 $\sum\limits_{i=1}^{n} f(\xi_i,\eta_i)\Delta s_i$，如果当各小弧段的长度的最大值 $\lambda \to 0$ 时，这和的极限总存在，则称此极限为函数 $f(x,y)$ 在曲线弧 L 上对弧长的曲线积分或第一类曲线积分，记作 $\int_L f(x,y)\mathrm{d}s$，即

$$\int_L f(x,y)\mathrm{d}s = \lim_{\lambda \to 0} \sum_{i=1}^{n} f(\xi_i,\eta_i)\Delta s_i$$

其中 $f(x,y)$ 叫做被积函数，L 叫做积分弧段，ds 为弧长的微分.

注 （1）当 $f(x,y)$ 在光滑曲线弧 L 上连续时，对弧长的曲线积分 $\int_L f(x,y)\mathrm{d}s$ 是存在的. 以后我们总假定 $f(x,y)$ 在 L 上连续.

（2）如果 L 是分段光滑的，我们规定函数在 L 上的曲线积分等于在光滑的各段上的曲线积分之和.

（3）如果 L 是闭曲线，那么 $f(x,y)$ 在闭曲线 L 上对弧长的曲线积分记为

$\oint_L f(x,y)\mathrm{d}s$.

由对弧长的曲线积分的定义可知，它有以下性质.

性质1（线性性）设 α 为常数，则 $\int_L \alpha f(x,y)\mathrm{d}s = \alpha \int_L f(x,y)\mathrm{d}s$

性质2（可加性）$\int_L [f(x,y)+g(x,y)]\mathrm{d}s = \int_L f(x,y)\mathrm{d}s + \int_L g(x,y)\mathrm{d}s$

性质3（积分区间的可加性）若 L 可分成两段光滑曲线弧 L_1 和 L_2，则

$$\int_L f(x,y)\mathrm{d}s = \int_{L_1} f(x,y)\mathrm{d}s + \int_{L_2} f(x,y)\mathrm{d}s$$

2．对弧长的曲线积分的计算

定理8.2 设 $f(x,y)$ 在曲线弧 L 上有定义且连续，L 的参数方程为

$$\begin{cases} x = \varphi(t) \\ y = \psi(t) \end{cases} \quad (\alpha \leqslant t \leqslant \beta)$$

其中 $\varphi(t)$、$\psi(t)$ 在 L 上具有一阶连续导数，且 $\varphi'^2(t)+\psi'^2(t)\neq 0$，则曲线积分 $\int_L f(x,y)\mathrm{d}s$ 存在，且

$$\int_L f(x,y)\mathrm{d}s = \int_\alpha^\beta f[\varphi(t),\psi(t)]\sqrt{[\varphi'(t)]^2+[\psi'(t)]^2}\mathrm{d}t \quad (\alpha<\beta) \quad (8.13)$$

注 （1）如果曲线 L 由方程 $y=\psi(x)$ $(x_0 \leqslant x \leqslant X)$ 给出，那么可以把这种情形看作是特殊的参数方程 $x=t$，$y=\psi(t)$ $(x_0 \leqslant t \leqslant X)$ 的情形，从而得出

$$\int_L f(x,y)\mathrm{d}s = \int_{x_0}^X f[x,\psi(x)]\sqrt{1+[\psi'(x)]^2}\mathrm{d}x \quad (x_0<X)$$

同理，如果曲线 L 由方程 $x=\varphi(y)$ $(y_0 \leqslant y \leqslant Y)$ 给出，则有

$$\int_L f(x,y)\mathrm{d}s = \int_{y_0}^Y f[\varphi(y),y]\sqrt{1+[\varphi'(y)]^2}\mathrm{d}y \quad (y_0<Y)$$

（2）公式可推广到空间曲线 Γ 由参数方程 $x=\varphi(t)$，$y=\psi(t)$，$z=w(t)$ 给出的情形，有

$$\int_\Gamma f(x,y,z)\mathrm{d}s = \int_\alpha^\beta f[\phi(t),\psi(t),w(t)]\sqrt{[\phi'(t)]^2+[\psi'(t)]^2+[w'(t)]^2}\mathrm{d}t \quad (\alpha<\beta)$$

计算弧长的曲线积分 $\int_L f(x,y)\mathrm{d}s$，实质是把 L 的方程代入被积表达式 $f(x,y)$ 转化为定积分．计算时，只要把 x、y、$\mathrm{d}s$ 依次换为 $\varphi(t)$、$\psi(t)$、$\sqrt{[\varphi'(t)]^2+[\psi'(t)]^2}\mathrm{d}t$，然后从 α 到 β 积分就行了，但必须注意，定积分的下限 α 一定要小于上限 β．其过程可分为以下3个步骤：

（1）求弧微分：$\mathrm{d}s = \sqrt{(\mathrm{d}x)^2+(\mathrm{d}y)^2}$；

（2）代入：将 L 的方程代入被积式；

（3）定限：定限原则——上限大于下限．

【例8.20】 计算 $\int_L x\mathrm{d}s$，其中 L 为曲线 $y=x^2$ 上由（0，0）到（1，1）的一段

弧，如图 8.30 所示.

解：（1） $ds = \sqrt{(dx)^2 + (dy)^2} = \sqrt{(dx)^2 + (2xdx)^2} = \sqrt{1 + 4x^2}\,dx$

（2） $xds = x\sqrt{1 + 4x^2}\,dx$

（3） 原式 $= \dfrac{1}{8}\int_0^1 (1 + 4x^2)^{\frac{1}{2}}d(1 + 4x^2) = \dfrac{5\sqrt{5} - 1}{12}$

【例 8.21】 计算 $\int_L (x + y)ds$ ，其中 L 为联结三点 $O(0,0)$ ， $A(1,0)$ ， $B(1,1)$ 的直线段，如图 8.31 所示.

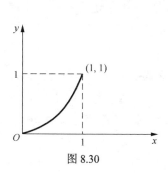
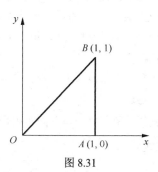

图 8.30   图 8.31

解 $\int_L (x + y)ds = \int_{OA}(x + y)ds + \int_{AB}(x + y)ds + \int_{BO}(x + y)ds$

在线段 OA 上， $ds = dx$ ， $(x + y)ds = xdx$ ， $\int_{OA}(x + y)ds = \int_0^1 xdx = \dfrac{1}{2}$.

在线段 AB 上， $ds = dy$ ， $(x + y)ds = (1 + y)dy$ ， $\int_{AB}(x + y)ds = \int_0^1 (1 + y)dy = \dfrac{3}{2}$.

在线段 BO 上， $ds = \sqrt{2}dx$ ， $(x + y)ds = 2x\sqrt{2}dx$ ， $\int_{BO}(x + y)ds = \int_0^1 2x\sqrt{2}dx = \sqrt{2}$.

所以 $\int_L (x + y)ds = 2 + \sqrt{2}$.

【例 8.22】 求曲线 L： $x^2 + y^2 = ax$ 的质量，其线密度 $\rho(x, y) = \sqrt{x^2 + y^2}$.

解 由对弧长的曲线积分的含义可知：

$$m = \int_L \rho(x, y)ds = \int_L \sqrt{x^2 + y^2}\,ds$$

把 L 的方程化为极坐标方程. 将 $\begin{cases} x = \gamma\cos\theta \\ y = \gamma\sin\theta \end{cases}$ 代入 $x^2 + y^2 = ax$ 得 $\gamma = a\cos\theta$ ， $-\dfrac{\pi}{2} \leqslant$

$\theta \leqslant \dfrac{\pi}{2}$ ，则 $ds = \sqrt{\gamma^2 + [\gamma'(\theta)]^2}\,d\theta = ad\theta$

$$\sqrt{x^2 + y^2}\,ds = \gamma ad\theta = a^2\cos\theta d\theta$$

所以 $m = \int_{-\frac{\pi}{2}}^{\frac{\pi}{2}} a^2\cos\theta d\theta = 2a^2$

8.3.2 对坐标的曲线积分（第二类曲线积分）

1．对坐标的曲线积分的概念与性质

设一个质点受到力 F 的作用，质点从 A 直线运动到 B，如果 F 为恒力，那么 F 所作的功 $W = F\overrightarrow{AB}$（$\overrightarrow{AB}$ 为向量）；如果 F 为变力 $F(x,y)$，且质点沿曲线 L 运动呢？现在来求 F 所作的功．

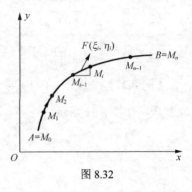

图 8.32

变力沿曲线所做的功 设质点受力 $F(x,y) = P(x,y)\boldsymbol{i} + Q(x,y)\boldsymbol{j}$ 的作用沿平面光滑曲线 L 从 A 点运动到 B 点，其中 $P(x,y)$，$Q(x,y)$ 在 L 上连续，如图 8.32 所示．

① 分割：在曲线弧 L 上取点 $M_1(x_1,y_1)$，$M_2(x_2,y_2)$，…，$M_{n-1}(x_{n-1},y_{n-1})$，将 L 分成 n 个小弧段．

② 近似：取其中一个有向小弧段 $\overparen{M_{i-1}M_i}$ 来分析．由于 $\overparen{M_{i-1}M_i}$ 光滑，而且很短，可用有向线段

$$\overrightarrow{M_{i-1}M_i} = (\Delta x_i)\boldsymbol{i} + (\Delta y_i)\boldsymbol{j}$$

来近似代替它，其中 $\Delta x_i = x_i - x_{i-1}$，$\Delta y_i = y_i - y_{i-1}$．又由于 $P(x,y)$，$Q(x,y)$ 在 L 上连续，故可以用这一小段上任意一点 (ξ_i,η_i) 处的力 $F(\xi_i,\eta_i)$ 近似地代替变力 $F(x,y)$，则在这一小弧段所做的功 $\Delta W_i \approx F(\xi_i,\eta_i)\overrightarrow{M_{i-1}M_i} = P(\xi_i,\eta_i)\Delta x_i + Q(\xi_i,\eta_i)\Delta y_i$．

③ 求和：$W = \sum\limits_{i=1}^{n}\Delta W_i \approx \sum\limits_{i=1}^{n}\left[P(\xi_i,\eta_i)\Delta x_i + Q(\xi_i,\eta_i)\Delta y_i\right]$，当分点越多，和越接近 F 所作的功．

④ 求极限：用 λ 表示 n 个小弧段的最大长度，当 $\lambda \to 0$ 时，和的极限总存在，所得极限应该就是功 W 的精确值，即

$$W = \lim\limits_{\lambda \to 0}\sum\limits_{i=1}^{n}\left[P(\xi_i,\eta_i)\Delta x_i + Q(\xi_i,\eta_i)\Delta y_i\right]$$

这种和的极限在研究其他问题时也会遇到，现在给出下面定义．

定义 8.6 设 L 为 xOy 平面内从点 A 到点 B 的一条有向光滑曲线弧，函数 $P(x,y)$、$Q(x,y)$ 在 L 上有界．在 L 上沿 L 的方向任意插入一点列 $M_1(x_1,y_1)$，$M_2(x_2,y_2)$，…，$M_{n-1}(x_{n-1},y_{n-1})$，把 L 分成 n 个有向小弧段 $\overparen{M_{i-1}M_i}$（$i=1,2,\cdots,n-1; M_0 = A, M_n = B$）$\Delta x_i = x_i - x_{i-1}$，$\Delta y_i = y_i - y_{i-1}$．又 (ξ_i,η_i) 为 $\overparen{M_{i-1}M_i}$ 上任意取定的点，如果当各小弧段的长度的最大值 $\lambda \to 0$ 时，$\sum\limits_{i=1}^{n}P(\xi_i,\eta_i)\Delta x_i$ 的极限总存在，则称此极限为函数 $P(x,y)$ 在有向曲线弧 L 上对坐标 x 的曲线积分，记作 $\int_L P(x,y)\mathrm{d}x$．

类似地，如果 $\sum\limits_{i=1}^{n} Q(\xi_i,\eta_i)\Delta y_i$ 的极限总存在，则称此极限为函数 $Q(x,y)$ 在有向曲线弧 L 上对坐标 y 的曲线积分，记作 $\int_L Q(x,y)\mathrm{d}y$．即

$$\int_L P(x,y)\mathrm{d}x = \lim_{\lambda\to 0}\sum_{i=1}^{n} P(\xi_i,\eta_i)\Delta x_i$$

$$\int_L Q(x,y)\mathrm{d}y = \lim_{\lambda\to 0}\sum_{i=1}^{n} Q(\xi_i,\eta_i)\Delta y_i$$

其中 $P(x,y)$、$Q(x,y)$ 叫做被积函数，L 叫做积分弧段．以上两个积分也称为第二类曲线积分．

注：（1）当 $P(x,y)$、$Q(x,y)$ 在有向光滑曲线弧 L 上连续时，对坐标的曲线积分 $\int_L P(x,y)\mathrm{d}x$ 及 $\int_L Q(x,y)\mathrm{d}y$ 都存在．以后我们总假定 $P(x,y)$、$Q(x,y)$ 在 L 上连续．

（2）应用上经常出现的是

$$\int_L P(x,y)\mathrm{d}x + \int_L Q(x,y)\mathrm{d}y$$

这种合并起来的形式，为简便起见，把上式写成 $\int_L P(x,y)\mathrm{d}x+Q(x,y)\mathrm{d}y$，也可写成向量形式 $\int_L F(x,y)\mathrm{d}r$，其中 $F(x,y)=P(x,y)\boldsymbol{i}+Q(x,y)\boldsymbol{j}$ 为向量值函数，$\mathrm{d}r=\mathrm{d}x\boldsymbol{i}+\mathrm{d}y\boldsymbol{j}$．

（3）如果 L 是分段光滑的，我们规定函数在 L 上对坐标的曲线积分等于在光滑的各段上对坐标的曲线积分之和．

由对坐标的曲线积分的定义可知，它有以下性质．

性质 1（可加性）设 α,β 为常数，则

$$\int_L [\alpha F_1(x,y)+\beta F_2(x,y)]\mathrm{d}r = \alpha\int_L F_1(x,y)\mathrm{d}r+\beta\int_L F_2(x,y)\mathrm{d}r$$

性质 2（积分区间的可加性）若有向曲线弧 L 可分成两段光滑有向曲线弧 L_1 和 L_2，则

$$\int_L F(x,y)\mathrm{d}r = \int_{L_1} F(x,y)\mathrm{d}r+\int_{L_2} F(x,y)\mathrm{d}r$$

性质 3（方向性）设 L 是有向光滑曲线弧，L^- 是 L 的反向曲线弧，则

$$\int_{L^-} F(x,y)\mathrm{d}r = -\int_L F(x,y)\mathrm{d}r$$

2．对坐标的曲线积分的计算

定理 8.3 设 $P(x,y)$、$Q(x,y)$ 在有向曲线弧 L 上有定义且连续，L 的参数方程为

$$\begin{cases} x=\varphi(t) \\ y=\psi(t) \end{cases}$$

当参数 t 单调地从 α 变到 β 时，点 $M(x,y)$ 从 L 的起点 A 沿 L 运动到终点 B，$\varphi(t)$、$\psi(t)$ 在以 α 及 β 为端点的闭区间上具有一阶连续导数，且 $\varphi'^2(t)+\psi'^2(t)\neq 0$，则曲线积分 $\int_L P(x,y)\mathrm{d}x+Q(x,y)\mathrm{d}y$ 存在，且

$$\int_L P(x,y)\mathrm{d}x+Q(x,y)\mathrm{d}y$$
$$=\int_\alpha^\beta \{P[\varphi(t),\psi(t)]\varphi'(t)+Q[\varphi(t),\psi(t)]\psi'(t)\}\mathrm{d}t \tag{8.14}$$

注（1）如果曲线 L 由方程 $y=\psi(x)$ 或 $x=\varphi(y)$ 给出，可以看作是参数方程的特殊情况，从而分别得出

$$\int_L P(x,y)\mathrm{d}x+Q(x,y)\mathrm{d}y=\int_\alpha^\beta \{P[x,\psi(x)]+Q[x,\psi(x)]\psi'(x)\}\mathrm{d}x$$

$$\int_L P(x,y)\mathrm{d}x+Q(x,y)\mathrm{d}y=\int_\alpha^\beta \{P[\varphi(y),y]\varphi'(y)+Q[\varphi(y),y]\}\mathrm{d}y$$

（2）公式可推广到空间曲线 Γ 由参数方程 $x=\varphi(t)$，$y=\psi(t)$，$z=w(t)$ 给出的情形，有

$$\int_\Gamma P(x,y,z)\mathrm{d}x+Q(x,y,z)\mathrm{d}y+R(x,y,z)\mathrm{d}z$$
$$=\int_\alpha^\beta \{P[\varphi(t),\psi(t),w(t)]\varphi'(t)+Q[\varphi(t),\psi(t),w(t)]\psi'(t)+R[\varphi(t),\psi(t),w(t)]w'(t)\}\mathrm{d}t$$

计算弧长的曲线积分 $\int_L f(x,y)\mathrm{d}s$，实质是把 L 的方程代入被积表达式 $f(x,y)$ 转化为定积分. 计算时，只要把 x、y、$\mathrm{d}x$、$\mathrm{d}y$ 依次换为 $\varphi(t)$、$\psi(t)$、$\varphi'(t)\mathrm{d}t$、$\psi'(t)\mathrm{d}t$，然后从起点 α 到终点 β 积分就行了. 但必须注意，定积分的下限对应起点 α，上限对应终点 β. α 不一定小于 β. 其过程可分为以下 3 个步骤：

（1）求弧微分：根据给出的曲线方程，确定对哪一变量求积分；

（2）代入：将 L 的方程代入被积式；

（3）定限：定限原则——起点到终点，上限不一定大于下限.

【例 8.23】 计算 $\int_L xy\mathrm{d}x$，其中 L 为抛物线 $y^2=x$ 上从点 $A(1,-1)$ 到点 $B(1,1)$ 的一段弧，如图 8.33 所示.

解一 （1）选择对 y 的积分，$x=y^2$（$-1\leqslant y\leqslant 1$），$\mathrm{d}x=2y\mathrm{d}y$.

（2）$xy\mathrm{d}x=y^2\cdot y\cdot 2y\mathrm{d}y=2y^4\mathrm{d}y$

（3）曲线 $y^2=x$ 从点 $A(1,-1)$ 到点 $B(1,1)$ 的变化过程中，y 单调的由 -1 到 1 变化，所以 $\int_L xy\mathrm{d}x=\int_{-1}^1 2y^4\mathrm{d}y=\dfrac{4}{5}$

解二 （1）选择对 x 的积分，$x=y^2$（$-1\leqslant y\leqslant 1$），由于 $y=\pm\sqrt{x}$ 不是单值函数，所以要把 L 分为 AO 和 OB 两部分.

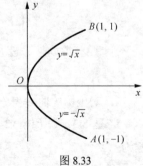

图 8.33

（2）在 $\overset{\frown}{AO}$ 段： $xy\mathrm{d}x = x \cdot \left(-\sqrt{x}\right)\mathrm{d}x$ ，

在 $\overset{\frown}{OB}$ 段： $xy\mathrm{d}x = x \cdot \sqrt{x}\mathrm{d}x$.

（3）曲线 $y^2 = x$ 从点 $A(1,-1)$ 到点 $O(0,0)$ 的变化过程中， x 单调的由 1 到 0 变化；曲线从点 $O(0,0)$ 到点 $B(1,1)$ 的变化过程中， x 单调的由 0 到 1 变化. 所以

$$\int_L xy\mathrm{d}x = \int_{\overset{\frown}{AO}} xy\mathrm{d}x + \int_{\overset{\frown}{OB}} xy\mathrm{d}x$$

$$= \int_1^0 x(-\sqrt{x})\mathrm{d}x + \int_0^1 x\sqrt{x}\mathrm{d}x = 2\int_0^1 x^{\frac{3}{2}}\mathrm{d}x = \frac{4}{5}$$

本题中的积分化为对 y 的定积分来计算要简便得多.

【例 8.24】 设有一质量为 m 的质点受重力的作用在铅直平面沿某一光滑曲线弧从点 A 移动到点 B，求重力所做的功.

解 取水平直线为 x 轴， y 轴铅直向上，如图 8.34 所示.

则重力在两坐标轴上的投影分别为 $P(x,y) = 0$ ， $Q(x,y) = -mg$ ，其中 g 为重力加速度，于是当质点从 $A(x_0, y_0)$ 移动到 $B(x_1, y_1)$ 时，重力做功为

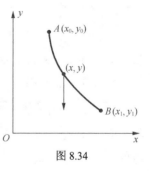

图 8.34

$$W = \int_{\overset{\frown}{AB}} P\mathrm{d}x + Q\mathrm{d}y = \int_{\overset{\frown}{AB}} (-mg)\mathrm{d}y = \int_{y_0}^{y_1} (-mg)\mathrm{d}y = mg(y_0 - y_1) .$$

8.3.3 两类曲线积分之间的联系

对弧长的曲线积分与对坐标的曲线积分的定义是不同的，但由于都是沿曲线的积分，两者之间又有密切关系. 下面讨论这两类积分的转换关系.

设有向曲线弧 L 的参数方程为

$$\begin{cases} x = \varphi(t) \\ y = \psi(t) \end{cases}$$

L 的起点 A 、终点 B 分别对应参数 t 的值为 α, β ，函数 $\varphi(t)$ ， $\psi(t)$ 在以 α, β 为端点的闭区间上具有一阶连续导数，且 $\varphi(t)'^2 + \psi(t)'^2 \neq 0$ ，又设 $P(x,y)$ ， $Q(x,y)$ 为定义在曲线 L 上的连续函数，则根据对坐标的曲线积分计算公式得

$$\int_L P(x,y)\mathrm{d}x + Q(x,y)\mathrm{d}y = \int_\alpha^\beta \left(P(\varphi(t),\psi(t))\varphi'(t) + Q(\varphi(t),\psi(t))\psi'(t)\right)\,\mathrm{d}t$$

注意到有向曲线 L 的切向量为 $\tau = (\varphi'(t),\psi'(t))$ ，它的方向指向 τ 增大的方向，其方向余弦为

$$\cos\alpha = \frac{\varphi'(t)}{\sqrt{\varphi'^2(t) + \psi'^2(t)}}$$

$$\cos\beta = \frac{\psi'(t)}{\sqrt{\varphi'^2(t)+\psi'^2(t)}}$$

由对弧长的曲线积分的计算公式，可得

$$\int_L [P(x,y)\cos\alpha + Q(x,y)\cos\beta]\mathrm{d}s(x,y)$$

$$= \int_\alpha^\beta \left\{ P[\varphi(t),\psi(t)]\frac{\varphi'(t)}{\sqrt{\varphi'^2(t)+\psi'^2(t)}} + Q[\varphi(t),\psi(t)]\frac{\psi'(t)}{\sqrt{\varphi'^2(t)+\psi'^2(t)}} \right\}\sqrt{\varphi'^2(t)+\psi'^2(t)}\mathrm{d}t$$

$$= \int_\alpha^\beta \{P[\varphi(t),\psi(t)]\varphi'(t) + Q[\varphi(t),\psi(t)]\psi'(t)\}\mathrm{d}t$$

因此，平面曲线 L 上的两类曲线积分之间有如下联系：

$$\int_L P\mathrm{d}x + Q\mathrm{d}y = \int_L (P\cos\alpha + Q\cos\beta)\mathrm{d}s \qquad (8.15)$$

其中 $\alpha(x,y)$，$\beta(x,y)$ 为有向曲线弧 L 上点 (x,y) 处的切向量的方向角.

类似地可知，空间曲线 Γ 上的两类曲线积分之间有如下联系：

$$\int_\Gamma P\mathrm{d}x + Q\mathrm{d}y + R\mathrm{d}z = \int_\Gamma (P\cos\alpha + Q\cos\beta + R\cos\gamma)\mathrm{d}s$$

其中 $\alpha(x,y,z)$，$\beta(x,y,z)$，$\gamma(x,y,z)$ 为有向曲线弧 Γ 上点 (x,y,z) 处的切向量的方向角.

习题 8-3

1. 计算下列对弧长的曲线积分.

（1）$\int_L (x+y)\mathrm{d}s$，其中 L 为连接（1，0）到（0，1）两点的直线段.

（2）$\oint_L x\mathrm{d}s$，其中 L 为直线 $y=x$ 及抛物线 $y=x^2$ 所围成的区域的整个边界.

（3）$\oint_L (x^2+y^2)\mathrm{d}s$，其中 L 为圆周 $x=a\cos t, y=a\sin t(0\leqslant t\leqslant 2\pi)$.

2. 计算 $\int_L 2xy\mathrm{d}x + x^2\mathrm{d}y$，其中 L 为：

（1）抛物线 $y=x^2$ 上从 $O(0,0)$ 到 $B(1,1)$ 的一段弧；

（2）抛物线 $x=y^2$ 上从 $O(0,0)$ 到 $B(1,1)$ 的一段弧；

（3）有向折线 OAB，这里 O，A，B 依次是点 $(0,0)$，$(0,1)$，$(1,1)$.

3. 计算 $\int_L y^2\mathrm{d}x$，其中 L 为：

（1）半径为 a、圆心在原点、按逆时针方向绕行的上半圆周；

（2）从点 $A(a,0)$ 沿 x 轴到点 $B(-a,0)$ 的直线段.

4. 设一个质点在 M 处受到外力 F 的作用，$F(x,y)=-(x\boldsymbol{i}+y\boldsymbol{i})$，此质点由点 $A(a,0)$ 沿椭圆 $\dfrac{x^2}{a^2}+\dfrac{y^2}{b^2}=1$ 按逆时针方向移动到点 $B(0,b)$，求力 F 所作的功.

5. 把对坐标的曲线积分 $\int_L P(x,y)\mathrm{d}x + Q(x,y)\mathrm{d}y$ 化为对弧长的曲线积分，其中

L 沿抛物线 $y = x^2$ 从 $O(0,0)$ 到 $B(1,1)$．

8.4 曲 面 积 分

8.4.1 对面积的曲面积分（第一类曲面积分）

1. 对面积的曲面积分的概念与性质

类似于对弧长的曲线积分，如果把曲线改为曲面，并相应的把线密度 $f(x,y)$ 改为面密度 $f(x,y,z)$，小段曲线的弧长 Δs_i 改为小块曲面的面积 ΔS_i，而第 i 小段上的点 (ξ_i, η_i) 改为 $(\xi_i, \eta_i, \varsigma_i)$，那么，在面密度 $f(x,y,z)$ 连续的前提下，所求物体的质量 m 就是下面的极限：

$$m = \lim_{\lambda \to 0} \sum_{i=1}^{n} f(\xi_i, \eta_i, \varsigma_i) \Delta S_i$$

其中 λ 表示 n 小块曲面的直径的最大值．

定义 8.7 设曲面 Σ 为光滑曲面，函数 $f(x,y,z)$ 在 Σ 上有界．把 Σ 任意分成 n 小块 ΔS_i（ΔS_i 同时也代表第 i 小块的面积），设 $(\xi_i, \eta_i, \varsigma_i)$ 为第 i 个小块上任意取定的一点，作乘积 $f(\xi_i, \eta_i, \varsigma_i) \Delta S_i$（$i = 1, 2, \cdots, n$），并作和 $\sum_{i=1}^{n} f(\xi_i, \eta_i, \varsigma_i) \Delta S_i$，如果当各小块曲面的直径的最大值 $\lambda \to 0$ 时，这和的极限总存在，则称此极限为函数 $f(x,y,z)$ 在曲面 Σ 上对面积的曲面积分或第一类曲面积分，记作 $\iint\limits_{\Sigma} f(x,y,z)\mathrm{d}S$，即

$$\iint\limits_{\Sigma} f(x,y,z)\mathrm{d}S = \lim_{\lambda \to 0} \sum_{i=1}^{n} f(\xi_i, \eta_i, \varsigma_i) \Delta S_i$$

其中 $f(x,y,z)$ 叫做被积函数，Σ 叫做积分曲面．

注（1）当 $f(x,y,z)$ 在光滑曲面 Σ 上连续时，对面积的曲面积分 $\iint\limits_{\Sigma} f(x,y,z)\mathrm{d}S$ 是存在的．以后我们总假定 $f(x,y,z)$ 在 Σ 上连续．

（2）如果 Σ 为分片光滑的，我们规定函数在 $f(x,y,z)$ 在 Σ 上的曲面积分，等于各片上对面积的曲面积分之和．

由对面积的曲面积分的定义可知，它具有与弧长的曲线积分相类似的性质，这里不再赘述．

2. 对面积的曲面积分的计算法

定理 8.4 设有光滑曲面 Σ，它的方程为

$$z = z(x,y)$$

$z(x,y)$ 具有对 x 及 y 的连续偏导数，且其在平面 xOy 上的投影区域 D_{xy} 为可求面积

的. 这样曲面积分 $\iint_{\Sigma} f(x,y,z)\mathrm{d}S$ 是存在，且

$$\iint_{\Sigma} f(x,y,z)\mathrm{d}S = \iint_{D_{xy}} f\left[x,y,z(x,y)\right]\sqrt{1+z_x^2+z_y^2}\,\mathrm{d}x\mathrm{d}y \tag{8.16}$$

计算曲面积分 $\iint_{\Sigma} f(x,y,z)\mathrm{d}S$ 时，只要把变量 z 换为 $z(x,y)$，$\mathrm{d}S$ 换为 $\sqrt{1+z_x^2+z_y^2}$ $\mathrm{d}x\mathrm{d}y$，再确定 Σ 在平面 xOy 上的投影区域 D_{xy}，这样就把对面积的曲面积分转化为二重积分了. 其计算过程可归纳为：一求、二代、三定域化为二重积分.

（1）求微分：$\mathrm{d}S=\sqrt{1+z_x^2+z_y^2}\,\mathrm{d}x\mathrm{d}y$；

（2）代入：把 $z=z(x,y)$ 代入被积式；

（3）定域：确定 Σ 在平面 xOy 上的投影区域 D_{xy}

$$\iint_{\Sigma} f(x,y,z)\mathrm{d}S = \iint_{D_{xy}} f[x,y,z(x,y)]\sqrt{1+z_x^2+z_y^2}\,\mathrm{d}x\mathrm{d}y$$

注 如果曲面由方程 $x=x(y,z)$ 或 $y=y(x,z)$ 给出，也可类似地把对面积的曲面积分转化为二重积分.

【例 8.25】 计算曲面积分 $\iint_{\Sigma} \dfrac{\mathrm{d}S}{z}$，其中 Σ 是球面 $x^2+y^2+z^2=a^2$ 被平面 $z=h$ $(0<h<a)$ 所截的顶部，如图 8.35 所示.

解：（1）曲面 Σ 的方程为 $z=\sqrt{a^2-x^2-y^2}$，$z_x=-\dfrac{x}{\sqrt{a^2-x^2-y^2}}$，$z_y=$

$-\dfrac{y}{\sqrt{a^2-x^2-y^2}}$，$\mathrm{d}S=\sqrt{1+z_x^2+z_y^2}\,\mathrm{d}x\mathrm{d}y=\dfrac{a}{\sqrt{a^2-x^2-y^2}}\,\mathrm{d}x\mathrm{d}y$.

（2）函数 $f(x,y,z)=\dfrac{1}{z}=\dfrac{1}{\sqrt{a^2-x^2-y^2}}$.

（3）Σ 在平面 xOy 上的投影区域 $D_{xy}=\left\{(x,y)\big|x^2+y^2\leq a^2-h^2\right\}$，是圆心在原点，半径为 $\sqrt{a^2-h^2}$ 的圆.

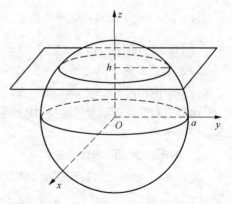

图 8.35

$$\iint_{\Sigma}\dfrac{\mathrm{d}S}{z} = \iint_{D_{xy}}\dfrac{a}{a^2-x^2-y^2}\,\mathrm{d}x\mathrm{d}y$$

$$=\int_0^{2\pi}\mathrm{d}\theta\int_0^{\sqrt{a^2-h^2}}\dfrac{a}{a^2-r^2}r\mathrm{d}r=2\pi a\ln\dfrac{a}{h}$$

8.4.2 对坐标的曲面积分

1. 对坐标的曲面积分的概念与性质

曲面的侧 设连通曲面 Σ 上到处都有连续变动的切平面（或法线），M_0 为曲面

Σ 上的一点，曲面在 M_0 处的法线有两个可能方向，我们认定其一作为从 M_0 点的出发方向. 又设 M 为动点，它在 M_0 处与 有相同的法线方向，且有如下特性；当 M 从 M_0 出发沿 L（L 为 Σ 上任一经过点 M_0，且不超过 Σ 边界的闭曲线）连续移动，这时作为曲面上的点 M，它的法线方向也连续地变动. 最后当 M 沿 L 回到 M_0 时，若这时 M 的法线方向仍与 M_0 的法线方向一致，则说这曲面 Σ 是双侧曲面；若与 M_0 的法线方向相反，则说 Σ 是单侧曲面.

通常由 $z = z(x, y)$ 所表示的曲面都是双侧曲面，我们可以通过曲面上法向量的指向来定出曲面的侧. 当以其法线正方向与 z 正向的夹角成锐角的一侧（也称为上侧）为正侧时，则另一侧（也称下侧）为负侧. 当 Σ 为封闭曲面时，通常规定曲面的外侧为正侧，内侧为负侧. 这种取定了法向量亦即取定了侧的曲面就称为有向曲面.

有向曲面在平面 xOy 上的投影区域 设 Σ 为有向曲面，在 Σ 上取一小块曲面 ΔS，把 ΔS 投影到 xOy 面上得一投影区域，这投影区域的面积记为 $(\Delta\sigma)_{xy}$. 假定 ΔS 上各点处的法向量与 z 轴的夹角 γ 的余弦 $\cos\gamma$ 有相同的符号（即 $\cos\gamma$ 都是正的或都是负的）. 我们规定 ΔS 在 xOy 面上的投影 $(\Delta S)_{xy}$ 为

$$(\Delta S)_{xy} = \begin{cases} (\Delta\sigma)_{xy} & \cos\gamma > 0 \\ -(\Delta\sigma)_{xy} & \cos\gamma < 0 \\ 0 & \cos\gamma \equiv 0 \end{cases}$$

其中 $\cos\gamma \equiv 0$ 也就是 $(\Delta\sigma)_{xy} = 0$ 的情形. ΔS 在 xOy 面上的投影 $(\Delta S)_{xy}$ 实际就是 ΔS 在 xOy 面上的投影区域的面积附以一定的正负号. 类似地可以定义 ΔS 在 yOz 面及 zOx 面上的投影 $(\Delta S)_{yz}$ 及 $(\Delta S)_{zx}$.

流向曲面一侧的流量 设稳定均匀流体（各点处的流速不随时间而改变的流体）的速度由

$$u(x, y, z) = P(x, y, z)\boldsymbol{i} + Q(x, y, z)\boldsymbol{j} + R(x, y, z)\boldsymbol{k}$$

给出，Σ 是速度场中的一片有向曲面，函数 $P(x, y, z)$，$Q(x, y, z)$，$R(x, y, z)$ 在 Σ 上连续，求单位时间内流向 Σ 指定侧的流体的质量，即流量 Φ（假定流体密度为 1）.

如果流体流过平面上面积为 A 的一个闭区域，且流体在闭区域上各点处的流速为常向量 $\boldsymbol{u}$，又设 $\boldsymbol{n}$ 为该平面的单位法向量，那么在单位时间内流过这闭区域的流体 $\Phi = A\boldsymbol{u} \cdot \boldsymbol{n}$.

现在所考虑的不是平面闭区域而是一片曲面，且流速 $\boldsymbol{u}$ 也不是常向量，因此所求流量不能直接用上述方法计算. 我们仍然采用"分割、近似、求和、求极限"的方法来解决目前的问题.

① 分割：把曲面 Σ 分成 n 小块 ΔS_i（ΔS_i 同时也代表第 i 小块曲面的面积）.

② 近似：在 Σ 光滑和 $\boldsymbol{u}$ 连续的前提下，只要 ΔS_i 的直径很小，我们就可以用 ΔS_i 上任一点 (ξ_i,η_i,ζ_i) 处的流速 $\boldsymbol{u}_i = \boldsymbol{u}(\xi_i,\eta_i,\zeta_i) = P(\xi_i,\eta_i,\zeta_i)\boldsymbol{i} + Q(\xi_i,\eta_i,\zeta_i)\boldsymbol{j} + R(\xi_i,\eta_i,\zeta_i)\boldsymbol{k}$ 代替 ΔS_i 上其他各点处的流速；以该点 (ξ_i,η_i,ζ_i) 处曲面的单位法向量 $\boldsymbol{n}_i = \cos\alpha_i\boldsymbol{i} + \cos\beta_i\boldsymbol{j} + \cos\gamma_i\boldsymbol{k}$ 代替 ΔS_i 上其他各点处的单位法向量，如图 8.36 所示. 从而得到通过 ΔS_i 流向指定侧的流量近似为

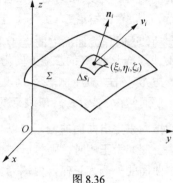

图 8.36

$$\boldsymbol{u}_i \cdot \boldsymbol{n}_i \Delta S_i \qquad (i=1,2,\cdots,n)$$

③ 求和：求得通过流向指定侧的流量

$$\Phi \approx \sum_{i=1}^{n} \boldsymbol{u}_i \cdot \boldsymbol{n}_i \Delta S_i$$

$$= \sum_{i=1}^{n} [P(\xi_i,\eta_i,\zeta_i)\cos\alpha_i + Q(\xi_i,\eta_i,\zeta_i)\cos\beta_i + R(\xi_i,\eta_i,\zeta_i)\cos\gamma_i]\Delta S_i$$

由于 $\quad \cos\alpha_i \Delta S_i \approx (\Delta S_i)_{yz},\quad \cos\beta_i \Delta S_i \approx (\Delta S_i)_{zx},\quad \cos\gamma_i \Delta S_i \approx (\Delta S_i)_{xy},$

因此上述和式可以写成

$$\Phi \approx \sum_{i=1}^{n} [P(\xi_i,\eta_i,\zeta_i)(\Delta S_i)_{yz} + Q(\xi_i,\eta_i,\zeta_i)(\Delta S_i)_{zx} + R(\xi_i,\eta_i,\zeta_i)(\Delta S_i)_{xy}]$$

④ 求极限：令 $\lambda \to 0$ 取上式和的极限，就得到 Φ 的精确值.

这样的极限还会在其他问题中遇到，抽去它们具体的意义，得到对坐标的曲面积分的概念.

定义 8.8 设 Σ 为光滑的有向曲面，函数 $R(x,y,z)$ 在 Σ 上有界，把 Σ 任意分成 n 块小曲面 ΔS_i，ΔS_i 同时又表示第 i 块小曲面的面积，ΔS_i 在 xOy 面上的投影为 $(\Delta S_i)_{xy}$，(ξ_i,η_i,ζ_i) 是 ΔS_i 上任意取定的一点，如果当各小块曲面的直径的最大值 $\lambda \to 0$ 时，

$$\lim_{\lambda \to 0} \sum_{i=1}^{n} R(\xi_i,\eta_i,\zeta_i)(\Delta S_i)_{xy}$$

总存在，则称此极限为函数 $R(x,y,z)$ 在有向曲面 Σ 上对坐标 x,y 的曲面积分，记作 $\iint\limits_{\Sigma} R(x,y,z)\mathrm{d}x\mathrm{d}y$，即

$$\iint\limits_{\Sigma} R(x,y,z)\mathrm{d}x\mathrm{d}y = \lim_{\lambda \to 0} \sum_{i=1}^{n} R(\xi_i,\eta_i,\zeta_i)(\Delta S_i)_{xy}.$$

其中 $R(x,y,z)$ 叫做被积函数，Σ 叫做积分曲面.

类似地，可定义函数 $P(x,y,z)$ 在有向曲面 Σ 上对坐标 y,z 的曲面积分为

$$\iint\limits_{\Sigma} P(x,y,z)\mathrm{d}y\mathrm{d}z = \lim_{\lambda \to 0} \sum_{i=1}^{n} P(\xi_i,\eta_i,\zeta_i)(\Delta S_i)_{yz}$$

函数 $Q(x,y,z)$ 在有向曲面 Σ 上对坐标 z,x 的曲面积分为

$$\iint_{\Sigma} Q(x,y,z)\mathrm{d}z\mathrm{d}x = \lim_{\lambda \to 0}\sum_{i=1}^{n} Q(\xi_i,\eta_i,\zeta_i)(\Delta S_i)_{zx}$$

以上 3 个曲面积分也称为第二类曲面积分.

注（1）当 $P(x,y,z)$，$Q(x,y,z)$，$R(x,y,z)$ 在有向光滑曲面 Σ 上连续时，对坐标的曲面积分总是存在的，以后总假设 P，Q, R 在 Σ 上连续.

（2）如果 Σ 是分片光滑的有向曲面，我们规定函数在 Σ 上对坐标的曲面积分等于函数在各片光滑曲面上对坐标的曲面积分之和.

由对坐标的曲面积分的定义可知，它有如下性质.

性质 1（积分区域的可加性） 如果把 Σ 分成 Σ_1 和 Σ_2，则

$$\iint_{\Sigma} P\mathrm{d}y\mathrm{d}z + Q\mathrm{d}z\mathrm{d}x + R\mathrm{d}x\mathrm{d}y$$
$$= \iint_{\Sigma_1} P\mathrm{d}y\mathrm{d}z + Q\mathrm{d}z\mathrm{d}x + R\mathrm{d}x\mathrm{d}y + \iint_{\Sigma_2} P\mathrm{d}y\mathrm{d}z + Q\mathrm{d}z\mathrm{d}x + R\mathrm{d}x\mathrm{d}y$$

性质 2（方向性） 设 Σ 是有向曲面，$-\Sigma$ 表示与 Σ 取相反侧的有向曲面，则

$$\iint_{-\Sigma} P(x,y,z)\mathrm{d}y\mathrm{d}z = -\iint_{\Sigma} P(x,y,z)\mathrm{d}y\mathrm{d}z$$
$$\iint_{-\Sigma} Q(x,y,z)\mathrm{d}z\mathrm{d}x = -\iint_{\Sigma} Q(x,y,z)\mathrm{d}z\mathrm{d}x$$
$$\iint_{-\Sigma} R(x,y,z)\mathrm{d}x\mathrm{d}y = -\iint_{\Sigma} R(x,y,z)\mathrm{d}x\mathrm{d}y$$

性质 2 表明，当积分曲面改变为相反侧时，对坐标的曲面积分要改变符号，因此关于对坐标的曲面积分，我们要注意积分曲面所取的侧.

2．对坐标的曲面积分的计算法

定理 8.5 设积分曲面 Σ 是由方程 $z=z(x,y)$ 所给出的曲面上侧，Σ 在 xOy 面上的投影区域为 D_{xy}，函数 $z=z(x,y)$ 在 D_{xy} 上具有一阶连续偏导数，被积函数 $R(x,y,z)$ 在 Σ 上连续，则

$$\iint_{\Sigma} R(x,y,z)\mathrm{d}x\mathrm{d}y = \iint_{D_{xy}} R[x,y,z(x,y)]\mathrm{d}x\mathrm{d}y \tag{8.17}$$

注（1）该式中的曲面积分是取在曲面 Σ 上侧的；如果曲面积分取在 Σ 的下侧，则

$$\iint_{\Sigma} R(x,y,z)\mathrm{d}x\mathrm{d}y = -\iint_{D_{xy}} R[x,y,z(x,y)]\mathrm{d}x\mathrm{d}y$$

（2）如果曲面由方程 $x=x(y,z)$ 或 $y=y(x,z)$ 给出，也可得到类似公式.

计算曲面积分 $\iint_{\Sigma} R(x,y,z)\mathrm{d}x\mathrm{d}y$ 时，只要把其中变量 z 换为表示 Σ 的函数 $z=z(x,y)$，然后在 Σ 的投影区域 D_{xy} 上计算二重积分就可以了. 其计算过程亦可归纳为：一求、二代、三定域化为二重积分.

（1）求 ± 号：上侧 +，下侧 −；

（2）代入：把 $z = z(x,y)$ 代入被积式；

（3）定域：确定 Σ 在平面 xOy 上的投影区域 D_{xy}

$$\iint\limits_{\Sigma} f(x,y,z)\mathrm{d}S = \pm\iint\limits_{D_{xy}} f[x,y,z(x,y)]\sqrt{1+z_x^2+z_y^2}\,\mathrm{d}x\mathrm{d}y$$

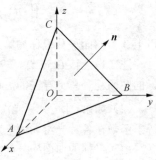

图 8.37

【例 8.26】 计算 $\iint\limits_{\Sigma} x\mathrm{d}y\mathrm{d}z + y\mathrm{d}z\mathrm{d}x + z\mathrm{d}x\mathrm{d}y$，其中 Σ 为平面 $x+y+z = a\,(a>0)$ 在第 I 卦限的部分，取上侧.

解 如图 8.37 所示，为了方便，首先计算 $\iint\limits_{\Sigma} z\mathrm{d}x\mathrm{d}y$.

（1）Σ 的法向量与 z 轴正向的夹角为锐角，故二重积分取正号.

（2）$z = a - x - y$

（3）Σ 在 xOy 面上的投影为三角形区域 AOB，其中

$$D_{xy} : 0 \leqslant y \leqslant a - x, \quad 0 \leqslant x \leqslant a.$$

所以

$$\iint\limits_{\Sigma} z\mathrm{d}x\mathrm{d}y = \iint\limits_{D_{xy}} (a-x-y)\mathrm{d}x\mathrm{d}y = \int_0^a \mathrm{d}x \int_0^{a-x} (a-x-y)\mathrm{d}y = \frac{1}{6}a^3.$$

由于在此曲面积分中，x, y, z 是对称的，从而有

$$\iint\limits_{\Sigma} x\mathrm{d}y\mathrm{d}z = \iint\limits_{\Sigma} y\mathrm{d}z\mathrm{d}x = \iint\limits_{\Sigma} z\mathrm{d}x\mathrm{d}y = \frac{1}{6}a^3$$

所以 $\iint\limits_{\Sigma} x\mathrm{d}y\mathrm{d}z + y\mathrm{d}z\mathrm{d}x + z\mathrm{d}x\mathrm{d}y = \frac{3}{6}a^3 = \frac{1}{2}a^3$

【例 8.27】 计算曲面积分 $\iint\limits_{\Sigma} xyz\mathrm{d}x\mathrm{d}y$，其中 Σ 是球面 $x^2+y^2+z^2 = 1$ 外侧在 $x \geqslant 0, y \geqslant 0$ 的部分.

解 把 Σ 分为 Σ_1 和 Σ_2 两部分，如图 8.38 所示

$$\iint\limits_{\Sigma} xyz\mathrm{d}x\mathrm{d}y = \iint\limits_{\Sigma_1} xyz\mathrm{d}x\mathrm{d}y + \iint\limits_{\Sigma_2} xyz\mathrm{d}x\mathrm{d}y$$

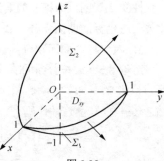

图 8.38

（1）上式右端的第一个积分曲面 Σ_2 取上侧，第二个积分曲面 Σ_1 取下侧.

（2）Σ_1 的方程为 $z_1 = -\sqrt{1-x^2-y^2}$，Σ_2 的方程为 $z_2 = \sqrt{1-x^2-y^2}$.

（3）Σ_1 和 Σ_2 在 xOy 面上的投影为单位圆在第一象限的部分，

$$D_{xy} : x^2 + y^2 \leqslant 1, (x>0, y>0)$$

$$\iint\limits_{\Sigma} xyz\mathrm{d}x\mathrm{d}y = \iint\limits_{D_{xy}} xy\sqrt{1-x^2-y^2}\,\mathrm{d}x\mathrm{d}y - \iint\limits_{D_{xy}} xy(-\sqrt{1-x^2-y^2})\mathrm{d}x\mathrm{d}y$$

$$= 2\iint\limits_{D_{xy}} xy\sqrt{1-x^2-y^2}\,\mathrm{d}x\mathrm{d}y$$

$$= 2\iint\limits_{D_{xy}} r^2 \sin\theta\cos\theta\sqrt{1-r^2} \cdot r\mathrm{d}r\mathrm{d}\theta$$

$$= \int_0^{\frac{\pi}{2}} \sin 2\theta\mathrm{d}\theta \int_0^1 r^3\sqrt{1-r^2}\,\mathrm{d}r$$

$$= 1 \cdot \frac{2}{15} = \frac{2}{15}$$

8.4.3 两类曲面积分之间的联系

与曲线积分一样，两类曲面积分也有密切关系，我们可将对坐标的曲面积分化为对面积的曲面积分，反之也一样. 仍然用显式方程 $z = z(x, y)$ 表示的有向曲面 Σ 来说明.

设 Σ 在 xOy 平面上的投影区域为 D_{xy}，函数 $z = z(x, y)$ 在 D_{xy} 上具有一阶连续偏导数，$R(x, y, z)$ 在 Σ 上连续，Σ 取上侧，则由对坐标的曲面积分的计算公式，有

$$\iint\limits_{\Sigma} R(x, y, z)\mathrm{d}x\mathrm{d}y = \iint\limits_{D_{xy}} R(x, y, z)\mathrm{d}x\mathrm{d}y$$

另一方面，曲面 Σ 的法向量的方向余弦为

$$\cos\alpha = \frac{-z_x}{\sqrt{1 + z_x^2 + z_y^2}}, \quad \cos\beta = \frac{-z_y}{\sqrt{1 + z_x^2 + z_y^2}}, \quad \cos\gamma = \frac{1}{\sqrt{1 + z_x^2 + z_y^2}}$$

由对面积的曲面积分计算公式有

$$\iint\limits_{\Sigma} R(x, y, z)\cos\gamma\mathrm{d}S = \iint\limits_{D_{xy}} R(x, y, z(x, y))\mathrm{d}x\mathrm{d}y$$

于是有

$$\iint\limits_{\Sigma} R(x, y, z)\mathrm{d}x\mathrm{d}y = \iint\limits_{\Sigma} R(x, y, z)\cos\gamma\mathrm{d}S\ .$$

如果 Σ 取下侧，则有

$$\iint\limits_{\Sigma} R(x, y, z)\mathrm{d}x\mathrm{d}y = -\iint\limits_{D_{xy}} R(x, y, z(x, y))\mathrm{d}x\mathrm{d}y$$

而此时 $\cos\gamma = \dfrac{-1}{\sqrt{1 + z_x^2 + z_y^2}}$，上式仍然成立.

类似有

$$\iint\limits_{\Sigma} P(x, y, z)\mathrm{d}y\mathrm{d}z = \iint\limits_{\Sigma} R(x, y, z)\cos\alpha\mathrm{d}S$$

$$\iint\limits_{\Sigma} Q(x, y, z)\mathrm{d}z\mathrm{d}x = \iint\limits_{\Sigma} Q(x, y, z)\cos\beta\mathrm{d}S$$

合并上述三式，得两类曲面积分之间的如下联系：

$$\iint\limits_{\Sigma} P\mathrm{d}y\mathrm{d}z + Q\mathrm{d}z\mathrm{d}x + R\mathrm{d}x\mathrm{d}y = \iint\limits_{\Sigma} (P\cos\alpha + Q\cos\beta + R\cos\gamma)\mathrm{d}S\ . \tag{8.18}$$

其中 $\cos\alpha$，$\cos\beta$，$\cos\gamma$ 是曲面 Σ 上点 (x, y, z) 处法向量的方向余弦.

习题 8-4

1. 当 Σ 是 xOy 平面内的一个闭区域时，曲面积分 $\iint\limits_{\Sigma} f(x,y,z)\mathrm{d}S$ 与二重积分有什么关系？

2. 计算曲面积分 $\iint\limits_{\Sigma} 3z\mathrm{d}S$，其中 Σ 是抛物面 $z = 2-(x^2+y^2)$ 在 xOy 平面上方的部分.

3. 计算积分 $\iint\limits_{\Sigma}(x^2+y^2)\mathrm{d}S$，其中 Σ 是锥面 $z = \sqrt{x^2+y^2}$ 及平面 $z=1$ 所围成的区域的整个边界.

4. 计算曲面积分 $\iint\limits_{\Sigma} x^2y^2z\mathrm{d}x\mathrm{d}y$，其中 Σ 是球面 $x^2+y^2+z^2=1$ 下半部分的外侧.

5. 把对坐标的曲面积分 $\iint\limits_{\Sigma} P(x,y,z)\mathrm{d}y\mathrm{d}z + Q(x,y,z)\mathrm{d}z\mathrm{d}x + R(x,y,z)\mathrm{d}x\mathrm{d}y$ 化为对面积的曲面积分，其中 Σ 是平面 $3x + 2y + 2\sqrt{3}z = 6$ 在第一卦限的部分的上侧.

8.5　各种积分间的联系

8.5.1　格林公式及其应用

1. 格林公式

平面单连通区域：设 D 为平面区域，如果 D 内任一闭曲线所围的部分都属于 D，则 D 为平面单连通区域，否则称为复连通区域. 通俗地说，平面单连通区域就是不含有"洞"（包括点"洞"）的区域，复连通区域是含有"洞"（包括点"洞"）的区域.

例如，平面上的圆形区域 $\{(x,y)\,|\,x^2+y^2<1\}$，上半平面 $\{(x,y)\,|\,y>0\}$ 都是单连通区域，圆环域 $\{(x,y)\,|\,1<x^2+y^2<4\}$、$\{(x,y)\,|\,0<x^2+y^2<2\}$ 都是复连通区域.

平面区域的边界线的正反方向的规定：设平面区域 D 的边界曲线为 L，当观察者沿 L 的某一方向行走时，D 内在他近处的那一部分总在他的左边，则这一方向规定为 L 的正方向；相反的方向则为负方向. 曲线 L 取负方向则记作 L^-.

简言之：区域的边界曲线的正向应符合条件：人沿曲线走，区域在左边，人走的方向就是曲线的正向. 例如：D 是边界曲线 L 及 l 所围成的复连通区域，如图 8.39 所示. 作为 D 的正向边界，L 的正向是逆时针方向，而 l 的正向是顺时针方向.

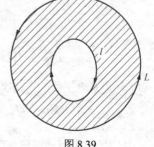

图 8.39

定理 8.6　设闭区域 D 由分段光滑的曲线 L 所围成. 函数 $P(x,y)$ 及 $Q(x,y)$ 在 D 上具有一阶连续偏导数, 则有

$$\iint_D \left(\frac{\partial Q}{\partial x} - \frac{\partial P}{\partial y} \right) dxdy = \oint_L Pdx + Qdy \tag{8.19}$$

其中 L 是 D 的取正向的边界曲线. 公式 (8.19) 称为格林公式.

证明　根据 D 的不同形式, 分三种情形证明.

（1）若区域 D 既是 X-型又是 Y-型区域, 即平行于坐标轴的直线和边界曲线 L 至多交于两点, 如图 8.40 所示.

设 $D = \{(x,y) \mid \varphi_1(x) \leqslant y \leqslant \varphi_2(x), a \leqslant x \leqslant b\}$, 因为 $\dfrac{\partial P}{\partial y}$ 连续, 所以由二重积分的计算法, 有

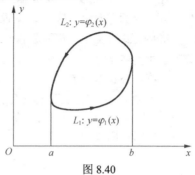

图 8.40

$$\iint_D \frac{\partial P}{\partial y} dxdy = \int_a^b dx \int_{\varphi_1(x)}^{\varphi_2(x)} \frac{\partial P(x,y)}{\partial y} dy$$

$$= \int_a^b [P(x, \varphi_2(x)) - P(x, \varphi_1(x))] dx$$

另一方面, 由对坐标的曲线积分的性质及计算法, 有

$$\oint_L Pdx = \int_{L_1} Pdx + \int_{L_2} Pdx = \int_a^b P(x, \varphi_1(x)) dx + \int_b^a P(x, \varphi_2(x)) dx$$

$$= \int_a^b [P(x, \varphi_1(x)) - P(x, \varphi_2(x))] dx$$

因此
$$-\iint_D \frac{\partial P}{\partial y} dxdy = \oint_L Pdx$$

设 $D = \{(x,y) \mid \psi_1(y) \leqslant x \leqslant \psi_2(y), c \leqslant y \leqslant d\}$, 类似可证

$$\iint_D \frac{\partial Q}{\partial x} dxdy = \oint_L Qdx$$

由于 D 既是 X-型又是 Y-型, 两式同时成立, 合并后即得公式 (8.18).

（2）若 D 是一般单连通区域. 这时可用几段光滑曲线将 D 分成若干个既是 X-型又是 Y-型的区域. 将 D 分成 3 个既是 X-型又是 Y-型的区域 D_1, D_2, D_3, 如图 8.41 所示. 在这三个区域上格林公式成立, 将三个等式相加, 再注意到

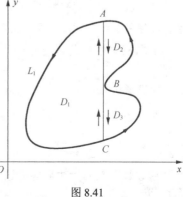

图 8.41

$$\int_{CA}P\mathrm{d}x+Q\mathrm{d}y+\int_{AB}P\mathrm{d}x+Q\mathrm{d}y+\int_{BC}P\mathrm{d}x+Q\mathrm{d}y=0，$$

即可证得区域 D 上格林公式成立.

（3）若 D 为复连通区域，这时可用光滑曲线将 D 分成若干个单连通区域从而变成（2）的情形.

注：对于复连通区域 D，格林公式右端应包括沿区域 D 的全部边界的曲线积分，且边界的方向对于区域 D 来说都是正向.

格林公式指出了二重积分和曲线积分的联系，应用格林公式二重积分和曲线积分可以相互转化.

在格林公式中取 $P=-y$，$Q=x$，即得

$$2\iint_{D}\mathrm{d}x\mathrm{d}y=\oint_{L}x\mathrm{d}y-y\mathrm{d}x$$

由定积分的性质可知，上式左端是闭区域 D 的面积的两倍，因此有

$$A=\iint_{D}\mathrm{d}x\mathrm{d}y=\frac{1}{2}\oint_{L}x\mathrm{d}y-y\mathrm{d}x$$

【例 8.28】 求椭圆 $x=a\cos\theta$，$y=b\sin\theta$ 所围成图形的面积 A.

解 由公式 $\iint_{D}\mathrm{d}x\mathrm{d}y=\frac{1}{2}\oint_{L}x\mathrm{d}y-y\mathrm{d}x$，可得

$$A=\frac{1}{2}\oint_{L}x\mathrm{d}y-y\mathrm{d}x$$

$$=\frac{1}{2}\int_{0}^{2\pi}a\cos\theta\cdot b\cos\theta\mathrm{d}\theta-b\sin\theta\cdot(-\sin\theta)\mathrm{d}\theta\quad（变量代换）$$

$$=\frac{1}{2}\int_{0}^{2\pi}(ab\cos^{2}\theta+ab\sin^{2}\theta)\mathrm{d}\theta=\frac{1}{2}ab\int_{0}^{2\pi}\mathrm{d}\theta=\pi ab$$

【例 8.29】 计算 $\oint_{L}\left(5-xy-y^{2}\right)\mathrm{d}x+\left(x^{2}-2xy\right)\mathrm{d}y$，其中 L 是以 $O(0,0)$，$A(1,0)$，$B(1,1)$，$C(0,1)$ 为顶点的正方形的正向边界.

解 这是一个对坐标的曲线积分，L 分成四部分：线段 OA,AB,BC,CO，如图 8.42 所示.

下面应用格林公式把它转化为二重积分来计算.

由题意可知：

$$P(x,y)=(5-xy-y^{2})，\quad Q(x,y)=\left(x^{2}-2xy\right)，$$

$$\frac{\partial Q}{\partial x}=2x-2y，\quad \frac{\partial P}{\partial y}=-x-2y，\quad P(x,y)，\quad Q(x,y)$$

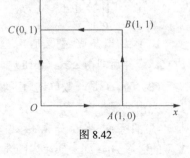

图 8.42

及其偏导数在以 L 为边界的区域 D（正方形 $OABC$）内及其边界 L 上连续，且

$$\frac{\partial Q}{\partial x}-\frac{\partial P}{\partial y}=3x，\text{于是由格林公式，得}$$

$$\oint_L \left(5-xy-y^2\right)\mathrm{d}x + \left(x^2-2xy\right)\mathrm{d}y = \iint_D 3x\mathrm{d}x\mathrm{d}y = 3\int_0^1 \mathrm{d}x\int_0^1 x\mathrm{d}y = \frac{3}{2}.$$

2. 平面上曲线积分与路径无关的条件

【**例 8.30**】 计算 $\int_L (x+y)\mathrm{d}x + (x-y)\mathrm{d}y$，其中 L 分别为下列曲线，如图 8.43 所示.

（1）抛物线 $y = x^2$ 上从 $O(0,0)$ 到 $B(1,1)$ 的一段弧.

（2）抛物线 $x = y^2$ 上从 $O(0,0)$ 到 $B(1,1)$ 的一段弧.

（3）有向折线 OAB，其中 $O(0,0)$，$A(0,1)$，$B(1,1)$.

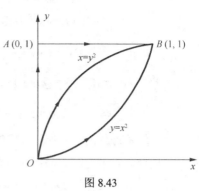

图 8.43

解（1）L：$y = x^2$，x 从 0 变到 1，故

$$\int_L (x+y)\mathrm{d}x + (x-y)\mathrm{d}y = \int_0^1 (x+x^2)\mathrm{d}x + (x-x^2)\cdot 2x\mathrm{d}x$$

$$= \int_0^1 (x+3x^2-2x^3)\mathrm{d}x = 1$$

（2）L：$x = y^2$，y 从 0 变到 1，故

$$\int_L (x+y)\mathrm{d}x + (x-y)\mathrm{d}y = \int_0^1 (y^2+y)\cdot 2y\mathrm{d}y + (y^2-y)\mathrm{d}y$$

$$= \int_0^1 (2y^3+3y^2-y)\mathrm{d}y = 1$$

（3）$\int_L (x+y)\mathrm{d}x + (x-y)\mathrm{d}y = \int_{OA}(x+y)\mathrm{d}x + (x-y)\mathrm{d}y + \int_{AB}(x+y)\mathrm{d}x + (x-y)\mathrm{d}y$. 在 OA 上，$x = 0, \mathrm{d}x = 0$，y 从 0 变到 1，所以

$$\int_{OA}(x+y)\mathrm{d}x + (x-y)\mathrm{d}y = \int_0^1 (-y)\mathrm{d}y = -\frac{1}{2}$$

在 AB 上，$y = 1$，$\mathrm{d}y = 0$，x 从 0 变到 1，所以

$$\int_{AB}(x+y)\mathrm{d}x + (x-y)\mathrm{d}y = \int_0^1 (x+1)\mathrm{d}x = \frac{3}{2}$$

从而

$$\int_L (x+y)\mathrm{d}x + (x-y)\mathrm{d}y = -\frac{1}{2} + \frac{3}{2} = 1$$

从该例可以看出，虽然路径不同，曲线积分的值却相等，也可以说，曲线积分与路径无关.

定义 8.9 设 D 是一个区域，$P(x,y)$、$Q(x,y)$ 在区域 D 内具有一阶连续的偏导数，如果对于 D 内任意指定的两个点 A,B 以及 D 内从点 A 到点 B 的任意两条曲线 L_1，L_2，等式 $\int_{L_1} P\mathrm{d}x + Q\mathrm{d}y = \int_{L_2} P\mathrm{d}x + Q\mathrm{d}y$，恒成立. 就说曲线积分 $\int_L P(x,y)\mathrm{d}x +$

$Q(x,y)\mathrm{d}y$ 在 D 内与路径无关，否则便说与路径有关.

由定义 8.9，若曲线积分与路径无关，那么

$$\int_{L_1} P\mathrm{d}x + Q\mathrm{d}y = \int_{L_2} P\mathrm{d}x + Q\mathrm{d}y$$

$$\Leftrightarrow \int_{L_1} P\mathrm{d}x + Q\mathrm{d}y = -\int_{L_2^-} P\mathrm{d}x + Q\mathrm{d}y$$

$$\Leftrightarrow \int_{L_1} P\mathrm{d}x + Q\mathrm{d}y + \int_{L_2^-} P\mathrm{d}x + Q\mathrm{d}y = 0$$

$$\Leftrightarrow \oint_{L_1+L_2^-} P\mathrm{d}x + Q\mathrm{d}y = 0 \quad (L_1 + L_2^- \text{ 是一条有向闭曲线})$$

即：在区域 D 内由 $L_1 + L_2^-$ 构成的闭曲线上曲线积分为零. 反过来，如果在 D 内沿任意闭曲线 $L_1 + L_2^-$ 的曲线积分为零，也可导出 D 内曲线积分与路径无关.

定义 8.10 设区域 D 是一个区域，曲线积分 $\int_L P(x,y)\mathrm{d}x + Q(x,y)\mathrm{d}y$ 在 D 内与路径无关是指，对于 D 内任意一条闭曲线 L，恒有

$$\oint_L P\mathrm{d}x + Q\mathrm{d}y = 0$$

一般来说，给定函数的曲线积分与路径和路径的起、终点均有关系. 那在什么条件下，与路径无关，而只决定于积分曲线的起点和终点？由格林公式，我们可以推得曲线积分与路径无关的条件（过程略）.

定理 8.7 设区域 D 是一个单连通区域，函数 $P(x,y)$，$Q(x,y)$ 在 D 内有一阶连续偏导数，曲线积分 $\oint_L P\mathrm{d}x + Q\mathrm{d}y$ 在 D 内与路径无关的充要条件是

$$\frac{\partial P}{\partial y} = \frac{\partial Q}{\partial x} \tag{8.20}$$

在 D 内恒成立.

注：定理所需要的两个条件：（1）区域 D 是一个单连通区域；（2）函数 $P(x,y)$，$Q(x,y)$ 在 D 内有一阶连续偏导数. 两个条件缺一不可.

若曲线积分 $\int_L P\mathrm{d}x + Q\mathrm{d}y$ 在开区域 D 内与路径无关，那它仅与曲线的起点与终点的坐标有关. 假设曲线 L 的起点为 $A(x_0, y_0)$，终点为 $B(x_1, y_1)$，可用记号

$$\int_{(x_0, y_0)}^{(x_1, y_1)} P\mathrm{d}x + Q\mathrm{d}y \text{ 或 } \int_A^B P\mathrm{d}x + Q\mathrm{d}y$$

来表示，而不需要明确地写出积分路径.

3. 二元函数的全微分求积

由第 7 章知识可知，若给定函数 $u(x,y)$，则 $\mathrm{d}u(x,y) = \dfrac{\partial u}{\partial x}\mathrm{d}x + \dfrac{\partial u}{\partial y}\mathrm{d}y$，这是二元函数的全微分. 若令 $\dfrac{\partial u}{\partial x} = P(x,y), \dfrac{\partial u}{\partial y} = Q(x,y)$，则二元函数的全微分可表示为

$$\mathrm{d}u(x,y) = P(x,y)\mathrm{d}x + Q(x,y)\mathrm{d}y.$$

现在我们反向思考，如果已知函数 $P(x, y)$ ， $Q(x, y)$ ，是否可以求出函数 $u(x, y)$ ？要解决这个问题，我们需要搞清两个问题：

（1）函数 $P(x, y)$ ， $Q(x, y)$ 满足什么条件时，表达式 $P(x, y)\mathrm{d}x + Q(x, y)\mathrm{d}y$ 才是某个二元函数 $u(x, y)$ 的全微分；

（2）当这样的函数存在时，如何求这个函数 $u(x, y)$.

我们不加证明地给出下面的定理及推论.

定理 8.8 设区域 D 是一个单连通开区域，函数 $P(x, y)$ ， $Q(x, y)$ 在 D 内有一阶连续偏导数，则 $P(x, y)\mathrm{d}x + Q(x, y)\mathrm{d}y$ 在 D 内为某一函数 $u(x, y)$ 全微分的充要条件为

$$\frac{\partial P}{\partial y} = \frac{\partial Q}{\partial x} \qquad (8.21)$$

在 D 内恒成立.

推论 1 设区域 D 是一个单连通开区域，函数 $P(x, y)$ ， $Q(x, y)$ 在 D 内有一阶连续偏导数，则曲线积分 $\int_L P\mathrm{d}x + Q\mathrm{d}y$ 在 D 内与路径无关的充要条件为：在 D 内存在函数 $u(x, y)$ ，使 $\mathrm{d}u(x, y) = P(x, y)\mathrm{d}x + Q(x, y)\mathrm{d}y$.

由定理 8.8 和推论 1，我们可以解决下面两个问题.

（1）设区域 D 是一个单连通开区域，函数 $P(x, y)$ ， $Q(x, y)$ 在 D 内有一阶连续偏导数，当且仅当 $\frac{\partial P}{\partial y} = \frac{\partial Q}{\partial x}$ 在 D 内恒成立，则 $P(x, y)\mathrm{d}x + Q(x, y)\mathrm{d}y$ 在 D 内为某一函数 $u(x, y)$ 的全微分.

（2）当这样的函数存在时， $u(x, y) = \int_L P\mathrm{d}x + Q\mathrm{d}y$. 其中 L 为区域 D 内的曲线，起点为 $A(x_0, y_0)$ ，终点为 $B(x, y)$. 由于曲线积分与路径无关，为了简便，可以选择平行于坐标轴的直线段连成的折线 ARB 或 ASB 作为积分路径，如图 8.44 所示，当然要保证这些折线完全位于 D 内.

若取 ARB 为积分曲线，得 $u(x, y) = \int_{x_0}^{x} P(x, y_0)\mathrm{d}x + \int_{y_0}^{y} Q(x, y)\mathrm{d}y$.

若取 ASB 为积分曲线，得 $u(x, y) = \int_{y_0}^{y} Q(x_0, y)\mathrm{d}y + \int_{x_0}^{x} P(x, y)\mathrm{d}x$.

【**例 8.31**】 验证：在整个 xOy 平面内， $xy^2\mathrm{d}x + x^2 y\mathrm{d}y$ 是某个函数的全微分，并求出一个这样的函数.

解 xOy 平面是一个单连通区域； $P = xy^2$ ， $Q = x^2 y$ ， $\frac{\partial P}{\partial y} = 2xy, \frac{\partial Q}{\partial x} = 2xy$ ，函数 P ， Q 在 xOy 平面内有一阶连续偏导数； $\frac{\partial P}{\partial y} = \frac{\partial Q}{\partial x}$ 在整个 xOy 平面内恒成立，因此， $xy^2\mathrm{d}x + x^2 y\mathrm{d}y$ 是某个函数的全微分.

取积分路径为 OAB ，如图 8.45 所示，

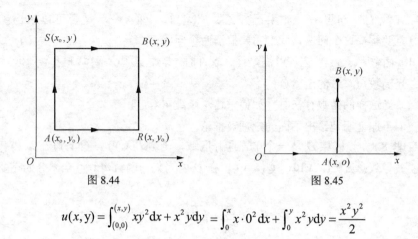

图 8.44　　　　　　　　　　图 8.45

$$u(x,y) = \int_{(0,0)}^{(x,y)} xy^2 dx + x^2 y dy = \int_0^x x \cdot 0^2 dx + \int_0^y x^2 y dy = \frac{x^2 y^2}{2}$$

8.5.2　高斯公式

格林公式揭示了平面闭区域上的二重积分与围成该区域的闭曲线上对坐标的曲线积分之间的关系，而这里所提出的高斯公式，则揭示了空间闭区域上的三重积分与围成该区域的边界闭曲面上对坐标曲面积分之间的联系，可以认为高斯公式是格林公式在三维空间的一个推广.

定理 8.9　设空间闭区域 Ω 是由分片光滑的闭曲面 Σ 所围成，函数 $P(x,y,z)$，$Q(x,y,z)$，$R(x,y,z)$ 在 Ω 及 Σ 上具有关于 x，y，z 的连续偏导数，则有

$$\iiint_{\Omega} \left(\frac{\partial P}{\partial x} + \frac{\partial Q}{\partial y} + \frac{\partial R}{\partial z} \right) dxdydz = \oiint_{\Sigma} Pdydz + Qdzdx + Rdxdy \tag{8.22}$$

这里 Σ 是 Ω 整个边界曲面的外侧. 公式（8.22）称为高斯公式.

证明　首先证明如下情形，任一平行于坐标轴的直线和边界曲面 Σ 至多只有两个交点，这时 Σ 可分成下部 Σ_1，上部 Σ_2，侧面 Σ_3 三部分，如图 8.46 所示. 其中 Σ_1 和 Σ_2 分别由 $z = z_1(x,y)$ 和 $z = z_2(x,y)$ 给定. 这里 $z_1(x,y) \leqslant z_2(x,y)$，$\Sigma_3$ 是以 D_{xy} 的边界曲线为准线而母线平行于 z 轴的柱面上的一部分，取其外侧.

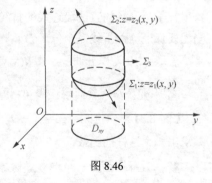

图 8.46

由三重积分的计算法有

$$\iiint_{\Omega} \frac{\partial R}{\partial z} dxdydz = \iint_{D_{xy}} \left[\int_{z_1(x,y)}^{z_2(x,y)} \frac{\partial R}{\partial z} dz \right] dxdy$$

$$= \iint_{D_{xy}} \left[R(x,y,z_2(x,y)) - R(x,y,z_1(x,y)) \right] dxdy$$

根据曲面积分的算法，有

$$\iint\limits_{\Sigma_1} R(x,y,z)\mathrm{d}x\mathrm{d}y = -\iint\limits_{D_{xy}} R(x,y,z_1(x,y))\ \mathrm{d}x\mathrm{d}y \ ,$$

$$\iint\limits_{\Sigma_2} R(x,y,z)\mathrm{d}x\mathrm{d}y = \iint\limits_{D_{xy}} R(x,y,z_2(x,y))\ \mathrm{d}x\mathrm{d}y \ .$$

因为 Σ_3 上任意一块曲面在 xOy 面上的投影为零，所以直接根据对坐标的曲面积分的定义可知

$$\iint\limits_{\Sigma_3} R(x,y,z)\mathrm{d}x\mathrm{d}y = 0$$

把以上三式相加，得

$$\iint\limits_{\Sigma} R(x,y,z)\mathrm{d}x\mathrm{d}y = \iint\limits_{D_{xy}} \big[R(x,y,z_2(x,y)) - R(x,y,z_1(x,y)) \big]\mathrm{d}x\mathrm{d}y$$

于是

$$\iiint\limits_{\Omega} \frac{\partial R}{\partial z}\mathrm{d}x\mathrm{d}y\mathrm{d}z = \oiint\limits_{\Sigma} R\mathrm{d}x\mathrm{d}y$$

同理可证：

$$\iiint\limits_{\Omega} \frac{\partial P}{\partial x}\mathrm{d}x\mathrm{d}y\mathrm{d}z = \oiint\limits_{\Sigma} P\mathrm{d}y\mathrm{d}z$$

$$\iiint\limits_{\Omega} \frac{\partial Q}{\partial y}\mathrm{d}x\mathrm{d}y\mathrm{d}z = \oiint\limits_{\Sigma} Q\mathrm{d}z\mathrm{d}x$$

以上三式相加，得证.

若曲面 Σ 与平行于坐标轴的直线相交，其交点多于两点，可以用光滑曲面将有界闭区域分割成若干个小区域，使围成每个小区域的闭曲面与平行于坐标轴的直线的交点最多两个. 要做到这点，我们只需在曲面 Σ 的基础上，再增加若干个曲面块，增加的曲面块我们称之为辅助曲面块，这些辅助曲面有一个共同的特点：即曲面的每一侧既是某个区域的内侧又是另一个区域的外侧. 注意到沿辅助曲面的相反两侧的两个曲面积分的和为零，因此高斯公式仍然是成立的.

【例 8.32】 利用高斯公式计算 $\oiint\limits_{\Sigma} x\mathrm{d}y\mathrm{d}z + y\mathrm{d}z\mathrm{d}x + z\mathrm{d}x\mathrm{d}y$ ，其中 Σ 为球面 $x^2 + y^2 + z^2 = R^2$ 的外侧.

解 由题意可知：$P(x,y,z) = x$ ，$Q(x,y,z) = y$ ，$R(x,y,z) = z$.

$$\frac{\partial P}{\partial x} = 1 \ , \quad \frac{\partial Q}{\partial y} = 1 \ , \quad \frac{\partial R}{\partial z} = 1$$

由高斯公式

$$\oiint\limits_{\Sigma} x\mathrm{d}y\mathrm{d}z + y\mathrm{d}z\mathrm{d}x + z\mathrm{d}x\mathrm{d}y .$$

$$= \iiint\limits_{x^2+y^2+z^2 \leqslant R^2} (1+1+1)\mathrm{d}x\mathrm{d}y\mathrm{d}z = 4\pi R^3$$

8.5.3 斯托克斯公式

高斯公式揭示了沿闭曲面 Σ 对坐标的曲面积分与该曲面所围成的闭区域 Ω 上的三重积分之间的内在联系，可以认为是格林公式在三维空间的推广．而格林公式还可以从另一方面进行推广，就是将曲面积分与沿该曲面的边界闭曲线的积分联系起来．

设 Σ 为分片光滑的有向曲面，其边缘是分段光滑的空间有向曲线 Γ，这里规定曲面 Σ 的正向与闭曲线 Γ 的正向符合右手法则，即右手的四指按 Γ 的正向弯曲时，大拇指则指向曲面 Σ 的正向；反之亦然．

定理 8.10 设分片光滑的曲面 Σ 的边界是分段光滑闭曲线 Γ，函数 $P(x,y,z)$，$Q(x,y,z)$，$R(x,y,z)$ 及其偏导数在曲面 Σ 上连续，则

$$\oint_{\Gamma} P\mathrm{d}x + Q\mathrm{d}y + R\mathrm{d}z$$

$$= \iint\limits_{\Sigma} \left(\frac{\partial R}{\partial y} - \frac{\partial Q}{\partial z}\right)\mathrm{d}y\mathrm{d}z + \left(\frac{\partial P}{\partial z} - \frac{\partial R}{\partial x}\right)\mathrm{d}z\mathrm{d}x + \left(\frac{\partial Q}{\partial x} - \frac{\partial P}{\partial y}\right)\mathrm{d}x\mathrm{d}y \tag{8.23}$$

这里曲面 Σ 的正侧与曲线 Γ 的正向符合右手法则．公式（8.23）称为斯托克斯公式．

证明略．

如果 Σ 是 xOy 平面上的一块平面闭区域，斯托克斯公式就变成格林公式，因此，格林公式是斯托克斯公式的一个特殊情形．

【**例 8.33**】 利用斯托克斯公式计算曲线积分 $\oint_{\Gamma} z\mathrm{d}x + x\mathrm{d}y + y\mathrm{d}z$，其中 Γ 为平面 $x + y + z = 1$ 被三个坐标面所截成的三角形的整个边界，它的正向与这个三角形上侧的法向量之间符合右手规则，如图 8.47 所示．

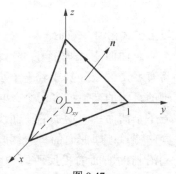

图 8.47

解 由题意可知：$P(x,y,z)=z$，$Q(x,y,z)=x$，$R(x,y,z)=y$；$\dfrac{\partial P}{\partial z}=1, \dfrac{\partial P}{\partial y}=0$；

$\dfrac{\partial Q}{\partial x}=1, \dfrac{\partial Q}{\partial z}=0$；$\dfrac{\partial R}{\partial y}=1, \dfrac{\partial R}{\partial x}=0$；由斯托克斯公式，得

$$\oint_{\Gamma} z\mathrm{d}x + x\mathrm{d}y + y\mathrm{d}z = \iint\limits_{\Sigma} \mathrm{d}y\mathrm{d}z + \mathrm{d}z\mathrm{d}x + \mathrm{d}x\mathrm{d}y .$$

先计算 $\iint\limits_{\Sigma} z\mathrm{d}x\mathrm{d}y$. Σ 在 xOy 面上的投影区域 D_{xy} 为 xOy 平面上由直线 $x+y=1$ 及两条坐标轴围成的三角形闭区域，因此

$$\iint\limits_{\Sigma} \mathrm{d}x\mathrm{d}y = \iint\limits_{D_{xy}} \mathrm{d}x\mathrm{d}y = \frac{1}{2} \text{（三角形 } D_{xy} \text{ 的面积）}$$

由于在此曲面积分中，x, y, z 是对称的，从而有

$$\iint\limits_{\Sigma} \mathrm{d}y\mathrm{d}z = \iint\limits_{\Sigma} \mathrm{d}z\mathrm{d}x = \iint\limits_{\Sigma} \mathrm{d}x\mathrm{d}y = \frac{1}{2}$$

所以

$$\oint_{\Gamma} z\mathrm{d}x + x\mathrm{d}y + y\mathrm{d}z = \iint\limits_{\Sigma} \mathrm{d}y\mathrm{d}z + \mathrm{d}z\mathrm{d}x + \mathrm{d}x\mathrm{d}y = \frac{3}{2}$$

$$\oint_{\Gamma} z\mathrm{d}x + x\mathrm{d}y + y\mathrm{d}z = \frac{3}{2}$$

习题 8-5

1. 利用曲线积分，求下列曲线所围成的图形的面积.

（1）椭圆 $9x^2 + 16y^2 = 144$.

（2）星型线 $x = a\cos^3 t$, $y = a\sin^3 t$.

2. 计算 $\iint\limits_{\Sigma} \mathrm{e}^{-y^2}\mathrm{d}x\mathrm{d}y$ ，其中 Σ 为（0，0），（1，1），（0，1）为顶点的三角形闭区域.

3. 利用格林公式，求曲线积分 $\oint_{L}(2x-y+4)\mathrm{d}x+(5y+3x-6)\mathrm{d}y$ ，其中 Σ 为三顶点分别为（0，0），（3，0），（3，2）的三角形正向边界.

4. 利用高斯公式，计算积分 $\iiint\limits_{\Sigma} x^2\mathrm{d}y\mathrm{d}z + y^2\mathrm{d}z\mathrm{d}x + z^2\mathrm{d}x\mathrm{d}y$ ，其中 Σ 为平面 $x=0$, $y=0$, $z=0$, $x=a$, $y=a$, $z=a$ 所围成的立体的表面的外侧.

8.6   利用 Matlab 计算重积分

计算积分的命令：int（s，v，a，b）：对符号表达式 s 中的符号变量 v 计算的从 a 到 b 的定积分。

【例 8.34】   计算 $\iint\limits_{D} x^2 y\mathrm{d}x\mathrm{d}y$ 其中 $D: 0 \leqslant x \leqslant 1, 3x \leqslant y \leqslant x^2 + 2$.

解   >> syms x y

>> f=x^2*y;

>> y1=3*x;

```
>> y2=x^2+2
>> f1=int(f，y，y1，y2)
```
输出结果：f1 =
(x^2*(x^2 + 2)^2)/2 - (9*x^4)/2
```
>> I=int(f1，x，0，1)
```
输出结果：I =
5/21

【例 8.35】 计算 $\iint\limits_{D}(x^2+y^3)\mathrm{d}x\mathrm{d}y$ 其中 D 是由曲线 $x=y^2$，$y=x-2$ 所围成的平面区域.

解 （1）画出积分区域的图形

y=linspace(-1.5，3);

x1=y.^2;x2=y+2;

plot(x1，y，x2，y)

（2）计算积分
```
>> syms x y
>> f=x^2+y^3;
>> x1=y^2;x2=y+2;
>> f1=int(f，x1，x2);
```
I=int(f1，-1，2)

输出结果：I =

2619/140

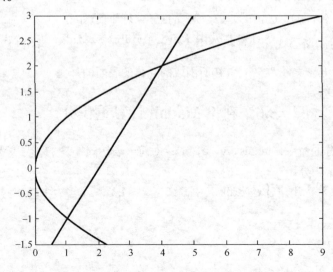

本 章 小 结

一、知识体系建构

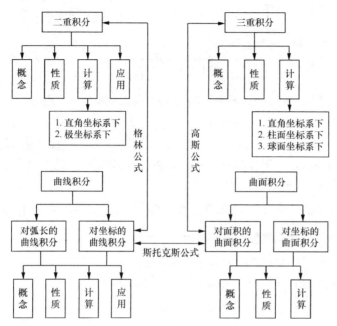

二、主要内容

1. 二重积分的概念，$\iint\limits_D f(x,y)\mathrm{d}\sigma = \lim\limits_{\mathrm{d}\to 0}\sum\limits_{i=1}^{n} f(x_i,y_i)\Delta\sigma_i$.

2. 二重积分的性质主要有：线性性；积分区域的可加性；比较性质；估值不等式；积分中值定理.

3. 直角坐标系下二重积分的计算.

基本方法是化为二次积分，关键根据积分区域的形状确定二次积分的积分限.

（1）X－型区域. $D=\left\{(x,y)\,\middle|\,a\leqslant x\leqslant b,\phi_1(x)\leqslant y\leqslant\phi_2(x)\right\}$

$$\iint\limits_D f(x,y)\mathrm{d}x\mathrm{d}y = \int_a^b \mathrm{d}x\int_{\varphi_1(x)}^{\varphi_2(x)} f(x,y)\mathrm{d}y$$

（2）Y－型区域. $D=\left\{(x,y)\,\middle|\,c\leqslant y\leqslant \mathrm{d},\psi_1(y)\leqslant x\leqslant\psi_2(y)\right\}$

$$\iint\limits_D f(x,y)\mathrm{d}x\mathrm{d}y = \int_c^\mathrm{d} \mathrm{d}y\int_{\psi_1(y)}^{\psi_2(y)} f(x,y)\mathrm{d}x$$

（3）其他情形可将积分区域切割成基本的 X－型区域与 Y-型区域，根据二重积分的区域可加性质，进行计算.若所给的二次积分含有 $\int\dfrac{\sin x}{x}\mathrm{d}x$，$\int \mathrm{e}^{\frac{1}{x}}\mathrm{d}x$，…，一般要通过交换积分次序.

4. 极坐标系下二重积分的计算.

当积分区域为圆形、圆环形、扇形域、扇形环域或区域边界在极坐标系下能比较简单的表示时，可用极坐标系计算二重积分. 直角坐标与极坐标下二重积分转化公式为：

$$\iint_D f(x,y)\mathrm{d}\sigma = \iint_D f(r\cos\theta, r\sin\theta)r\mathrm{d}r\mathrm{d}\theta$$

5. 利用二重积分计算曲面的面积.

$$A = \iint_D \sqrt{1 + f_x^2(x,y) + f_y^2(x,y)}\mathrm{d}\sigma$$

其中曲面方程为 $z = f(x,y)$，积分区域 D 是曲面在 xOy 面的投影区域.

6. 三重积分的概念；直角坐标系下化三重积分为累次积分，有先一后二法及先二后一法；柱面坐标系、球面坐标系下计算三重积分，一般积分区域的边界面中有柱面或圆锥面，常采用柱面坐标系；有球面或圆锥面时，常采用球面坐标系.

7. 曲线积分的概念与性质.

（1）对弧长的曲线积分（又称第一类曲线积分）：$\int_L f(x,y)\mathrm{d}s$，$\int_\Gamma f(x,y,z)\mathrm{d}s$.

物理意义：曲线型物体 L 的质量 $m = \int_L \rho(x,y)\mathrm{d}s$.

性质：线性性；可加性；积分区间的可加性.

（2）对坐标的曲线积分（又称第二类曲线积分）

$$\int_L P(x,y)\mathrm{d}x + Q(x,y)\mathrm{d}y$$

$$\int_L P(x,y,z)\mathrm{d}x + Q(x,y,z)\mathrm{d}y + R(x,y,z)\mathrm{d}z$$

物理意义：变力 $\boldsymbol{F}(x,y) = P(x,y)\boldsymbol{i} + Q(x,y)\boldsymbol{j}$ 沿曲线 L 所所做的功

$$W = \int_L P(x,y)\mathrm{d}x + Q(x,y)\mathrm{d}y$$

性质：可加性；积分区间的可加性；方向性.

（3）两类曲线积分之间的联系.

$$\int_L P\mathrm{d}x + Q\mathrm{d}y = \int_L (P\cos\alpha + Q\cos\beta)\mathrm{d}s$$

其中 $\alpha(x,y)$，$\beta(x,y)$ 为有向曲线弧 L 上点 (x,y) 处的切向量的方向角。

8. 曲线积分的计算公式.

（1）对弧长的曲线积分

$$\int_L f(x,y)\mathrm{d}s = \int_\alpha^\beta f[\varphi(t), \psi(t)]\sqrt{[\varphi'(t)]^2 + [\psi'(t)]^2}\mathrm{d}t \qquad (\alpha < \beta)$$

其中 L：$x = \phi(t)$，$y = \psi(t)$（$\alpha \leqslant t \leqslant \beta$），又 $\varphi(t)$、$\psi(t)$ 在上具有一阶连续导数，且 $\varphi'^2(t) + \psi'^2(t) \neq 0$.

注意：定积分的下限 α 一定要小于上限 β.

（2）对坐标的曲线积分

$$\int_L P(x,y)\mathrm{d}x + Q(x,y)\mathrm{d}y$$

$$= \int_{\alpha}^{\beta} \left\{ P\left[\varphi(t), \psi(t)\right]\varphi'(t) + Q\left[\varphi(t), \psi(t)\right]\psi'(t) \right\} dt$$

其中：有向曲线弧 L：$x = \varphi(t)$，$y = \psi(t)$，参数 t 单调地从 α 变到 β，且 $\varphi(t)$、$\psi(t)$ 在以 α 及 β 为端点的闭区间上具有一阶连续导数，且 $\varphi'^2(t) + \psi'^2(t) \neq 0$.

注意：定积分的下限对应起点 α，上限对应终点 β，α 不一定小于 β.

9．平面上曲线积分与路径无关的条件．

设区域 D 是一个单连通区域，函数 $P(x, y)$，$Q(x, y)$ 在 D 内有一阶连续偏导数，曲线积分 $\oint_L P dx + Q dy$ 在 D 内与路径无关的充要条件是 $\dfrac{\partial P}{\partial y} = \dfrac{\partial Q}{\partial x}$ 在 D 内恒成立．

10．二元函数全微分求积．

设 $P(x, y)$，$Q(x, y)$ 在单连通开区域区域 D 内有一阶连续偏导数，且 $\dfrac{\partial P}{\partial y} = \dfrac{\partial Q}{\partial x}$，则 $P(x, y) dx + Q(x, y) dy$ 在 D 内为某一函数 $u(x, y)$ 的全微分，且 $u(x, y) = \int_L P dx + Q dy$．

11．曲面积分的概念与性质．

（1）对面积的曲面积分（又称第一类曲面积分）：$\iint\limits_{\Sigma} f(x, y, z) dS$．

物理意义：曲面 Σ 的质量 $m = \iint\limits_{\Sigma} \rho(x, y, z) dS$

（2）对坐标的曲面积分（又称第二类曲面积分）

$\iint\limits_{\Sigma} P dy dz + Q dz dx + R dx dy$ （Σ 为有向曲面）．

物理意义：稳定流流向曲面一侧的流量 $\Phi = \iint\limits_{\Sigma} P dy dz + Q dz dx + R dx dy$．

性质：可加性；积分区间的可加性；方向性．

（3）两类曲面积分的联系：

$$\iint\limits_{\Sigma} P dy dz + Q dz dx + R dx dy = \iint\limits_{\Sigma} (P \cos\alpha + Q \cos\beta + R \cos\gamma) dS$$

其中 $\cos\alpha$，$\cos\beta$，$\cos\gamma$ 是曲面 Σ 上点 (x, y, z) 处法向量的方向余弦．

12．曲面积分的计算公式．

（1）对面积的曲面积分

$$\iint\limits_{\Sigma} f(x, y, z) dS = \iint\limits_{D_{xy}} f\left[x, y, z(x, y)\right] \sqrt{1 + z_x^2 + z_y^2}\, dx dy$$

其中，光滑曲面 Σ：$z = z(x, y)$，且 $z(x, y)$ 具有对 x 及 y 的连续偏导数，且其在平面 xOy 上的投影区域 D_{xy} 为可求面积．

（2）对坐标的曲面积分

$$\iint\limits_{\Sigma} R(x, y, z) dx dy = \iint\limits_{D_{xy}} R[x, y, z(x, y)] dx dy$$

其中，曲面 Σ 是由方程 $z = z(x,y)$ 所给出的曲面上侧；Σ 在 xOy 面上的投影区域为 D_{xy}；函数 $z = z(x,y)$ 在 D_{xy} 上具有一阶连续偏导数，被积函数 $R(x,y,z)$ 在 Σ 上连续.

13. 多种积分间的联系.

（1）格林公式：设闭区域 D 由分段光滑的曲线 L 所围成，函数 $P(x,y)$ 及 $Q(x,y)$ 在 D 上具有一阶连续偏导数，则有 $\iint\limits_{D}\left(\dfrac{\partial Q}{\partial x} - \dfrac{\partial P}{\partial y}\right)\mathrm{d}x\mathrm{d}y = \oint_{L} P\mathrm{d}x + Q\mathrm{d}y$.

其中 L 是 D 的取正向的边界曲线.

格林公式揭示了平面闭区域上的二重积分与围成该区域的闭曲线上对坐标的曲线积分之间的关系.

（2）高斯公式：（略）.

揭示了空间闭区域上的三重积分与围成该区域的边界闭曲面上对坐标曲面积分之间的联系.

（3）斯托克斯公式：（略）.

揭示了曲面积分与沿该曲面的边界闭曲线的积分之间的联系.

本 章 测 试

一、选择题

1. 设二重积分的积分区域 D 是 $1 \leqslant x^2 + y^2 \leqslant 4$，则 $\iint\limits_{D}\mathrm{d}x\mathrm{d}y = $ _____.

A. π B. 4π C. 3π D. 15π

2. $D = \left\{(x,y)\,\middle|\,0 \leqslant x \leqslant 1, 0 \leqslant y \leqslant 1\right\}$，则 $\iint\limits_{D} xe^{-2x}\mathrm{d}x\mathrm{d}y = $ _____.

A. $1 - e^{-2}$ B. $\dfrac{1 - 3e^{-2}}{4}$ C. $\dfrac{1 - e^{-2}}{2}$ D. $\dfrac{e^{-2} - 1}{4}$

3. 设 D 是由 $0 \leqslant x \leqslant 1, 0 \leqslant y \leqslant \pi$ 所确定的闭区域，则 $\iint\limits_{D} y\cos(xy)\mathrm{d}x\mathrm{d}y = $ _____.

A. 2   B. 2π C. $\pi + 1$ D. 0

4. 设 $f(x,y)$ 为连续函数，二次积分 $\int_0^2 \mathrm{d}x \int_x^2 f(x,y)\mathrm{d}y$ 交换积分次序后等于

_____.

A. $\int_0^2 \mathrm{d}y \int_0^y f(x,y)\mathrm{d}x$ B. $\int_0^2 \mathrm{d}y \int_x^2 f(x,y)\mathrm{d}x$

C. $\int_0^2 \mathrm{d}y \int_y^2 f(x,y)\mathrm{d}x$ D. $\int_0^2 \mathrm{d}y \int_0^2 f(x,y)\mathrm{d}x$

5. 设 $D: 1 \leqslant x^2 + y^2 \leqslant 4$，$f$ 在 D 上连续，则 $\iint\limits_{D} f\left(\sqrt{x^2 + y^2}\right)\mathrm{d}\sigma$ 在极坐标系中等于_____.

A. $2\pi \int_1^2 rf(r)\mathrm{d}r$ B. $2\pi \int_1^2 rf(r^2)\mathrm{d}r$

C. $2\pi[\int_0^2 r^2 f(r)dr - \int_0^1 r^2 f(r)dr]$ 　　　　D. $2\pi[\int_0^2 rf(r^2)dr - \int_0^1 rf(r^2)dr]$

6. 若积分域 D 是由曲线 $y = x^2$ 及 $y = 2 - x^2$ 所围成，则 $\iint\limits_D f(x, y)d\sigma = $ _____．

A. $\int_{-1}^1 dx \int_{2-x^2}^{x^2} f(x, y)dy$ 　　　　B. $\int_{-1}^1 dx \int_{x^2}^{2-x^2} f(x, y)dy$

C. $\int_0^1 dy \int_{\sqrt{2-y}}^{\sqrt{y}} f(x, y)dx$ 　　　　D. $\int_{x^2}^{2-x^2} dy \int_{-1}^1 f(x, y)dx$

7. 若积分域 D 是单位圆 $x^2 + y^2 \leqslant 1$ 在第一象限部分，则二重积分 $\iint\limits_D xyd\sigma = $

_____．

A. $\int_0^{\sqrt{1-y^2}} dx \int_0^{\sqrt{1-x^2}} xydy$ 　　　　B. $\int_0^1 dx \int_0^{\sqrt{1=y^2}} xydy$

C. $\int_0^1 dy \int_0^{\sqrt{1-y^2}} xydx$ 　　　　D. $\frac{1}{2} \int_0^{\frac{\pi}{2}} d\theta \int_0^1 r^2 \sin 2\theta dr$

二、填空题

1. 设 D 是由 $y = 3x$，$y = x$，$x = 1$，$x = 3$ 所确定的闭区域，则 $\iint\limits_D \frac{y}{x}dxdy = $ _____．

2. 交换二次积分 $I = \int_0^1 dy \int_0^y f(x, y)dx$ 的积分次序，则 $I = $ _____．

3. 设 $I = \int_0^2 dx \int_x^{2x} f(x, y)dy$，交换积分次序后，$I = $ _____．

4. L 为圆周 $x^2 + y^2 = 1$ 上点 $(1，0)$ 到 $(-1，0)$ 的上半弧段，则 $\int_L 2dx = $ _____．

5. L 为曲线 $x = 2\cos t$，$y = 2\sin t$，$z = t$ 介于 $t = 0$ 到 $t = \pi$ 的一段，则 $\int_L \frac{z}{x^2 + y^2}dx = $

_____．

6. L 为逆时针方向的圆周 $(x-2)^2 + (y+3)^2 = 4$，则 $\int_L ydx - xdy = $ _____．

7. 设 L 为由 x 轴、y 轴与直线 $x + y = 1$ 所围成的区域的正向边界，则 $\int_L ydx - xdy = $ _____．

8. 对面积的曲面积分 $\iint\limits_\Sigma dS = $ _____．

9. 设 Σ 为：$x^2 + y^2 + z^2 = a^2$，则 $\iint\limits_\Sigma (x^2 + y^2 + z^2)dS = $ _____．

10. 设 Σ 为：$x^2 + y^2 + z^2 = a^2$，则 $\iint\limits_\Sigma z^2 dS = $ _____．

三、计算下列重积分

1. 计算 $\iint\limits_D xy^2 d\sigma$，其中 D 由圆周 $x^2 + y^2 = 4$ 及 y 轴所围成的右半闭区域。

2. 计算二重积分 $\iint\limits_D \frac{x^2}{y^2}d\sigma$，其中 D 是直线 $y = 2$，$y = x$ 和双曲线 $xy = 1$ 所围的

闭区域.

3. 计算 $\iint\limits_{D} e^{\frac{y}{x}} dxdy$，其中 D 是由 x 轴，$x=1$ 及曲线 $y=x^2$ 所围成的区域

4. 计算 $\iint\limits_{D} \arctan\frac{y}{x} d\sigma$，其中 D 是由 $x^2+y^2=4$，$x^2+y^2=1$ 及直线 $y=0,\ y=x$ 所围成的第一象限内的区域.

5. 计算 $\iiint\limits_{D} \frac{dxdydz}{(1+x+y+z)^3}$，其中 Ω 为 $x=0,\ y=0$ 和 $x+y+z=1$ 所围成的闭区域.

6. 求由曲面 $z=\sqrt{5-x^2-y^2}$ 及 $x^2+y^2=4z$ 所围立体的体积.

7. 计算三重积分 $\iiint\limits_{\Omega} (2z+\sqrt{x^2+y^2})dxdydz$，其中 Ω 是由曲面 $x^2+y^2+z^2=a^2$，$x^2+y^2+z^2=4a^2$，$\sqrt{x^2+y^2}=z$ 所围成的区域.

四、求下列曲线积分

1. $\int_{L}\sqrt{y}ds$，其中 L 是抛物线 $y=x^2$ 上从点 $(0,0)$ 到点 $(1,1)$ 的一段弧.

2. $\int_{L}\sqrt{x^2+y^2}ds$，其中 L 是圆周 $x^2+y^2=ax(a>0)$.

3. $\oint_{L}(x+y)ds$，其中 L 为由 $x+y=1$，$x-y=1$ 及 y 轴所围成的三角形区域的边界.

4. $\int_{L}xydx$，L 是圆 $x^2+y^2=4$ 上从点 $(2,0)$ 到点 $(0,2)$ 的有向弧段.

五、利用格林公式计算下列积分

1. $\oint_{L}xy^2dy-x^2ydx$，其中 L 为圆 $x^2+y^2=a^2$ （按逆时针方向）.

2. $\int_{L}(e^x\sin y-y)dx+e^x\cos ydy$，其中 L 为圆 $x^2+y^2=a^2$ 上从点 $(a,0)$ 到 $(-a,0)$ 的上半圆有向弧.

六、计算曲面积分 $\iint\limits_{\Sigma}zdS$，其中 Σ 是上半球面 $x^2+y^2+z^2=a^2$.

数学史话

微积分的应用——巴黎三 L

常微分方程是伴随着微积分一起发展起来的，从 17 世纪末开始，摆的运动、弹性理论以及天体力学等实际问题的研究引出了一系列常微分方程，这些问题在当时往往以挑战的形式被提出而在数学家之间引起热烈的讨论；微积分对弦振动等力学问题的应用则引导到另一门新的数学分支——偏微分方程；在 18 世纪的数学分支中，变分法的诞生最富有戏剧性. 变分法起源于"最速降线"和其他一些类似的问题. 这问题最早由约翰·伯努利提出来向其他数学家挑战. 问题提出后半年未有回音，于是他再次发著名的元旦《公告》，向"全世界最有才能的数学家"挑战. 《公告》中

有一段话说："能解决这一非凡问题的人寥寥无几，即使是那些对自己的方法自视甚高的人也不例外"．这段话被认为是隐射牛顿的．牛顿从一封法国来信中看到了伯努利的挑战，他利用晚饭后的时间一举给出了正确解答．牛顿将结果写成短文发表在《哲学汇刊》上，伯努利看到后拍案惊呼："从这锋利的爪我认出了雄狮"．

在常微分方程、偏微分方程、变分法等微积分应用中，做出突出贡献的当属"巴黎三 L"，他们分别是拉普拉斯（laplace pireer-simon）；拉格朗日（Lagrange）；勒让德（Legendre）．

拉普拉斯把注意力主要集中在天体力学的研究上．他把牛顿的万有引力定律应用到整个太阳系，1773 年解决了一个当时著名的难题：解释木星轨道为什么在不断地收缩，而同时土星的轨道又在不断地膨胀．拉普拉斯用数学方法证明行星平均运动的不变性，即行星的轨道大小只有周期性变化，并证明为偏心率和倾角的 3 次幂．这就是著名的拉普拉斯定理。此后他开始了太阳系稳定性问题的研究．1784～1785 年，他求得天体对其外任一质点的引力分量可以用一个势函数来表示，这个势函数满足一个偏微分方程，即著名的拉普拉斯方程．

拉格朗日总结了 18 世纪的数学成果，同时又为 19 世纪的数学研究开辟了道路，是法国最杰出的数学大师．同时，他的关于月球运动（三体问题）、行星运动、轨道计算、两个不动中心问题、流体力学等方面的成果，在使天文学力学化、力学分析化上，也起到了历史性的作用，促进了力学和天体力学的进一步发展，成为这些领域的开创性或奠基性研究．拉格朗日也是分析力学的创立者．拉格朗日在其名著《分析力学》中，在总结历史上各种力学基本原理的基础上，发展达朗贝尔、欧拉等人研究成果，引入了势和等势面的概念，进一步把数学分析

应用于质点和刚体力学，提出了运用于静力学和动力学的普遍方程，引进广义坐标的概念，建立了拉格朗日方程，把力学体系的运动方程从以力为基本概念的牛顿形式，改变为以能量为基本概念的分析力学形式，奠定了分析力学的基础，为把力学理论推广应用到物理学其他领域开辟了道路．

勒让德在积分学方面的贡献，首先表现在椭圆函数论．有许多理由足以说明他是椭圆函数论的奠基人．他还证明过，伯努利双纽线$(x+y)=a(x-y)$的弧能够像圆弧那样被代数地加以乘、除．这是椭圆积分简单应用的第一个说明。这一积分被勒让德记作 $F(x)$，他认为用它可以决定所有其他的积分．1786 年，勒让德出版了他的关于椭圆弧的积分的著作．

第9章 无穷级数

18 世纪以来，无穷级数就被认为是微积分不可缺少的部分，是高等数学的重要内容，同时也是有力的数学工具，在表示数与函数、研究函数性质、计算函数值以及求解微分方程等方面有巨大作用，在自然科学和工程技术领域也有着广泛应用. 本章先讨论常数项级数的基本概念、基本性质和审敛法，然后介绍函数项级数，重点介绍幂级数和傅里叶级数，探讨其收敛条件和展开方法.

重点难点提示

知 识 点	重 点	难 点	要 求
无穷级数的基本概念	●		理解
无穷级数收敛的必要条件			了解
正项级数的审敛法	●	●	掌握
交错级数的莱布尼兹定理			了解
绝对收敛与条件收敛及关系	●		了解
函数项级数的收敛域及和函数			了解
幂级数收敛区间求法	●	●	掌握
将函数展开成幂级数	●	●	掌握
傅里叶级数的有关概念		●	理解
将函数展开成正弦级数或余弦级数		●	掌握

9.1 常数项级数的概念和性质

9.1.1 常数项级数的概念

我们在进行数的运算的时候，经常会遇到无穷多个数"相加"的问题. 例如用 1 除以 3 得到一个循环小数 0.333…，它可以表示为

$$\frac{3}{10}+\frac{3}{10^2}+\frac{3}{10^3}+\ldots+\frac{3}{10^n}+\ldots$$

其中 $\left\{\frac{1}{3},\frac{3}{10^2},\frac{3}{10^3},\ldots,\frac{3}{10^n},\ldots\right\}$ 是一个首项为 $\frac{3}{10}$，公比为 $\frac{1}{10}$ 的等比数列，由等比数列

的前 n 项和的公式可知，$s_n = \dfrac{\dfrac{3}{10}\left[1-\left(\dfrac{1}{10}\right)^n\right]}{1-\dfrac{1}{10}} = \dfrac{1}{3}\left(1-\dfrac{1}{10^n}\right)$，随着 n 的增大，该数列

的前 n 项和 s_n 逐渐接近 $\dfrac{1}{3}$，即 $\lim\limits_{n\to\infty} s_n = \dfrac{1}{3}$. 这样"无穷和"通过"有限和"的极限

而得到.

定义 9.1　设 $u_1, u_2, ..., u_n, ...$ 是一个数列，则由这个数列构成的表达式

$$u_1 + u_2 + ... + u_n + ...$$

称为（常数项）无穷级数，简称为（常数项）级数，记作 $\sum\limits_{n=1}^{\infty} u_n$，即

$$\sum_{n=1}^{\infty} u_n = u_1 + u_2 + ... + u_n + ...$$

其中第 n 项 u_n 称为级数的一般项或通项.

级数的前 n 项的和

$$s_n = u_1 + u_2 + ... + u_n = \sum_{k=1}^{n} u_k$$

s_n 称为级数的部分和.

定义 9.2　如果级数 $\sum\limits_{n=1}^{\infty} u_n$ 的部分和数列 $\{s_n\}$ 有极限 s，即

$$\lim_{n\to\infty} s_n = s$$

则称该级数 $\sum\limits_{n=1}^{\infty} u_n$ 收敛，极限 s 称为级数的和，记为 $\sum\limits_{n=1}^{\infty} u_n = s$；若当 n 无限增大时，

s_n 的极限不存在，则称级数 $\sum\limits_{n=1}^{\infty} u_n$ 发散.

从上述定义可知，级数 $\sum\limits_{n=1}^{\infty} u_n$ 与数列 $\{s_n\}$ 同时收敛或同时发散.

【例 9.1】　判定级数 $\dfrac{1}{1\times 2} + \dfrac{1}{2\times 3} + \dfrac{1}{3\times 4} + \dfrac{1}{4\times 5} + ...$ 的敛散性，若级数收敛，求此

级数的和.

解　由于 $u_n = \dfrac{1}{n\times(n+1)} = \dfrac{1}{n} - \dfrac{1}{n+1}$

所以部分和

$$s_n = u_1 + u_2 + ... + u_n$$

$$= \left(1-\dfrac{1}{2}\right) + \left(\dfrac{1}{2}-\dfrac{1}{3}\right) + \left(\dfrac{1}{3}-\dfrac{1}{4}\right) + ... + \left(\dfrac{1}{n}-\dfrac{1}{n+1}\right)$$

$$=1-\frac{1}{n+1}$$

从而　　$s=\lim\limits_{n\to\infty}s_n=\lim\limits_{n\to\infty}\left(1-\frac{1}{n+1}\right)=1$，所以该级数收敛，且其和为 1.

【例 9.2】　讨论等比级数（几何级数）$\sum\limits_{n=0}^{\infty}aq^n=a+aq+aq^2+...+aq^n+...\,(a\neq 0)$ 的收敛性.

解　当 $q\neq 1$，有 $s_n=a+aq+aq^2+...+aq^{n-1}=\dfrac{a\left(1-q^n\right)}{1-q}$

所以若 $|q|<1$，有 $\lim\limits_{n\to\infty}q^n=0$，则 $\lim\limits_{n\to\infty}s_n=\dfrac{a}{1-q}$；若 $|q|>1$，有 $\lim\limits_{n\to\infty}q^n=\infty$，则 $\lim\limits_{n\to\infty}s_n=\infty$；

若 $q=1$，有 $s_n=na$，$\lim\limits_{n\to\infty}s_n=\infty$；

若 $q=-1$，则该级数变为 $s_n=\underbrace{a-a+a-a+...+(-1)^{n-1}a}_{n}=\frac{1}{2}a\left[1-(-1)^n\right]$，当 n 为奇数时，$s_n=a$；当 n 为偶数时，$s_n=0$；故 $\lim\limits_{n\to\infty}s_n$ 不存在，该级数发散.

综上所述，当 $|q|<1$，等比级数收敛，且 $\sum\limits_{n=0}^{\infty}aq^n=\dfrac{a}{1-q}$，当 $|q|\geqslant 1$ 时，等比级数发散.

这一结论可以直接判定某些级数的敛散性.

例如，级数 $\sum\limits_{n=1}^{\infty}\dfrac{(-1)^{n-1}}{2^{n-1}}=1-\dfrac{1}{2}+\dfrac{1}{4}-\dfrac{1}{8}+...+\dfrac{(-1)^{n-1}}{2^{n-1}}+...$ 公比 $q=-\dfrac{1}{2}$，$|q|<1$，所以它收敛，其和 $s=\dfrac{1}{1-\left(-\dfrac{1}{2}\right)}=\dfrac{2}{3}$.

又如，级数 $\sum\limits_{n=1}^{\infty}2^{n-1}=1+2+4+...+2^{n-1}+...$，公比 $q=2$，$|q|>1$，所以它发散.

【例 9.3】　证明级数 $\sum\limits_{n=1}^{\infty}n=1+2+...+n+...$ 是发散的.

证明　级数的部分和　$s_n=1+2+...+n=\dfrac{n(n+1)}{2}$

$\lim\limits_{n\to\infty}s_n=\lim\limits_{n\to\infty}\dfrac{n(n+1)}{2}=+\infty$　　所以该级数发散.

9.1.2　收敛级数的基本性质

由定义 9.2 及数列极限的性质可以得出收敛级数的几个基本性质.

性质 1 （1）若级数 $\sum\limits_{n=1}^{\infty} u_n$ 和级数 $\sum\limits_{n=1}^{\infty} v_n$ 都收敛，则级数 $\sum\limits_{n=1}^{\infty}(u_n+v_n)$ 也收敛，且有

$$\sum\limits_{n=1}^{\infty}(u_n+v_n)=\sum\limits_{n=1}^{\infty} u_n+\sum\limits_{n=1}^{\infty} v_n$$

（2）若 $\sum\limits_{n=1}^{\infty} u_n$ 收敛，则 $\sum\limits_{n=1}^{\infty} ku_n$ 也收敛，其中 k 是常数，且有

$$\sum\limits_{n=1}^{\infty} ku_n=k\sum\limits_{n=1}^{\infty} u_n$$

证明略.

推论 若级数 $\sum\limits_{n=1}^{\infty} u_n$ 收敛，级数 $\sum\limits_{n=1}^{\infty} v_n$ 发散，则 $\sum\limits_{n=1}^{\infty}(u_n+v_n)$ 发散.

性质 2 级数 $\sum\limits_{n=1}^{\infty} u_n$ 和 $\sum\limits_{n=N+1}^{\infty} u_n$ 具有相同的敛散性.

证明 设级数 $\sum\limits_{n=1}^{\infty} u_n$ 的前 n 项和 $s_n=u_1+u_2+...+u_n=\sum\limits_{k=1}^{n} u_k$

级数 $\sum\limits_{n=N+1}^{\infty} u_n$ 的前 n 项和为

$$\sigma_n=(u_1+u_2+...+u_{N-1}+u_N+u_{N+1}+...+u_n)-(u_1+u_2+...+u_N)$$
$$=s_n-s_N$$

由于 s_N 是常数，所以 $\{\sigma_n\}$ 与 $\{s_n\}$ 有相同的敛散性，从而级数 $\sum\limits_{n=1}^{\infty} u_n$ 和 $\sum\limits_{n=N+1}^{\infty} u_n$ 具有相同的敛散性.

注 级数的敛散性和级数中的有限项没有关系，故在级数 $\sum\limits_{n=1}^{\infty} u_n$ 中去掉、增加或改变有限项，不改变级数的敛散性，但可能会改变级数的和.

性质 3 如果级数 $\sum\limits_{n=1}^{\infty} u_n$ 收敛，则对级数的项任意加括号后所成的级数

$$(u_1+\cdots+u_{n_1})+(u_{n_1+1}+\cdots+u_{n_2})+\cdots+(u_{n_{k-1}+1}+\cdots+u_{n_k})+\cdots$$

仍收敛，且其和不变.

证明略.

注 若将一个级数的项合并后所得的级数是收敛的，并不能说明原来的级数是收敛的. 例如，级数 $(1-1)+(1-1)+...+(1-1)+...$ 是收敛的，且和为零，但是去掉括号后，级数 $1-1+1-1+...+1-1+...$ 却是发散的.

性质 4 若级数 $\sum\limits_{n=1}^{\infty} u_n$ 收敛，则有 $\lim\limits_{n\to\infty} u_n=0$

证明 设级数 $\sum\limits_{n=1}^{\infty} u_n$ 收敛，则 $\lim\limits_{n\to\infty} s_n=s$，$\lim\limits_{n\to\infty} s_{n-1}=s$ 而 $u_n=s_n-s_{n-1}$，所以

$$\lim_{n \to \infty} u_n = \lim_{n \to \infty}(s_n - s_{n-1}) = \lim_{n \to \infty} s_n - \lim_{n \to \infty} s_{n-1} = 0$$

注 （1）如果 $\lim_{n \to \infty} u_n \neq 0$，则级数 $\sum_{n=1}^{\infty} u_n$ 必发散.

例如：$\dfrac{1}{2} - \dfrac{2}{3} + \dfrac{3}{4} + \cdots + (-1)^{n-1} \dfrac{n}{n+1} + \cdots$ 发散

（2）$\lim_{n \to \infty} u_n = 0$ 只是级数 $\sum_{n=1}^{\infty} u_n$ 收敛的必要条件，有些级数 $\lim_{n \to \infty} u_n = 0$，但 $\sum_{n=1}^{\infty} u_n$ 发散.

【例 9.4】 证明调和级数 $\sum_{n=1}^{\infty} \dfrac{1}{n}$ 是发散的.

证明 设 $s_{2n} = 1 + \dfrac{1}{2} + \dfrac{1}{3} + \ldots + \dfrac{1}{n} + \dfrac{1}{n+1} + \ldots + \dfrac{1}{2n}$，故 $s_{2n} - s_n = \dfrac{1}{n+1} + \ldots + \dfrac{1}{2n}$.

若级数 $\sum_{n=1}^{\infty} \dfrac{1}{n}$ 是收敛的，则有 $\lim_{n \to \infty} s_n = \lim_{n \to \infty} s_{2n} = s$.

但 $s_{2n} - s_n = \dfrac{1}{n+1} + \ldots + \dfrac{1}{2n} \geqslant \dfrac{1}{2n} + \dfrac{1}{2n} + \ldots + \dfrac{1}{2n} = \dfrac{1}{2}$，故矛盾，调和级数 $\sum_{n=1}^{\infty} \dfrac{1}{n}$ 发散.

【例 9.5】 判别级数 $\dfrac{1}{2} + \dfrac{1}{10} + \dfrac{1}{2^2} + \dfrac{1}{10 \times 2} + \ldots + \dfrac{1}{2^n} + \dfrac{1}{10n} + \ldots$ 的敛散性.

解 $\dfrac{1}{2} + \dfrac{1}{10} + \dfrac{1}{2^2} + \dfrac{1}{10 \times 2} + \ldots + \dfrac{1}{2^n} + \dfrac{1}{10n} + \ldots = \sum_{n=1}^{\infty} \left(\dfrac{1}{2^n} + \dfrac{1}{10n} \right) = \sum_{n=1}^{\infty} \dfrac{1}{2^n} + \sum_{n=1}^{\infty} \dfrac{1}{10n}$

而 $\sum_{n=1}^{\infty} \dfrac{1}{2^n}$ 收敛，$\sum_{n=1}^{\infty} \dfrac{1}{10n} = \dfrac{1}{10} \sum_{n=1}^{\infty} \dfrac{1}{n}$ 发散，所以 $\sum_{n=1}^{\infty} \left(\dfrac{1}{2^n} + \dfrac{1}{10n} \right)$ 发散.

习题 9-1

1．选择题.

（1）若 $\lim_{n \to \infty} u_n = a$，则级数 $\sum_{n=2}^{\infty}(u_n - u_{n-1})$ _____．

A．必定发散

B．可能收敛，也可能发散

C．必收敛于 0

D．必收敛于 $a - u_1$

（2）若常数项级数 $\sum_{n=1}^{\infty} u_n$ 收敛，$\sum_{n=1}^{\infty} v_n$ 发散，则 $\sum_{n=1}^{\infty}(u_n + v_n)$ _____．

A．收敛

B．可能收敛

C．一定发散

D．通项的极限必为 0

（3）若 $\lim_{n \to \infty} u_n = 0$，则级数 $\sum_{n=1}^{\infty} u_n$ _____．

A．一定收敛

B．一定发散

C．$\sum_{n=1}^{\infty} |u_n|$ 收敛

D．可能收敛，也可能发散

（4）若级数 $\sum\limits_{n=1}^{\infty} u_n$ 收敛，则下列级数中收敛的是_____．

A. $\sum\limits_{n=1}^{\infty}(u_n+100)$ \qquad B. $\sum\limits_{n=1}^{\infty}(u_n-100)$

C. $\sum\limits_{n=1}^{\infty}100u_n$ \qquad D. $\sum\limits_{n=1}^{\infty}\sqrt{u_n}$

（5）下列说法正确的是_____．

A. 若 $\{u_n\}$ 收敛，则 $\sum\limits_{n=1}^{\infty}u_n$ 收敛 \quad B. 若 $\sum\limits_{n=1}^{\infty}u_n$ 收敛，则 $\{u_n\}$ 收敛

C. 若 $\sum\limits_{n=1}^{\infty}u_n$ 发散，则 $\{u_n\}$ 发散 \quad D. 若 $\{u_n\}$ 收敛，则 $\sum\limits_{n=1}^{\infty}u_n$ 发散

2．写出下列级数的通项，并判断级数的敛散性．

（1）$\dfrac{1}{1\times3}+\dfrac{1}{3\times5}+\dfrac{1}{5\times7}+\dfrac{1}{7\times9}+\dots$

（2）$\sqrt{\dfrac{1}{2}}+\sqrt{\dfrac{2}{3}}+\sqrt{\dfrac{3}{4}}+\dots$

（3）$\left(\dfrac{1}{3}-\dfrac{2}{5}\right)+\left(\dfrac{1}{3^2}-\dfrac{2}{5^2}\right)+\left(\dfrac{1}{3^3}-\dfrac{2}{5^3}\right)+\dots$

（4）$\left(\dfrac{1}{2}+2\right)+\left(\dfrac{1}{2^2}+2^2\right)+\left(\dfrac{1}{2^3}+2^3\right)+\dots$

（5）$(1-\cos1)+4\left(1-\cos\dfrac{1}{2}\right)+9\left(1-\cos\dfrac{1}{3}\right)+16\left(1-\cos\dfrac{1}{4}\right)+\dots$

3．已知级数 $\sum\limits_{n=1}^{\infty} u_n$ 的部分和 $s_n=\dfrac{2^n-1}{2^n}$，求 u_n．

9.2 正项级数的判别法

对于一个级数 $\sum\limits_{n=1}^{\infty} u_n$，我们主要关心下面两个问题：

（1）它是否收敛？

（2）若收敛，怎么求它的和？

一般情况下，利用定义和性质来判断级数的收敛性是很困难的，因而判断级数的敛散性需要借助一些间接的方法，这些方法称为审敛法．本节研究正项级数的审敛法．

定义 9.3 若 $u_n\geq0$，则称常数项级数 $\sum\limits_{n=1}^{\infty} u_n$ 为正项级数．

因为正项级数 $\sum\limits_{n=1}^{\infty} u_n$ 中的每一项都是非负的，即 $u_n\geq0$．从而

$$s_1 = u_1 \geqslant 0$$
$$s_2 = u_1 + u_2 \geqslant u_1 = s_1$$
$$\cdots$$
$$s_{n+1} = u_1 + u_2 + \cdots + u_n + u_{n+1} \geqslant u_1 + u_2 + \cdots + u_n = s_n$$
$$\cdots$$

故得到一个单调递增的数列 $\{s_n\}$，由单调有界定理知，若这个数列有上界，即存在 $M > 0$，使得 $s_n \leqslant M$，则数列 $\{s_n\}$ 必有极限，故对应的级数 $\sum\limits_{n=1}^{\infty} u_n$ 收敛；反之，若级数 $\sum\limits_{n=1}^{\infty} u_n$ 收敛，则必有 $\lim\limits_{n\to\infty} s_n = s$，由数列极限的性质知，$\{s_n\}$ 必为有界数列，故可得以下定理.

定理 9.1 （基本定理）正项级数 $\sum\limits_{n=1}^{\infty} u_n$ 收敛的充分必要条件是它的部分和数列 $\{s_n\}$ 有界.

【例 9.6】 证明：$p > 1$ 时正项级数 $\sum\limits_{n=1}^{\infty} \dfrac{1}{n^p}$（$p$ -级数）是收敛的.

证明 对任意的 $x \leqslant n$，有 $\dfrac{1}{n^p} \leqslant \dfrac{1}{x^p}$，从而 $\displaystyle\int_{n-1}^{n} \dfrac{1}{n^p} \mathrm{d}x \leqslant \int_{n-1}^{n} \dfrac{1}{x^p} \mathrm{d}x$.

即有
$$\dfrac{1}{n^p} \leqslant \int_{n-1}^{n} \dfrac{1}{x^p} \mathrm{d}x$$

从而该级数的前 n 项和

$$s_n = 1 + \dfrac{1}{2^p} + \dfrac{1}{3^p} + \cdots + \dfrac{1}{n^p} \leqslant 1 + \int_{1}^{n} \dfrac{1}{x^p} \mathrm{d}x = 1 + \dfrac{1}{p-1}\left(1 - \dfrac{1}{n^{p-1}}\right) < 1 + \dfrac{1}{p-1}$$

即正项级数 $\sum\limits_{n=1}^{\infty} \dfrac{1}{n^p}$ 的部分和数列 $\{s_n\}$ 有界. 由基本定理知，$p > 1$ 时 p -级数 $\sum\limits_{n=1}^{\infty} \dfrac{1}{n^p}$ 是收敛的.

定理 9.2 （比较审敛定理）设 $\sum\limits_{n=1}^{\infty} u_n$，$\sum\limits_{n=1}^{\infty} v_n$ 是两个正项级数，且 $u_n \leqslant v_n$（$n = 1$, $2, \cdots$），则

（1）若级数 $\sum\limits_{n=1}^{\infty} v_n$ 收敛，则级数 $\sum\limits_{n=1}^{\infty} u_n$ 也收敛.

（2）若级数 $\sum\limits_{n=1}^{\infty} u_n$ 发散，则级数 $\sum\limits_{n=1}^{\infty} v_n$ 也发散.

证明 我们仅证明第一个结论.

设级数 $\sum\limits_{n=1}^{\infty} u_n$ 的前 n 项和为 s_n，$\sum\limits_{n=1}^{\infty} v_n$ 的前 n 项和为 σ_n

若级数 $\sum\limits_{n=1}^{\infty} v_n$ 收敛，则有 $\lim\limits_{n\to\infty} \sigma_n = \sigma$. 又 $\{\sigma_n\}$ 是单调增加函数，故 $\sigma_n \leqslant \sigma$. 又 $u_n \leqslant v_n$，

有 $$s_n = \sum_{k=1}^{n} u_k \leqslant \sum_{k=1}^{n} v_k = \sigma_n \leqslant \sigma.$$

故数列 $\{s_n\}$ 有上界, 由基本定理知, 级数 $\sum_{n=1}^{\infty} u_n$ 收敛.

【**例 9.7**】 判定级数 $\sum_{n=1}^{\infty} \dfrac{n^2}{n^4+1}$ 的敛散性.

解 正项级数 $\sum_{n=1}^{\infty} \dfrac{n^2}{n^4+1}$ 的一般项 $\dfrac{n^2}{n^4+1} < \dfrac{1}{n^2}$, 而级数 $\sum_{n=1}^{\infty} \dfrac{1}{n^2}$ 收敛

故由比较审敛定理知, 级数 $\sum_{n=1}^{\infty} \dfrac{n^2}{n^4+1}$ 收敛.

【**例 9.8**】 证明正项级数 $\sum_{n=1}^{\infty} \dfrac{1}{n^p}$ 当 $0 < P < 1$ 时是发散的.

证明 已知调和级数 $\sum_{n=1}^{\infty} \dfrac{1}{n}$ 是发散的, 又 $0 < P < 1$ 时, 有 $\dfrac{1}{n^p} > \dfrac{1}{n}$, 由比较审敛

定理知, 级数 $\sum_{n=1}^{\infty} \dfrac{1}{n^p}$ 当 $0 < P < 1$ 时是发散的.

注 综合例 9.5 的结论知 P-级数 $\sum_{n=1}^{\infty} \dfrac{1}{n^p}$ $(p > 0)$ 当 $p > 1$ 时收敛, 当 $p \leqslant 1$ 时发散.

比较审敛定理是判断正项级数收敛性的一种重要方法. 对一给定的正项级数, 如果要用比较审敛定理来判别其收敛性, 则首先要通过观察, 找到另一个已知级数与其进行比较, 只有知道一些重要级数的收敛性, 并加以灵活应用, 才能熟练掌握比较审敛定理. 至今为止, 我们熟悉的重要的已知级数包括几何级数、调和级数以及 P-级数等.

应用定理 9.2 来判别给定级数的收敛性, 除了要熟悉一些常用重要级数, 还必须给定级数的一般项与某已知级数的一般项之间的不等式. 但有时直接建立这样的不等式相当困难, 为此我们给出比较审敛定理的极限形式.

推论（比较审敛定理的极限形式）设 $\sum_{n=1}^{\infty} u_n$, $\sum_{n=1}^{\infty} v_n$ 是两个正项级数, $\lim\limits_{n \to \infty} \dfrac{u_n}{v_n} = l$

（1）若 $0 < l < +\infty$, 则 $\sum_{n=1}^{\infty} u_n$ 与 $\sum_{n=1}^{\infty} v_n$ 同敛散;

（2）若 $l = 0$, 则当 $\sum_{n=1}^{\infty} v_n$ 收敛, $\sum_{n=1}^{\infty} u_n$ 也收敛;

（3）若 $l = +\infty$, 则当 $\sum_{n=1}^{\infty} v_n$ 发散, $\sum_{n=1}^{\infty} u_n$ 也发散.

证明 （1）由 $\lim\limits_{n \to \infty} \dfrac{u_n}{v_n} = l$, $0 < l < +\infty$, 对于 $\varepsilon = \dfrac{l}{2}$, 存在 N, 当 $n > N$, 有

$$\frac{l}{2} = l - \frac{l}{2} < \frac{u_n}{v_n} < l + \frac{l}{2} = \frac{3l}{2} \qquad 即 \qquad \frac{l}{2} v_n < u_n < \frac{3l}{2} v_n \ (n > N)$$

由比较审敛定理得证.

（2）和（3）证明略

【例 9.9】 证明级数 $\sum\limits_{n=1}^{\infty} \sin \dfrac{1}{n}$ 是发散的.

证明 因为 $\lim\limits_{n\to\infty} \dfrac{\sin \dfrac{1}{n}}{\dfrac{1}{n}} = 1$

又已知调和级数 $\sum\limits_{n=1}^{\infty} \dfrac{1}{n}$ 是发散的，故由比较审敛定理的推论可知，级数 $\sum\limits_{n=1}^{\infty} \sin \dfrac{1}{n}$ 发散.

【例 9.10】 判定级数 $\sum\limits_{n=1}^{\infty} \dfrac{1}{3^n - n}$ 的敛散性.

解 因为 $\lim\limits_{n\to\infty} \dfrac{\dfrac{1}{3^n - n}}{\dfrac{1}{3^n}} = 1$，又已知 $\sum\limits_{n=1}^{\infty} \dfrac{1}{3^n}$ 是收敛的，故级数 $\sum\limits_{n=1}^{\infty} \dfrac{1}{3^n - n}$ 收敛.

使用比较审敛定理或其极限形式，都需要找到一个已知级数做比较，下面介绍应用上更为方便的判别法，可以利用级数自身的特点，来判断级数的收敛性.

定理 9.3（比值审敛定理） 设 $\sum\limits_{n=1}^{\infty} u_n$ 是正项级数，且 $\lim\limits_{n\to\infty} \dfrac{u_{n+1}}{u_n} = \rho$ （ρ 为有限数或 $+\infty$），

则有

$$
\begin{cases}
\rho < 1, & \sum\limits_{n=1}^{\infty} u_n \text{收敛} \\
\rho > 1, & \sum\limits_{n=1}^{\infty} u_n \text{发散} \\
\rho = 1, & \text{无法判定}
\end{cases}
$$

证明 设 $\lim\limits_{n\to\infty} \dfrac{u_{n+1}}{u_n} = \rho < 1$，取一个充分小的正数 ε，使得 $\rho + \varepsilon = r < 1$. 由数列极限的定义可知，存在正整数 N，当 $n \geq N$ 时，有 $\dfrac{u_{n+1}}{u_n} < r < 1$. 于是有

$$u_{N+1} < r u_N, \quad u_{N+2} < r u_{N+1} < r^2 u_N, \quad u_{N+3} < r u_{N+2} < r^3 u_N, \quad \cdots$$

即对于任意的 $n \geq N$，均有 $u_{N+n} < r^n u_N$. 又因为 $r < 1$，等比级数 $\sum\limits_{n=1}^{\infty} r^n u_N$ 收敛，故由比较审敛定理知级数 $\sum\limits_{n=N+1}^{\infty} u_n = u_{N+1} + u_{N+2} + u_{N+3} + \cdots$ 收敛，从而 $\sum\limits_{n=1}^{\infty} u_n = u_1 + u_2 + \cdots + u_N + u_{N+1} + u_{N+2} \cdots$ 也收敛.

设 $\lim\limits_{n\to\infty}\dfrac{u_{n+1}}{u_n}=\rho>1$，取一个充分小的正数 δ，使得 $\rho-\delta>1$．则存在正整数 N，

当 $n\geqslant N$ 时，有 $\dfrac{u_{n+1}}{u_n}=\rho-\delta>1$，即 $u_{n+1}>u_n$．所以当 $n\geqslant N$ 时，有 $u_n<u_{n+1}<u_{n+2}<\cdots$

即级数的一般项逐渐增大，从而 $\lim\limits_{n\to\infty}u_n\neq0$，故级数 $\sum\limits_{n=1}^{\infty}u_n$ 收敛.

设 $\lim\limits_{n\to\infty}\dfrac{u_{n+1}}{u_n}=\rho=1$，用比值审敛定理不能判定级数的收敛性.

例如：调和级数 $\sum\limits_{n=1}^{\infty}\dfrac{1}{n}$ $\lim\limits_{n\to\infty}\dfrac{u_{n+1}}{u_n}=\lim\limits_{n\to\infty}\dfrac{\frac{1}{n+1}}{\frac{1}{n}}=\lim\limits_{n\to\infty}\dfrac{n}{n+1}=1$．该级数发散.

p-级数 $\sum\limits_{n=1}^{\infty}\dfrac{1}{n^2}$ $\lim\limits_{n\to\infty}\dfrac{u_{n+1}}{u_n}=\lim\limits_{n\to\infty}\dfrac{\frac{1}{(n+1)^2}}{\frac{1}{n^2}}=\lim\limits_{n\to\infty}\dfrac{n^2}{(n+1)^2}=1$．但是该级数收敛.

注 比值审敛定理中的条件是充分非必要的. 如 $\sum\limits_{n=1}^{\infty}\dfrac{2+(-1)^n}{2^n}$，因为 $\dfrac{2+(-1)^n}{2^n}\leqslant\dfrac{3}{2^n}$

且 $\sum\limits_{n=1}^{\infty}\dfrac{3}{2^n}$ 收敛，由比较判别法知 $\sum\limits_{n=1}^{\infty}\dfrac{2+(-1)^n}{2^n}$ 收敛，但 $\lim\limits_{n\to\infty}\dfrac{u_{n+1}}{u_n}$ 不存在.

【例 9.11】   判别下列级数的敛散性.

（1）$\sum\limits_{n=1}^{\infty}\dfrac{3^n}{n2^n}$ （2）$\sum\limits_{n=1}^{\infty}\dfrac{2^n}{n!}$ （3）$\sum\limits_{n=1}^{\infty}\dfrac{1}{(2n-1)2n}$

解 （1）$\lim\limits_{n\to\infty}\dfrac{u_{n+1}}{u_n}=\lim\limits_{n\to\infty}\dfrac{3^{n+1}/(n+1)2^{n+1}}{3^n/n2^n}=\lim\limits_{n\to\infty}\dfrac{3n}{2(n+1)}=\dfrac{3}{2}>1$ 故级数 $\sum\limits_{n=1}^{\infty}\dfrac{3^n}{n2^n}$ 发散.

（2）$\lim\limits_{n\to\infty}\dfrac{u_{n+1}}{u_n}=\lim\limits_{n\to\infty}\dfrac{2^{n+1}}{(n+1)!}\cdot\dfrac{n!}{2^n}=0<1$ 故级数 $\sum\limits_{n=1}^{\infty}\dfrac{2^n}{n!}$ 收敛.

（3）$\lim\limits_{n\to\infty}\dfrac{u_{n+1}}{u_n}=\lim\limits_{n\to\infty}\dfrac{(2n-1)\cdot2n}{(2n+1)\cdot(2n+2)}=1$ 比值审敛定理失效，应改用比较审敛定理.

因为 $\dfrac{1}{(2n-1)\cdot2n}<\dfrac{1}{n^2}$，而级数 $\sum\limits_{n=1}^{\infty}\dfrac{1}{n^2}$ 收敛，所以 $\sum\limits_{n=1}^{\infty}\dfrac{1}{(2n-1)2n}$ 收敛.

【例 9.12】   判别级数 $\sum\limits_{n=1}^{\infty}\dfrac{n^2}{\left(2+\frac{1}{n}\right)^n}$ 的敛散性.

解 因为 $\dfrac{n^2}{\left(2+\frac{1}{n}\right)^n}<\dfrac{n^2}{2^n}$，而对于级数 $\sum\limits_{n=1}^{\infty}\dfrac{n^2}{2^n}$，由比较审敛定理可知

$$\lim_{n\to\infty}\frac{u_{n+1}}{u_n}=\lim_{n\to\infty}\frac{(n+1)^2}{2^{n+1}}\cdot\frac{2^n}{n^2}=\lim_{n\to\infty}\frac{1}{2}\left(1+\frac{1}{n}\right)^2=\frac{1}{2}<1$$，所以 $\sum_{n=1}^{\infty}\frac{n^2}{2^n}$ 收敛，从而原级数收敛.

【例 9.13】 判别级数 $\sum_{n=1}^{\infty}\frac{n!a^n}{n^n}(a>0)$ 的收敛性.

解 采用比值判别法，由于 $\lim_{n\to\infty}\frac{u_{n+1}}{u_n}=\lim_{n\to\infty}\frac{a^{n+1}(n+1)!}{(n+1)^{n+1}}\cdot\frac{n^n}{a^n\cdot n!}=\lim_{n\to\infty}\frac{a}{\left(1+\frac{1}{n}\right)^n}=\frac{a}{\mathrm{e}}$.

所以当 $0<a<\mathrm{e}$ 时，原级数收敛；当 $a>\mathrm{e}$ 时，原级数发散；当 $a=\mathrm{e}$ 时，比值法失效，但此时注意到：

数列 $x_n=\left(1+\frac{1}{n}\right)^n$ 严格单调增加，且 $\left(1+\frac{1}{n}\right)^n<\mathrm{e}$，于是 $\frac{u_{n+1}}{u_n}=\frac{\mathrm{e}}{x_n}>1$，即 $u_{n+1}>u_n$，故，$u_n>u_1=\mathrm{e}$，由此得到 $\lim_{n\to\infty}u_n\neq0$，所以原级数发散.

定理 9.4 （根值审敛定理）设 $\sum_{n=1}^{\infty}u_n$ 是正项级数，且 $\lim_{n\to\infty}\sqrt[n]{u_n}=\rho$（$\rho$ 为有限数或 $+\infty$）则有

$$\begin{cases}\rho<1,\ \sum_{n=1}^{\infty}u_n\text{收敛}\\[2mm]\rho>1,\ \sum_{n=1}^{\infty}u_n\text{发散}\\[2mm]\rho=1,\ \text{无法判定}\end{cases}$$

证明 设 $\lim_{n\to\infty}\sqrt[n]{u_n}=\rho<1$，取一个充分小的正数 ε，使得 $\rho+\varepsilon=r<1$. 由数列极限的定义可知，存在正整数 N，当 $n\geqslant N$ 时，有 $\sqrt[n]{u_n}<r<1$. 于是有 $u_n<r^n(n>N)$，又因为 $r<1$，等比级数 $\sum_{n=1}^{\infty}r^n$ 收敛，故比较审敛定理知级数 $\sum_{n=N+1}^{\infty}u_n=u_{N+1}+u_{N+2}+u_{N+3}+\cdots$ 收敛，从而 $\sum_{n=1}^{\infty}u_n=u_1+u_2+\cdots+u_N+u_{N+1}+u_{N+2}\cdots$ 也收敛.

$\rho>1$，$\rho=1$ 证明略.

【例 9.14】 判别级数 $\sum_{n=1}^{\infty}\frac{1}{n^n}$ 的敛散性.

解 $\lim_{n\to\infty}\sqrt[n]{\frac{1}{n^n}}=0$ 所以 $\sum_{n=1}^{\infty}\frac{1}{n^n}$ 收敛.

注 凡能由比值判别法鉴别收敛性的级数，也能由根值判别法来判断，而且有些问题用根值判别法较比值判别法更有效. 如前面提到的 $\sum_{n=1}^{\infty}\frac{2+(-1)^n}{2^n}$，虽然 $\lim_{n\to\infty}\frac{u_{n+1}}{u_n}$ 不存在，但是 $\lim_{n\to\infty}\sqrt[n]{\frac{2+(-1)^n}{2^n}}=\frac{1}{2}<1$，所以 $\sum_{n=1}^{\infty}u_n$ 收敛.

习题 9-2

1. 选择题.

（1）$\displaystyle\sum_{n=1}^{\infty} u_n$ 为正项级数，则下列说法正确的是_____.

A. 若 $\displaystyle\sum_{n=1}^{\infty} u_n$ 收敛，则 $\displaystyle\lim_{n\to\infty}\frac{u_{n+1}}{u_n}=\rho<1$

B. 若 $\displaystyle\sum_{n=1}^{\infty} u_n$ 发散，则 $\displaystyle\lim_{n\to\infty}\frac{u_{n+1}}{u_n}=\rho>1$

C. 若部分和数列 $\{s_n\}$ 有界，则 $\displaystyle\sum_{n=1}^{\infty} u_n$ 收敛

D. 若 $\displaystyle\lim_{n\to\infty} n^2 u_n=3$，则 $\displaystyle\sum_{n=1}^{\infty} u_n$ 发散

（2）关于级数 $\displaystyle\sum_{n=1}^{\infty}\ln\left(1+\frac{2}{n^2}\right)$ 的敛散性，正确的是_____.

A. $\displaystyle\lim_{n\to\infty}\ln\left(1+\frac{2}{n^2}\right)=0$，故级数收敛

B. $\displaystyle\lim_{n\to\infty}\ln\left(1+\frac{2}{n^2}\right)=0$，故级数发散

C. 由于 $\displaystyle\lim_{n\to\infty}\frac{\ln\left(1+\dfrac{2}{n^2}\right)}{1/n^2}=2$，而级数 $\displaystyle\sum_{n=1}^{\infty}\frac{1}{n^2}$ 收敛，故 $\displaystyle\sum_{n=1}^{\infty}\ln\left(1+\frac{2}{n^2}\right)$ 收敛

D. 由于 $\displaystyle\lim_{n\to\infty}\frac{\ln\left(1+\dfrac{2}{n^2}\right)}{1/n^2}=2>1$，故 $\displaystyle\sum_{n=1}^{\infty}\ln\left(1+\frac{2}{n^2}\right)$ 发散

2. 用比较审敛定理判别级数的敛散性.

（1）$\dfrac{1}{\sqrt{1\times2}}+\dfrac{1}{\sqrt{2\times3}}+\dfrac{1}{\sqrt{3\times4}}+\ldots$

（2）$\dfrac{1}{\ln2}+\dfrac{1}{\ln3}+\dfrac{1}{\ln4}+\dfrac{1}{\ln5}+\ldots$

（3）$\dfrac{1}{1\times2}+\dfrac{1}{2\times3}+\dfrac{1}{3\times4}+\dfrac{1}{4\times5}+\ldots$

（4）$\left(\dfrac{1}{3}\right)^2+\left(\dfrac{2}{5}\right)^2+\left(\dfrac{3}{7}\right)^2+\left(\dfrac{4}{9}\right)^2+\ldots$

3. 用比值或根值判别法判定下列级数的收敛性.

（1）$\dfrac{1}{1\times2}+\dfrac{3}{2\times2^2}+\dfrac{5}{3\times2^3}+\dfrac{7}{4\times2^4}+\ldots$

（2）$\dfrac{2}{1\times 3}+\dfrac{2^2}{2\times 4}+\dfrac{2^3}{3\times 5}+\dfrac{2^4}{4\times 6}+\cdots$

（3）$\left(\dfrac{1}{3}\right)^1+\left(\dfrac{2}{5}\right)^2+\left(\dfrac{3}{7}\right)^3+\cdots$

（4）$\dfrac{1}{1!}+\dfrac{10^2}{2!}+\dfrac{10^3}{3!}+\dfrac{10^4}{4!}+\cdots$

（5）$\sin\dfrac{1}{2}+2\sin\dfrac{1}{2^2}+3\sin\dfrac{1}{2^3}+4\sin\dfrac{1}{2^4}+\cdots$

9.3　任意常数项级数的判别法

前面我们讨论了关于正项级数收敛性的判别法，如果级数 $\sum\limits_{n=1}^{\infty}u_n$ 的每项 u_n 都小

于等于零，则由级数的性质知其敛散性与正项级数 $\sum\limits_{n=1}^{\infty}|u_n|=\sum\limits_{n=1}^{\infty}-u_n$ 相同，本节我们

要进一步讨论关于任意常数项（一般常数项）级数收敛性的判别法.

9.3.1　交错级数及其审敛性

定义 9.4　所谓交错级数是这样的级数，它的各项是正、负交错的，其形式如下

$$u_1-u_2+u_3-u_4+\cdots+(-1)^{n-1}u_n+\cdots$$

或　　　　　　　　　　$$-u_1+u_2-u_3+u_4+\cdots+(-1)^n u_n+\cdots$$

其中 $u_1,u_2,u_3,u_4\cdots,u_n,\cdots$ 均为正数.

由常数项级数的性质可知，上两式的敛散性相同，故我们只需讨论首项为正数的交

错级数 $\sum\limits_{n=1}^{\infty}(-1)^{n-1}u_n$ 的性质.

定理 9.5　交错级数审敛定理（又称莱布尼兹定理）如果交错级数 $\sum\limits_{n=1}^{\infty}(-1)^{n-1}u_n$

满足条件：（1）$u_n\geqslant u_{n+1}(n=1,2,\cdots)$

　　　　　（2）$\lim\limits_{n\to\infty}u_n=0$

则交错级数收敛，且收敛和 $s\leqslant u_1$.

证明　将级数的前 $2k$ 项写成下面两种形式：

$$s_{2k}=(u_1-u_2)+(u_3-u_4)+\cdots+(u_{2k-1}-u_{2k})$$

及　　　　$$s_{2k}=u_1-(u_2-u_3)-(u_4-u_5)-\cdots-(u_{2k-2}-u_{2k-1})-u_{2k}$$

由条件（1）可知两式中所有括号内的差都非负.

由第一式可知 s_{2k} 随 k 增大而增大，由第二式可知 $s_{2k}\leqslant u_1$，根据极限存在准则，得到

$$\lim\limits_{n\to\infty}s_{2k}=s\leqslant u_1$$

再由 $s_{2k+1} = s_{2k} + u_{2k+1}$ 及条件（2）得到

$$\lim_{k \to \infty} s_{2k+1} = \lim_{k \to \infty} s_{2k} + \lim_{k \to \infty} u_{2k+1} = s + 0 = s$$

因此，无论 n 是奇数还是偶数，只要 n 无限增大，s_n 总趋于同一极限 s，所以交错

级数 $\sum_{n=1}^{\infty} (-1)^{n-1} u_n$ 收敛，并且其和 $s \leqslant u_1$.

【例 9.15】 证明交错级数 $\sum_{n=1}^{\infty} (-1)^{n-1} \dfrac{1}{n} = 1 - \dfrac{1}{2} + \dfrac{1}{3} - \dfrac{1}{4} + \cdots + (-1)^{n-1} \dfrac{1}{n} + \cdots$ 收敛.

证明 因为 $u_n = \dfrac{1}{n} > \dfrac{1}{n+1} = u_{n+1}$ 且 $\lim_{n \to \infty} u_n = \lim_{n \to \infty} \dfrac{1}{n} = 0$，由莱布尼兹定理知该级数

收敛.

【例 9.16】 判定交错级数 $\sum_{n=1}^{\infty} (-1)^{n-1} \dfrac{1}{n \cdot 4^n}$ 的敛散性.

解 设 $u_n = \dfrac{1}{n \cdot 4^n}$，则 $u_n = \dfrac{1}{n \cdot 4^n} > \dfrac{1}{(n+1) \cdot 4^{n+1}} = u_{n+1}$，且 $\lim_{n \to \infty} u_n = \lim_{n \to \infty} \dfrac{1}{n \cdot 4^n} = 0$，

所以由莱布尼兹定理知该级数收敛.

9.3.2 绝对收敛和条件收敛

若级数 $\sum_{n=1}^{\infty} u_n = u_1 + u_2 + \ldots + u_n + \ldots$ 中 $u_n (n = 1, 2, \cdots)$ 为任意实数，那么该级数称为

任意项（一般项）级数. 可见，交错级数是任意项级数的一种特殊形式.

对任意项级数，给每项加上绝对值符号可构造一个正项级数

$$\sum_{n=1}^{\infty} |u_n| = |u_1| + |u_2| + \cdots + |u_n| + \cdots$$

任意项级数 $\sum_{n=1}^{\infty} u_n$ 的收敛性和 $\sum_{n=1}^{\infty} |u_n|$ 的收敛性的关系如下.

定理 9.6 若正项级数 $\sum_{n=1}^{\infty} |u_n|$ 收敛，则任意项级数 $\sum_{n=1}^{\infty} u_n$ 必收敛.

证明 令 $v_n = \dfrac{1}{2} (u_n + |u_n|)$，则 $v_n \geqslant 0$，故 $\sum_{n=1}^{\infty} v_n$ 是正项级数，且满足 $v_n \leqslant |u_n|$，

因为正项级数 $\sum_{n=1}^{\infty} |u_n|$ 收敛，由比较审敛定理知，$\sum_{n=1}^{\infty} v_n$ 收敛，从而 $\sum_{n=1}^{\infty} 2v_n$ 也收敛. 又

$u_n = 2v_n - |u_n| (n = 1, 2, \cdots)$，由级数性质 1 可知，级数 $\sum_{n=1}^{\infty} u_n$ 必收敛.

根据定理 9.6 这个结果，我们可以将许多任意项级数的收敛性判别问题转化为正项

级数的收敛性判别问题.

定义 9.5 若级数 $\sum_{n=1}^{\infty} u_n$ 收敛，级数 $\sum_{n=1}^{\infty} |u_n|$ 也收敛，则称级数 $\sum_{n=1}^{\infty} u_n$ **绝对收敛**；

高等数学（下册）

若级数 $\sum\limits_{n=1}^{\infty} u_n$ 收敛，级数 $\sum\limits_{n=1}^{\infty} |u_n|$ 发散，则称级数 $\sum\limits_{n=1}^{\infty} u_n$ 条件收敛.

由定理 9.5 知，一个绝对收敛的级数必定是收敛的，将正项级数的比值审敛定理和根值审敛定理应用到判定任意项级数的敛散性可得下面定理.

定理 9.7 设 $\sum\limits_{n=1}^{\infty} u_n$ 是任意项级数，$\lim\limits_{n\to\infty}\left|\dfrac{u_{n+1}}{u_n}\right| = \rho \left(\text{或} \lim\limits_{n\to\infty} \sqrt[n]{|u_n|} = \rho\right)$
则

$$
\begin{cases}
\rho < 1, & \sum\limits_{n=1}^{\infty} u_n \text{绝对收敛} \\[2mm]
\rho > 1, & \sum\limits_{n=1}^{\infty} u_n \text{发散} \\[2mm]
\rho = 1, & \text{可能绝对收敛，可能条件收敛也可能发散}
\end{cases}
$$

注 当级数 $\sum\limits_{n=1}^{\infty} |u_n|$ 发散时一般不能确定任意项级数 $\sum\limits_{n=1}^{\infty} u_n$ 的收敛性. 但是若用比值审敛定理判断出 $\sum\limits_{n=1}^{\infty} |u_n|$ 是发散的，则满足条件 $\lim\limits_{n\to\infty}\left|\dfrac{u_{n+1}}{u_n}\right| = \rho > 1$ 或 $\lim\limits_{n\to\infty}\left|\dfrac{u_{n+1}}{u_n}\right| = +\infty$ ，则必有 $\lim\limits_{n\to\infty} u_n \neq 0$ （由比值审敛定理的证明可知），因此 $\sum\limits_{n=1}^{\infty} u_n$ 必发散. 同理若用根值审敛定理判断出 $\sum\limits_{n=1}^{\infty} |u_n|$ 是发散的，$\sum\limits_{n=1}^{\infty} u_n$ 也发散.

【例 9.17】 判别下列级数的敛散性，若级数收敛，是绝对收敛还是条件收敛.

（1）$\sum\limits_{n=1}^{\infty} \dfrac{(-1)^{n-1} n}{3^n}$ （2）$\sum\limits_{n=1}^{\infty} \dfrac{(-1)^n n}{2n+1}$ （3）$\sum\limits_{n=1}^{\infty} \dfrac{\sin 2n}{n^2}$

（4）$\sum\limits_{n=1}^{\infty} \dfrac{(-1)^{n-1}}{n^p} (p>0)$ （5）$\sum\limits_{n=1}^{\infty} (-1)^n \dfrac{n^{n+1}}{(n+1)!}$

解 （1）由 $\lim\limits_{n\to\infty} \dfrac{n+1}{3^{n+1}} \times \dfrac{3^n}{n} = \dfrac{1}{3} < 1$ ，所以 $\sum\limits_{n=1}^{\infty} \left|\dfrac{(-1)^{n-1} n}{3^n}\right|$ 收敛，从而 $\sum\limits_{n=1}^{\infty} \dfrac{(-1)^{n-1} n}{3^n}$ 绝对收敛.

（2）由 $\lim\limits_{n\to\infty} \dfrac{(-1)^n n}{2n+1} \neq 0$ ，所以 $\sum\limits_{n=1}^{\infty} \dfrac{(-1)^n n}{2n+1}$ 发散.

（3）由 $\left|\dfrac{\sin 2n}{n^2}\right| \leqslant \dfrac{1}{n^2}$ ，而 $\sum\limits_{n=1}^{\infty} \dfrac{1}{n^2}$ 收敛，所以 $\sum\limits_{n=1}^{\infty} \left|\dfrac{\sin 2n}{n^2}\right|$ 收敛，故 $\sum\limits_{n=1}^{\infty} \dfrac{\sin n}{n^2}$ 绝对收敛.

（4）由 $\sum\limits_{n=1}^{\infty} \left|\dfrac{(-1)^{n-1}}{n^p}\right| = \sum\limits_{n=1}^{\infty} \dfrac{1}{n^p}$ ，易见当 $p > 1$ 时，$\sum\limits_{n=1}^{\infty} \dfrac{(-1)^{n-1}}{n^p}$ 绝对收敛；

当 $0 < p \leqslant 1$ 时，由莱布尼兹定理知 $\sum\limits_{n=1}^{\infty} \dfrac{(-1)^{n-1}}{n^p}$ 收敛，但 $\sum\limits_{n=1}^{\infty} \dfrac{1}{n^p}$ 发散，故级数条件

收敛.

（5）令 $u_n = (-1)^n \dfrac{n^{n+1}}{(n+1)!}$，这是一个交错级数，

$$\lim_{n \to \infty} \left| \frac{u_{n+1}}{u_n} \right| = \lim_{n \to \infty} \frac{(n+1)^{n+2}}{\left[(n+1)+1 \right]!} \frac{(n+1)!}{n^{n+1}} = \lim_{n \to \infty} \left(\frac{n+1}{n} \right)^n \frac{(n+1)^2}{n(n+2)} = \lim_{n \to \infty} \left(\frac{n+1}{n} \right)^n = e > 1,$$

由定理 9.6 中的注可知级数 $\sum\limits_{n=1}^{\infty} (-1)^n \dfrac{n^{n+1}}{(n+1)!}$ 发散.

习题 9-3

1．选择题.

（1）若 $\sum\limits_{n=1}^{\infty} u_n$ 收敛 $(u_n \neq 0)$，则必有_____.

A. $\sum\limits_{n=1}^{\infty} \left(u_n + \dfrac{1}{n} \right)$ 收敛　　　　　B. $\sum\limits_{n=1}^{\infty} |u_n|$ 收敛

C. $\sum\limits_{n=1}^{\infty} (-1)^n u_n$ 收敛　　　　　D. $\sum\limits_{n=1}^{\infty} \dfrac{1}{u_n}$ 发散

（2）设 $\sum\limits_{n=1}^{\infty} u_n$ 为任意项级数，那么_____.

A. 如果 $\sum\limits_{n=1}^{\infty} |u_n|$ 收敛，则 $\sum\limits_{n=1}^{\infty} u_n$ 条件收敛

B. 如果 $\sum\limits_{n=1}^{\infty} u_n$ 收敛，则 $\sum\limits_{n=1}^{\infty} |u_n|$ 条件收敛

C. 如果 $\sum\limits_{n=1}^{\infty} |u_n|$ 收敛，则 $\sum\limits_{n=1}^{\infty} u_n$ 收敛

D. 如果 $\sum\limits_{n=1}^{\infty} u_n$ 条件收敛，则 $\sum\limits_{n=1}^{\infty} u_n$ 绝对收敛

（3）级数 $\sum\limits_{n=1}^{\infty} \dfrac{1}{1+a^n}$ 的敛散情况是_____.

A. 当 $a > 0$ 时收敛

B. 当 $a > 0$ 时发散

C. 当 $0 < a \leqslant 1$ 时发散，当 $a > 1$ 时收敛

D. 当 $0 < a \leqslant 1$ 时收敛，当 $a > 1$ 时发散

（4）若正项级数 $\sum\limits_{n=1}^{\infty} u_n$ 收敛，则下列级数中一定收敛的是_____.

A. $\sum_{n=1}^{\infty} \frac{1}{u_n^2}$ B. $\sum_{n=1}^{\infty} u_n^2$ C. $\sum_{n=1}^{\infty}(u_n+a)(a \neq 0)$ D. $\sum_{n=1}^{\infty} \sqrt{u_n}$

2. 判定下列级数的敛散性，若级数收敛，是绝对收敛还是条件收敛.

（1）$\displaystyle\sum_{n=1}^{\infty}(-1)^{n-1} \frac{n}{n^2+1}$ （2）$\displaystyle\sum_{n=1}^{\infty} \frac{(-1)^n (n-1)}{n}$

（3）$\displaystyle\sum_{n=1}^{\infty}(-1)^{n-1}\left(\frac{2}{3}\right)^n$ （4）$\displaystyle\sum_{n=1}^{\infty} \frac{(-1)^{n-1}}{\sqrt{2n^3+4}}$

（5）$\displaystyle\sum_{n=1}^{\infty} \frac{1}{3^n} \sin \frac{\pi}{n}$ （6）$\displaystyle\sum_{n=1}^{\infty}(-1)^n \frac{\ln n}{n}$

（7）$\displaystyle\sum_{n=1}^{\infty}(-1)^n\left(\sqrt{n+1}-\sqrt{n}\right)$ （8）$\displaystyle\sum_{n=1}^{\infty}(-1)^n\left(1-\cos \frac{\pi}{n^2}\right)$

3. 利用级数收敛的必要条件证明 $\displaystyle\lim_{n \to \infty} \frac{b^{3n}}{n!a^n}=0$.

9.4 幂级数及其展开

在前 3 节中，我们主要讨论了常数项级数，这一节开始我们讨论函数项级数，重点讨论幂级数，这是一类形式简单应用广泛的函数项级数，从某种意义上说，它也可以看作是多项式函数的延伸. 幂级数是研究函数的重要工具.

9.4.1 一般函数项级数

定义 9.6 设 $\{u_n(x)\}$ 是定义在数集 $I \subset R$ 上的一个函数列，表达式

$$u_1(x)+u_2(x)+\cdots+u_n(x)+\cdots, x \in I \tag{9.1}$$

称为定义在 I 上的函数项级数，简记为 $\displaystyle\sum_{n=1}^{\infty} u_n(x)$.

称 $S_n(x)=\displaystyle\sum_{k=1}^{n} u_k(x)$, $x \in I$, $n=1,2,\cdots$ 为函数项级数 $\displaystyle\sum_{n=1}^{\infty} u_n(x)$ 的部分和函数列.

若 $x_0 \in I$, 数项级数 $\displaystyle\sum_{n=1}^{\infty} u_n(x_0)$ 收敛，即部分和 $S_n(x_0)=\displaystyle\sum_{k=1}^{n} u_k(x_0)$ 当 $n \to \infty$ 时极限存在，则称级数 $\displaystyle\sum_{n=1}^{\infty} u_n(x)$ 在点 x_0 收敛， x_0 称为级数 $\displaystyle\sum_{n=1}^{\infty} u_n(x)$ 的收敛点. 若级数 $\displaystyle\sum_{n=1}^{\infty} u_n(x_0)$ 发散，则称级数（9.1）在点 x_0 发散. 级数（9.1）的所有收敛点的全体成为级数的收敛域.

在收敛域上函数项级数的和是 x 的函数 $s(x)$ ，称 $s(x)$ 为 $\displaystyle\sum_{n=1}^{\infty} u_n(x)$ 在收敛域上的和函数，并写作

$$u_1(x)+u_2(x)+\cdots+u_n(x)+\cdots=s(x) \qquad x\in D$$

即

$$\lim_{n\to\infty}S_n(x)=s(x) \qquad x\in D$$

注 函数项级数在一点的收敛性问题实际上是数项级数的收敛性问题

【例 9.18】 定义在 R 上的函数项级数(几何级数)

$$\sum_{n=0}^{\infty}x^n=1+x+x^2+\cdots+x^n+\cdots$$

由例 9.2 知当 $|x|<1$ 时 $\sum_{n=0}^{\infty}x^n$ 收敛于 $\dfrac{1}{1-x}$. 当 $|x|\geqslant 1$ 时, $\sum_{n=0}^{\infty}x^n$ 发散.

9.4.2 幂级数

定义 9.7 一般地, 形如

$$\sum_{n=0}^{\infty}a_nx^n=a_0+a_1x+a_2x^2+\cdots+a_nx^n+\cdots \tag{9.2}$$

的级数称为幂级数, 称 $a_0,a_1,a_2\cdots a_n\cdots$ 为幂级数的系数.

幂级数的更一般的形式为

$$\sum_{n=0}^{\infty}a_n(x-x_0)^n=a_0+a_1(x-x_0)+a_2(x-x_0)^2+\cdots+a_n(x-x_0)^n+\cdots \tag{9.3}$$

在幂级数 (9.3) 中令 $x-x_0=t$, 则幂级数 (9.3) 就转化为幂级数 (9.2) 的形式, 所以只需研究幂级数 (9.2), 主要探讨幂级数的收敛及函数的幂级数展开.

1. 幂级数的收敛半径和收敛域

对幂级数 $\sum_{n=0}^{\infty}a_nx^n$, 显然点 $x=0$ 是它的一个收敛点, 因为在该点处幂级数只含有一项 a_0, 其余各项都是 0, 故在 $x=0$ 处, 幂级数的和 s 等于 a_0. 除了 $x=0$ 点以外, 还有哪些点是收敛点呢? 有下面的定理.

定理 9.8 (幂级数收敛定理) 已知幂级数 $\sum_{n=0}^{\infty}a_nx^n$ 满足

$$\lim_{n\to\infty}\left|\frac{a_{n+1}}{a_n}\right|=\rho$$

则有以下结论成立

(1) 若 $\rho=0$, 则对任一 x, 幂级数 $\sum_{n=0}^{\infty}a_nx^n$ 都绝对收敛.

(2) 若 $0<\rho<+\infty$, 当 $|x|<\dfrac{1}{\rho}$ 时, 幂级数 $\sum_{n=0}^{\infty}a_nx^n$ 绝对收敛, 当 $|x|>\dfrac{1}{\rho}$ 时, 幂级数 $\sum_{n=0}^{\infty}a_nx^n$ 发散

（3）若 $\rho = +\infty$ ，则幂级数在 $x \neq 0$ 时都发散.

证明　要证幂级数 $\sum\limits_{n=0}^{\infty} a_n x^n$ 绝对收敛，只需验证正项级数 $\sum\limits_{n=0}^{\infty} \left| a_n x^n \right|$ 收敛.

取 $u_n = \left| a_n x^n \right|$ ，则有 $\lim\limits_{n \to \infty} \dfrac{u_{n+1}}{u_n} = \lim\limits_{n \to \infty} \left| \dfrac{a_{n+1} x^{n+1}}{a_n x^n} \right| = \lim\limits_{n \to \infty} \left| \dfrac{a_{n+1}}{a_n} \right| |x| = \rho |x|$

（1）若 $\rho = 0$ ，则对任一 x ， $\lim\limits_{n \to \infty} \dfrac{u_{n+1}}{u_n} = \lim\limits_{n \to \infty} \left| \dfrac{a_{n+1} x^{n+1}}{a_n x^n} \right| = 0 < 1$

由正项级数的比值审敛定理可知，级数 $\sum\limits_{n=0}^{\infty} \left| a_n x^n \right|$ 收敛，从而对任一 x ，幂级数 $\sum\limits_{n=0}^{\infty} a_n x^n$ 都绝对收敛.

（2）若 $0 < \rho < +\infty$ ，当 $\rho |x| < 1$ ，即 $|x| < \dfrac{1}{\rho}$ 时， $\lim\limits_{n \to \infty} \dfrac{u_{n+1}}{u_n} < 1$ ，级数 $\sum\limits_{n=0}^{\infty} a_n x^n$ 绝对收敛；而当 $|x| > \dfrac{1}{\rho}$ ，即 $\rho |x| > 1$ 时， $\lim\limits_{n \to \infty} \dfrac{u_{n+1}}{u_n} > 1$ ，从而级数 $\sum\limits_{n=0}^{\infty} a_n x^n$ 发散.

（3）若 $\rho = +\infty$ ，则对于 $x \neq 0$ ， $\lim\limits_{n \to \infty} \dfrac{u_{n+1}}{u_n} = \rho |x| = +\infty$ ，故级数在 $x \neq 0$ 的所有点都是发散的，即仅在 $x = 0$ 一点处收敛.

由这个定理可以看出，当 $0 < \rho < +\infty$ 时，幂级数 $\sum\limits_{n=0}^{\infty} a_n x^n$ 在开区间 $\left(-\dfrac{1}{\rho}, \dfrac{1}{\rho} \right)$ 内绝对收敛，自然是收敛的，在 $\left(-\infty, -\dfrac{1}{\rho} \right) \bigcup \left(\dfrac{1}{\rho}, +\infty \right)$ 级数发散，在 $x = -\dfrac{1}{\rho}$ 和 $x = \dfrac{1}{\rho}$ 两点处级数可能收敛也可能发散，这两点是幂级数收敛点和发散点的分界点，这两点到原点的距离都是 $\dfrac{1}{\rho}$ ．令 $R = \dfrac{1}{\rho}$ ，称 R 为幂级数的**收敛半径**， $(-R, R)$ 称为幂级数的**收敛区间**，而幂级数的收敛域必为下列区间之一：
$$(-R, R), [-R, R), [-R, R], (-R, R]$$
当 $\rho = 0$ 时，幂级数处处都收敛，规定收敛半径 $R = +\infty$
当 $\rho = +\infty$ 时，幂级数仅在原点收敛，规定收敛半径 $R = 0$

定理 9.9　已知幂级数 $\sum\limits_{n=0}^{\infty} a_n x^n$ ，若 $\lim\limits_{n \to \infty} \left| \dfrac{a_{n+1}}{a_n} \right| = \rho$

则幂级数 $\sum\limits_{n=0}^{\infty} a_n x^n$ 的收敛半径

$$R = \begin{cases} \dfrac{1}{\rho}, & \rho \neq 0 \\ +\infty, & \rho = 0 \\ 0, & \rho = +\infty \end{cases}$$

【例 9.19】 求下列幂级数的收敛域

（1）$\sum_{n=1}^{\infty}(-1)^n \dfrac{x^n}{n}$ （2）$\sum_{n=1}^{\infty}(-nx)^n$

（3）$\sum_{n=1}^{\infty}\dfrac{x^n}{n!}$ （4）$\sum_{n=1}^{\infty}(-1)^n \dfrac{2^n}{\sqrt{n}}\left(x-\dfrac{1}{2}\right)^n$

解 （1）$\rho=\lim\limits_{n\to\infty}\left|\dfrac{a_{n+1}}{a_n}\right|=\lim\limits_{n\to\infty}\dfrac{1/(n+1)}{1/n}=\lim\limits_{n\to\infty}\dfrac{n}{n+1}=1$，所以收敛半径 $R=1$．当

$x=1$ 时，级数成为 $\sum_{n=1}^{\infty}\dfrac{(-1)^n}{n}=(-1)+\dfrac{1}{2}-\dfrac{1}{3}+\dfrac{1}{4}-\cdots+(-1)^n\dfrac{1}{n}+\cdots$

该级数是收敛的交错级数;当 $x=-1$ 时，级数成为 $\sum_{n=1}^{\infty}\dfrac{1}{n}$ 发散．从而所求收敛域为 $(-1,1]$．

（2）因为 $\rho=\lim\limits_{n\to\infty}\left|\dfrac{a_{n+1}}{a_n}\right|=\lim\limits_{n\to\infty}\left|\dfrac{(-n-1)^{n+1}}{(-n)^n}\right|=\lim\limits_{n\to\infty}\left(\dfrac{n}{n+1}\right)^n=+\infty$，所以收敛半径

$R=0$，即题设级数只在 $x=0$ 处收敛．

（3）因为 $\rho=\lim\limits_{n\to\infty}\left|\dfrac{a_{n+1}}{a_n}\right|=\lim\limits_{n\to\infty}\dfrac{1/(n+1)!}{1/n!}=\lim\limits_{n\to\infty}\dfrac{1}{n+1}=0$，所以收敛半径 $R=+\infty$，

所求收敛域为 $(-\infty,+\infty)$．

（4）令 $t=x-\dfrac{1}{2}$，将级数转化为 $\sum_{n=1}^{\infty}(-1)^n\dfrac{2^n}{\sqrt{n}}t^n$

因为 $\rho=\lim\limits_{n\to\infty}\left|\dfrac{a_{n+1}}{a_n}\right|=\lim\limits_{n\to\infty}\dfrac{2^{n+1}}{\sqrt{n+1}}\dfrac{\sqrt{n}}{2^n}=2$，所以收敛半径 $R=\dfrac{1}{2}$，收敛区间为

$|t|<\dfrac{1}{2}$，即 $0<x<1$．

当 $x=0$ 时，级数成为 $\sum_{n=1}^{\infty}\dfrac{1}{\sqrt{n}}$，该级数发散；当 $x=1$ 时，级数成为 $\sum_{n=1}^{\infty}\dfrac{(-1)^n}{\sqrt{n}}$，

该级数收敛．从而所求收敛域为 $(0,1]$．

注 如级数缺项，则 $\lim\limits_{n\to\infty}\left|\dfrac{a_{n+1}}{a_n}\right|$ 必不存在，但幂级数并不是没有收敛半径，此时

不可套用定理 9.9，可考虑直接用比值或根值审敛定理求收敛半径．

2．幂级数的运算与和函数的性质

定理 9.10（代数运算） 设幂级数

$$a_0+a_1x+a_2x^2+\cdots+a_nx^n+\cdots$$

$$b_0+b_1x+b_2x^2+\cdots+b_nx^n+\cdots$$

的收敛区间分别为 $(-R_1,R_1)$ 及 $(-R_2,R_2)$，其和函数分别为 $f(x)$ 和 $g(x)$，即

$$\sum_{n=0}^{\infty} a_n x^n = f(x)\,, \quad x \in (-R_1, R_1) \qquad\qquad \sum_{n=0}^{\infty} b_n x^n = g(x)\,, \quad x \in (-R_2, R_2)$$

设 $R = \min\{R_1, R_2\}$，则在 $(-R, R)$ 上，两个幂级数可以作加法、减法及乘法运算

$$\sum_{n=0}^{\infty} a_n x^n \pm \sum_{n=0}^{\infty} b_n x^n = \sum_{n=0}^{\infty} (a^n \pm b^n) x^n = f(x) \pm g(x)\,, \quad x \in (-R, R)$$

$$\left(\sum_{n=0}^{\infty} a_n x^n\right)\left(\sum_{n=0}^{\infty} b_n x^n\right) = a_0 b_0 + (a_0 b_1 + a_1 b_0) x + (a_0 b_2 + a_1 b_1 + a_2 b_0) x^2 + \cdots$$

$$+ (a_0 b_n + a_1 b_{n-1} + \cdots + a_n b_0) x^n + \cdots \qquad x \in (-R, R)$$

可以看出，两个幂级数的加减运算与两个多项式的相应运算完全相同. 除了代数运算外，幂级数在收敛域内还可以进行微分和积分运算.

定理 9.11（和函数的连续性）　设幂级数 $\sum\limits_{n=0}^{\infty} a_n x^n$ 的收敛域为区间 I，则它的和函数 $s(x)$ 在收敛域 I 上是连续的.

例如，幂级数 $\sum\limits_{n=0}^{\infty} x^n$ 的收敛域为 $|x| < 1$，且和函数 $s(x) = \dfrac{1}{1-x}$，易知和函数 $s(x) = \dfrac{1}{1-x}$ 在收敛域 $(-1, 1)$ 上是连续的.

定理 9.12（和函数的可导性）　设幂级数 $\sum\limits_{n=0}^{\infty} a_n x^n$ 的收敛半径为 $R(R > 0)$，则其和函数 $s(x)$ 在收敛区间 $(-R, R)$ 内可导，且有逐项求导公式

$$s'(x) = \left(\sum_{n=0}^{\infty} a_n x^n\right)' = \sum_{n=0}^{\infty} (a_n x^n)' = \sum_{n=0}^{\infty} n a_n x^{n-1}\,, \quad x \in (-R, R)$$

逐项求导后所得到的幂级数的收敛半径仍为 R.

例如将 $\dfrac{1}{1-x} = 1 + x + x^2 + \cdots + x^n + \cdots$ 两端逐项求导，得

$$\frac{1}{(1-x)^2} = 1 + 2x + 3x^2 + \cdots + nx^{n-1} + \cdots$$

易知右端级数的收敛半径 $R = 1$，在 $x = \pm 1$ 处级数发散，故收敛域为 $(-1, 1)$，从而级数 $\sum\limits_{n=0}^{\infty} n x^n$ 的和函数为 $\dfrac{1}{(1-x)^2}$.

定理 9.13（和函数的可积性）　设幂级数 $\sum\limits_{n=0}^{\infty} a_n x^n$ 的收敛半径为 $R(R > 0)$，则其和函数 $s(x)$ 在收敛区间 $(-R, R)$ 内可积，且有逐项积分公式

$$\int_0^x s(x)\,\mathrm{d}x = \int_0^x \left(\sum_{n=0}^{\infty} a_n x^n\right)\mathrm{d}x = \sum_{n=0}^{\infty} \int_0^x a_n x^n \mathrm{d}x = \sum_{n=0}^{\infty} \frac{a_n}{n+1} x^{n+1}\,, \quad x \in (-R, R)$$

例如，将 $\dfrac{1}{1-x}=1+x+x^2+\cdots+x^n+\cdots$ 式两端逐项积分，得

$$\int_0^x \frac{1}{1-x}\mathrm{d}x=\int_0^x\left(1+x+x^2+\cdots+x^n+\cdots\right)\mathrm{d}x$$

即

$$-\ln\left(1-x\right)=x+\frac{x^2}{2}+\frac{x^3}{3}+\cdots+\frac{x^{n+1}}{n+1}+\cdots \quad x\in(-1,1)$$

从而级数 $\displaystyle\sum_{n=0}^{\infty}\frac{x^{n+1}}{n+1}$ 的和函数为 $-\ln\left(1-x\right)$.

【例 9.20】 求幂级数 $\displaystyle\sum_{n=1}^{\infty}\left(-1\right)^{n-1}\frac{x^n}{n}$ 的和函数

解 由例 9.18（1）的结果知，题设级数的收敛域为 $(-1,1]$，设其和函数为 $s(x)$，即

$$s(x)=x-\frac{x^2}{2}+\frac{x^3}{3}-\frac{x^4}{4}+\cdots+\left(-1\right)^{n-1}\frac{x^n}{n}+\cdots$$

显然 $s(0)=0$ 且 $s'(x)=1-x+x^2+\cdots+\left(-1\right)^{n-1}x^{n-1}+\cdots=\dfrac{1}{1+x}$，$x\in(-1,1)$ 由积分公式 $\displaystyle\int_0^x s'(x)\mathrm{d}x=s(x)-s(0)$，得

$$s(x)=s(0)+\int_0^x s'(x)\mathrm{d}x=\int_0^x\frac{1}{1+x}\mathrm{d}x=\ln\left(1+x\right)$$

因题设级数在 $x=1$ 时收敛，所以 $\displaystyle\sum_{n=1}^{\infty}\left(-1\right)^{n-1}\frac{x^n}{n}=\ln\left(1+x\right)$.

3. 函数展开成幂级数

由上述讨论我们知道了幂级数在收敛域内确定了一个和函数,那么在某区间内的函数可不可以用幂级数来表示呢?如果能,系数怎么确定?展开式是否唯一?在什么条件下才能展开成幂级数?如果能找到这样的幂级数,在某区间内收敛且其和恰好是 $f(x)$,我们就说函数 $f(x)$ 在该区间内能展开成幂级数.

现设 $f(x)$ 在 $U(x_0)$ 内能展开成幂级数 $\displaystyle\sum_{n=0}^{\infty}a_n\left(x-x_0\right)^n$，即 $f(x)=\displaystyle\sum_{n=0}^{\infty}a_n\left(x-x_0\right)^n$，$x\in U(x_0)$，根据幂级数的和函数的性质可知，$f(x)$ 在 $U(x_0)$ 内应该具有任意阶导数，且

$$f^{(n)}(x)=n!a_n+(n+1)!a_{n+1}\left(x-x_0\right)+\frac{(n+2)!}{2!}\left(x-x_0\right)^2+\cdots$$

由此可得 $f^{(n)}\left(x_0\right)=n!a_n$ 即

$$a_n=\frac{1}{n!}f^{(n)}\left(x_0\right), n=1,2,\cdots \qquad (9.4)$$

由此可知，如果函数 $f(x)$ 有幂级数展开式 $\sum\limits_{n=0}^{\infty} a_n (x-x_0)^n$，那么 a_n 由式（9.4）确定，即该幂级数必为 $f(x_0) + f'(x_0)(x-x_0) + \dfrac{1}{2!} f''(x_0)(x-x_0)^2 + \cdots + \dfrac{1}{n!} f^{(n)}(x_0)$

$$(x-x_0)^n + \cdots = \sum\limits_{n=0}^{\infty} \frac{1}{n!} f^{(n)}(x_0)(x-x_0)^n \tag{9.5}$$

而展开式必为 $\quad f(x) = \sum\limits_{n=0}^{\infty} \dfrac{1}{n!} f^{(n)}(x_0)(x-x_0)^n$，$\quad x \in U(x_0)$ $\tag{9.6}$

幂级数式（9.5）称为 $f(x)$ 在 x_0 的**泰勒级数**，展开式（9.6）称为 $f(x)$ 在 x_0 的**泰勒展开式**.

反之，设 $f(x)$ 在 $U(x_0)$ 内有任意阶导数，那么总可以得出 $f(x)$ 的泰勒级数. 那么泰勒级数的和函数与 $f(x)$ 有什么关系？我们不加证明地给出下面定理.

定理 9.14 设 $f(x)$ 在 $U(x_0)$ 内具有任意阶导数，则 $f(x)$ 在该邻域内能展开成泰勒级数的充分必要条件是在该邻域内 $f(x)$ 的泰勒公式中的余项 $R_n(x)$ 当 $n \to \infty$ 时的极限为零.

当式（9.5）中幂级数取 $x_0 = 0$ 时，可得

$$f(0) + f'(0)x + \frac{1}{2!} f''(0)x^2 + \cdots + \frac{1}{n!} f^{(n)}(0)x^n + \cdots = \sum\limits_{n=0}^{\infty} \frac{1}{n!} f^{(n)}(0)x^n \tag{9.7}$$

称式（9.7）为 $f(x)$ 的**麦克劳林级数**.

如果 $f(x)$ 能在 $(-R, R)$ 内展开成 x 的幂级数，则有

$$f(x) = \sum\limits_{n=0}^{\infty} \frac{1}{n!} f^{(n)}(0)x^n \quad |x| < R \tag{9.8}$$

称式（9.8）为函数 $f(x)$ 的**麦克劳林展开式**.

【例 9.21】 求函数 $f(x) = e^x$ 的麦克劳林展开式

解 因为 $f^{(n)}(x) = e^x \quad (n = 1, 2, \cdots)$，所以 $f^{(n)}(0) = 1 \quad (n = 1, 2, \cdots)$

又 $f(0) = 1$，于是得级数 $1 + x + \dfrac{x^2}{2!} + \cdots + \dfrac{x^n}{n!} + \cdots$，其收敛半径 $R = +\infty$. 对于任

何有限的数 x、ξ（ξ 在 0 与 x 之间），$|R_n(x)| = \left| \dfrac{e^\xi}{(n+1)!} x^{n+1} \right| < e^{|x|} \dfrac{|x|^{n+1}}{(n+1)!}$. 因 $e^{|x|}$ 有限，

且 $\sum\limits_{n=0}^{\infty} \dfrac{|x|^{n+1}}{(n+1)!}$ 收敛，由级数收敛的必要条件知 $\lim\limits_{n \to \infty} e^{|x|} \dfrac{|x|^{n+1}}{(n+1)!} = 0$，即 $\lim\limits_{n \to \infty} R_n(x) = 0$，

于是麦克劳林展开式为

$$e^x = 1 + x + \frac{x^2}{2!} + \cdots + \frac{x^n}{n!} + \cdots \quad (-\infty < x < +\infty)$$

【例 9.22】 求函数 $f(x) = \sin x$ 的麦克劳林展开式

解 因为 $f^{(n)}(x) = \sin\left(x + \frac{n\pi}{2}\right)(n = 0, 1, 2, \cdots)$，所以 $f^{(n)}(0) = \sin\frac{n\pi}{2} \ (n = 1, 2, \cdots)$.

$f(0) = 0$，$f^{(n)}(0)$ 顺序循环地取 $1, 0, -1, \cdots \ (n = 1, 2, \cdots)$，于是 $f(x)$ 的麦克劳林级数为

$$x - \frac{x^3}{3!} + \frac{x^5}{5!} - \cdots + (-1)^n \frac{x^{2n+1}}{(2n+1)!} + \cdots \quad 收敛半径 \ R = +\infty$$

对于任何有限的数 x、$\xi \ (\xi$ 在 0 与 x 之间)，有

$$\left| R_n(x) \right| = \left| \frac{\sin\left[\xi + \frac{(n+1)\pi}{2}\right]}{(n+1)!} x^{n+1} \right| < \frac{|x|^{n+1}}{(n+1)!} \to 0 (n \to \infty)$$

因此得麦克劳林展开式

$$\sin x = x - \frac{x^3}{3!} + \frac{x^5}{5!} - \cdots + (-1)^n \frac{x^{2n+1}}{(2n+1)!} + \cdots \quad (-\infty < x < +\infty)$$

以上的两个例题都是直接按公式计算出幂级数的系数，写出幂级数，然后考察余项的极限是否为零而展开的，这种展开方法称为直接展开法. 利用几个已知的函数展开式，通过幂级数的运算(四则运算，逐项积分，逐项求导)以及变量代换也可以将函数展开，这种展开方法称为间接展开法.

例如利用幂级数的运算性质，由 $\sin x$ 的展开式逐项求导得 $\cos x$ 的幂级数展式

$$\cos x = 1 - \frac{x^2}{2!} + \frac{x^4}{4!} - \cdots + (-1)^n \frac{x^{2n}}{(2n)!} + \cdots \quad (-\infty < x < +\infty)$$

我们已经求得并且常用的幂级数有

$$\frac{1}{1-x} = 1 + x + x^2 + \cdots + x^n + \cdots \ (-1 < x < 1) \tag{9.9}$$

$$e^x = 1 + x + \frac{x^2}{2!} + \cdots + \frac{x^n}{n!} + \cdots \quad (-\infty < x < +\infty) \tag{9.10}$$

$$\sin x = x - \frac{x^3}{3!} + \frac{x^5}{5!} - \cdots + (-1)^n \frac{x^{2n+1}}{(2n+1)!} + \cdots \ (-\infty < x < +\infty) \tag{9.11}$$

$$\cos x = 1 - \frac{x^2}{2!} + \frac{x^4}{4!} - \cdots + (-1)^n \frac{x^{2n}}{(2n)!} + \cdots \ (-\infty < x < +\infty) \tag{9.12}$$

$$\ln(1+x) = 1 - \frac{x^2}{2} + \frac{x^3}{3} + \cdots (-1)^{n-1} \frac{x^n}{n} + \cdots (-1 < x \leqslant 1) \tag{9.13}$$

下面来看几个用间接法将函数展开成幂级数的例题.

【例9.23】 将函数 $\arctan x$ 展开成 x 的幂级数

解 将（9.9）式中 x 换成 $-x^2$ 得 $\dfrac{1}{1+x^2}=\sum\limits_{n=0}^{\infty}(-1)^n x^{2n}$ $(-1<x<1)$

对上式从 0 到 x 积分得 $\arctan x=\sum\limits_{n=0}^{\infty}\dfrac{(-1)^n}{2n+1}x^{2n+1}$ $(-1\leqslant x\leqslant 1)$

【例9.24】 将函数 $f(x)=\dfrac{1}{x^2-x-6}$ 展开成 x 的幂级数

解 $f(x)=\dfrac{1}{(x-3)(x+2)}=\dfrac{1}{5}\left(\dfrac{1}{x-3}-\dfrac{1}{x+2}\right)=\dfrac{1}{5}\left(\left(-\dfrac{1}{3}\right)\dfrac{1}{1-\dfrac{x}{3}}-\dfrac{1}{2}\dfrac{1}{1+\dfrac{x}{2}}\right)$

利用展开式（9.9），可得 $\dfrac{1}{1-\dfrac{x}{3}}=\sum\limits_{n=0}^{\infty}\dfrac{1}{3^n}x^n$ $x\in(-3,3)$

$$\dfrac{1}{1+\dfrac{x}{2}}=\sum\limits_{n=0}^{\infty}\left(-\dfrac{1}{2}\right)^n x^n \quad x\in(-2,2)$$

故 $f(x)=-\dfrac{1}{5}\left[\dfrac{1}{3}\sum\limits_{n=0}^{\infty}\dfrac{1}{3^n}x^n+\dfrac{1}{2}\sum\limits_{n=0}^{\infty}\left(-\dfrac{1}{2}\right)^n x^n\right]=-\dfrac{1}{5}\sum\limits_{n=0}^{\infty}\left[\dfrac{1}{3^{n+1}}+\dfrac{(-1)^n}{2^{n+1}}\right]x^n \quad x\in(-2,2)$

【例9.25】 将函数 $\ln(4-3x-x^2)$ 展开成 x 的幂级数

解 $\ln(4-3x-x^2)=\ln(1-x)(4+x)=\ln(1-x)+\ln(4+x)$

而将式（9.13）中 x 分别换成 $-x$ 和 $\dfrac{x}{4}$ 得

$$\ln(1-x)=\ln[1+(-x)]=(-x)-\dfrac{(-x)^2}{2}+\dfrac{(-x)^3}{3}-\cdots \quad (-1\leqslant x<1)$$

$$\ln(4+x)=\ln 4\left(1+\dfrac{x}{4}\right)=\ln 4+\ln\left(1+\dfrac{x}{4}\right)=\ln 4+\dfrac{x}{4}-\dfrac{1}{2}\left(\dfrac{x}{4}\right)^2+\dfrac{1}{3}\left(\dfrac{x}{4}\right)^3-\cdots$$

$$(-4<x\leqslant 4)$$

所以 $\ln(4-3x-x^2)=\left(-x-\dfrac{x^2}{2}-\dfrac{x^3}{3}-\cdots\right)+\ln 4+\dfrac{x}{4}-\dfrac{x^2}{2\times 4^2}+\dfrac{x^3}{3\times 4^3}-\cdots$

$$=\ln 4-\dfrac{3x}{4}-\dfrac{17x^2}{32}-\dfrac{63x^3}{192}-\cdots \quad (-1\leqslant x<1)$$

【例9.26】 将函数 $f(x)=\dfrac{1}{x^2}$ 展开成 $(x+4)$ 的幂级数

解 由于 $\dfrac{1}{x^2}=\dfrac{1}{16}\dfrac{1}{\left(1-\dfrac{x+4}{4}\right)^2}$，将定理 9.12 例中的 x 换成 $\dfrac{x+4}{4}$ 得

$$\frac{1}{x^2}=\frac{1}{16}\frac{1}{\left(1-\dfrac{x+4}{4}\right)^2}=\frac{1}{16}\sum_{n=0}^{\infty}n\frac{(x+4)^{n-1}}{4^{n-1}}=\sum_{n=0}^{\infty}\frac{n}{4^{n+1}}(x+4)^{n-1}\quad(-8<x<0)$$

习题 9-4

1. 选择题.

（1）若幂级数 $\displaystyle\sum_{n=0}^{\infty}a_nx^n$ 在 $x=-2$ 处收敛，则该级数在 $x=1$ 处_____.

A. 发散　　　　B. 条件收敛　　　　C. 敛散性无法确定　D. 绝对收敛

（2）设幂级数 $\displaystyle\sum_{n=0}^{\infty}a_n(x-1)^n$ 在 $x_1=3$ 处收敛，在 $x_2=-1$ 处发散，则此幂级数的

收敛半径必然是 _____.

A. 等于 2　　　B. 小于 2　　　　C. 大于 2　　　　D. 小于 1

（3）级数 $\displaystyle\sum_{n=0}^{\infty}\frac{2^n}{2+n}x^n$ 的收敛半径 $R=$ _____.

A. 1　　　　　B. 2　　　　　　C. $\dfrac{1}{2}$　　　　　D. ∞

（4）级数 $\displaystyle\sum_{n=0}^{\infty}\frac{x^n}{2n(2n-1)}$ 的收敛域为_____.

A. $[-1,1]$　　B. $(-1,1)$　　　C. $[-1,1)$　　　D. $(-\infty,+\infty)$

2. 求幂级数 $\displaystyle\sum_{n=1}^{\infty}\frac{x^n}{n4^n}$ 的收敛域与和函数.

3. 求幂级数 $\displaystyle\sum_{n=0}^{\infty}\frac{x^{4n+1}}{4n+1}$ 的收敛域与和函数.

4. 把下列函数展成 x 的幂级数.

（1）a^x　　　　　　（2）$\cos^2 x$　　　　　（3）$(1+x)\ln(1+x)$

5. 将函数 $f(x)=\dfrac{x-1}{4-x}$ 展开成 $x-1$ 的幂级数，并求 $f^{(n)}(1)$.

9.5　傅里叶级数

前面我们讨论了幂级数，给出了求幂级数的收敛半径和收敛域的求法，讨论了
函数展开成幂级数的条件，给出了函数展开成幂级数的方法和求幂级数的和函数的

方法. 本节我们开始讨论由三角函数组成的函数项级数，重点讨论如何把函数展开成三角级数的问题，它的重要应用之一是对周期信号进行频谱分析，是学习积分变换的基础，也可利用三角级数展开式求出某些数项级数的和.

9.5.1　三角级数·正交函数系

在科学实验与工程技术的某些现象中，常会碰到一种周期运动. 最简单的周期运动，可用正弦函数

$$y = A\sin(\omega t + \phi) \tag{9.14}$$

来描写. 由式（9.14）所表达的周期运动也称为简谐运动，其中 A 为振幅，ϕ 为初相角，ω 为角频率，于是简谐振动 y 的周期是 $T=\dfrac{2\pi}{\omega}$. 除了正弦函数外，我们还会遇到非正弦函数的周期函数，他们反映了较复杂的周期运动，如电子技术中常用的周期为 T 的矩形波

$$u(t) = \begin{cases} -1, -\pi \leqslant t < 0 \\ 1, 0 \leqslant t < \pi \end{cases}$$ 就是一个非正弦周期函数的例子，如图 9.1 所示.

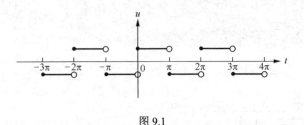

图 9.1

如何深入研究非正弦周期函数呢？联系到前面介绍的用函数的幂级数展开式表示与讨论函数，我们也考虑将周期函数展开成由简单的周期函数组成的级数. 具体地说，将周期为 $T(T=\dfrac{2\pi}{\omega})$ 的周期函数用一系列以 T 为周期的正弦函数 $A_n\sin(n\omega t + \phi_n)$ 组成的级数来表示，记为

$$f(x) = A_0 + \sum_{n=1}^{\infty} A_n\sin(n\omega t + \phi_n) \tag{9.15}$$

其中 $A_0, A_n, \phi_n(n=1,2,3,\cdots)$ 都是常数.

将周期函数按上述方式展开，其物理意义是很明确的，就是把一个比较复杂的周期运动看成是许多不同频率的简谐振动的叠加，为以后讨论方便，我们将正弦函数 $A_n\sin(n\omega t + \phi_n)$ 变形得 $A_n\sin(n\omega t + \phi_n) = A_n\sin\phi_n\cos n\omega t + A_n\cos\phi_n\sin n\omega t$

并且令 $\dfrac{a_0}{2} = A_0, a_n = A_n\sin\phi_n, b_n = A_n\cos\phi_n, \omega t = x$，则式（9.15）右端就可以写成

$$\frac{a_0}{2} + \sum_{n=1}^{\infty} (a_n \cos nx + b_n \sin nx) \qquad (9.16)$$

式（9.16）称为**三角级数**.

　　和讨论幂级数时一样，我们必须讨论三角级数（9.16）的收敛问题，以及给定周期为 2π 的周期函数如何把它展开成三角级数，为此，我们先介绍三角函数系的正交性. 三角函数系即

$$1, \cos x, \sin x, \cos 2x, \sin 2x, \cdots, \cos nx, \sin nx, \cdots \qquad (9.17)$$

首先容易看出，三角函数系（9.17）中所有函数具有共同的周期 2π. 其次，在三角函数系（9.17）中，任何两个不相同的函数的乘积在 $[-\pi, \pi]$ 上的积分都等于零，即

$$\int_{-\pi}^{\pi} \cos nx \, dx = \int_{-\pi}^{\pi} \sin nx \, dx = 0$$

$$\int_{-\pi}^{\pi} \cos mx \sin nx \, dx = 0$$

$$\int_{-\pi}^{\pi} \cos mx \cos nx \, dx = 0 \ (m \neq n)$$

$$\int_{-\pi}^{\pi} \sin mx \sin nx \, dx = 0 \ (m \neq n)$$

而式（9.17）中任何一个函数的平方在 $[-\pi, \pi]$ 上的积分都不等于零，即

$$\int_{-\pi}^{\pi} \cos^2 nx \, dx = \int_{-\pi}^{\pi} \sin^2 x \, dx = \pi$$

$$\int_{-\pi}^{\pi} 1^2 \, dx = 2\pi$$

　　通常把两个函数 ϕ 与 ψ 在 $[a,b]$ 上可积，且 $\int_a^b \phi(x)\psi(x)dx = 0$ 的函数 ϕ 与 ψ 称为在 $[a,b]$ 上是正交的. 由此，我们说三角函数系（9.17）在 $[-\pi, \pi]$ 上具有正交性，或说(9.17)是正交函数系.

　　容易验证，若三角级数（9.16）收敛，则它的和一定是一个以 2π 为周期的函数.

9.5.2　以 2π 为周期的函数的傅里叶级数

　　设 $f(x)$ 是周期为 2π 的周期函数，且能展开成三角级数

$$f(x) = \frac{a_0}{2} + \sum_{k=1}^{\infty} (a_k \cos kx + b_k \sin kx) \qquad (9.18)$$

　　我们自然要问系数 $a_0, a_1, b_1 \ldots$ 与 $f(x)$ 之间的关系?展开的条件是什么?为此我们假设式(9.18)右端的级数可以逐项积分. 对（9.18）式积分得

$$\int_{-\pi}^{\pi} f(x)dx = \frac{a_0}{2}\int_{-\pi}^{\pi} dx + \sum_{k=1}^{\infty}\left(a_k\int_{-\pi}^{\pi}\cos kx \, dx + b_k\int_{-\pi}^{\pi}\sin kx \, dx\right)$$

根据三角函数系的正交性，等式右端除第一项外，其余各项全为零，所以

$$\int_{-\pi}^{\pi} f(x)\mathrm{d}x = \frac{a_0}{2}\cdot 2\pi = a_0\pi, \quad \text{即 } a_0 = \frac{1}{\pi}\int_{-\pi}^{\pi} f(x)\mathrm{d}x$$

现以 $\cos nx$ 乘（9.18）式两端，积分得

$$\int_{-\pi}^{\pi} f(x)\cos nx\mathrm{d}x = \frac{a_0}{2}\int_{-\pi}^{\pi}\cos nx\mathrm{d}x + \sum_{k=1}^{\infty}\left(a_k\int_{-\pi}^{\pi}\cos kx\cos nx\mathrm{d}x + b_k\int_{-\pi}^{\pi}\sin kx\cos nx\mathrm{d}x\right)$$

根据三角函数系的正交性，等式右端除 $k=n$ 项外，其余各项全为零，所以

$$\int_{-\pi}^{\pi} f(x)\cos nx\mathrm{d}x = a_n\pi(n=1,2,\cdots) \quad \text{即 } a_n = \frac{1}{\pi}\int_{-\pi}^{\pi} f(x)\cos nx\mathrm{d}x(n=1,2,\cdots)$$

同理，式（9.18）两边乘以 $\sin nx$，并逐项求积，可得

$$b_n = \frac{1}{\pi}\int_{-\pi}^{\pi} f(x)\sin nx\mathrm{d}x(n=1,2,\cdots)$$

若三角级数（9.18）收敛于以 2π 为周期的函数 $f(x)$，则其系数为

$$a_n = \frac{1}{\pi}\int_{-\pi}^{\pi} f(x)\cos nx\mathrm{d}x \qquad (n=0,1,2,\cdots)$$

$$b_n = \frac{1}{\pi}\int_{-\pi}^{\pi} f(x)\sin nx\mathrm{d}x \qquad (n=1,2,\cdots) \tag{9.19}$$

由式（9.19）所确定的系数 a_n 和 b_n，称为周期函数函数 $f(x)$ 的**傅里叶系数**，以 $f(x)$ 的傅里叶系数为系数的三角级数 $\dfrac{a_0}{2} + \sum_{n=1}^{\infty}(a_n\cos nx + b_n\sin nx)$ 称为周期函数 $f(x)$ 的

傅里叶级数．

注 只要以 2π 为周期的周期函数 $f(x)$ 在 $[-\pi,\pi]$ 上可积，就能得到其傅里叶级数，但是这个级数是否收敛？即使收敛，是否收敛于函数 $f(x)$ 本身？下面不加证明地给出函数的傅里叶级数收敛的一个充分条件．

定理 9.15（收敛定理，Dirichlet 充分条件） 设 $f(x)$ 是周期为 2π 的周期函数，如果它满足：

（1）在一个周期内连续或只有有限个第一类间断点；

（2）在一个周期内至多只有有限个极值点．

则 $f(x)$ 的傅里叶级数收敛，并且

当 x 是 $f(x)$ 的连续点时，级数收敛于 $f(x)$．

当 x 是 $f(x)$ 的间断点时，级数收敛于 $\dfrac{1}{2}\left[f\left(x^-\right) + f\left(x^+\right)\right]$．

注 函数展开成傅里叶级数的条件比展开成幂级数的条件低多了．

【例 9.27】 设 $f(x)$ 是周期为 2π 的周期函数，在 $(-\pi,\pi]$ 上

$$f(x) = \begin{cases} x, 0 \leqslant x \leqslant \pi \\ 0, -\pi < x < 0 \end{cases}$$

求 $f(x)$ 的傅里叶级数展开式.

解 函数 $f(x)$ 的图像如图 9.2 所示.

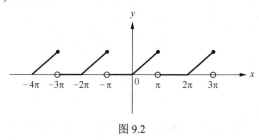

图 9.2

故由定理 9.15 可知, 它可以展开成傅里叶级数.

由于

$$a_0 = \frac{1}{\pi}\int_{-\pi}^{\pi} f(x)\mathrm{d}x = \frac{1}{\pi}\int_0^{\pi} x\mathrm{d}x = \frac{\pi}{2}$$

当 $n \geqslant 1$ 时

$$a_n = \frac{1}{\pi}\int_{-\pi}^{\pi} f(x)\cos nx\mathrm{d}x = \frac{1}{\pi}\int_0^{\pi} x\cos nx\mathrm{d}x$$

$$= \frac{1}{n\pi} x\sin nx\Big|_0^{\pi} - \frac{1}{n\pi}\int_0^{\pi}\sin nx\mathrm{d}x = \frac{1}{n^2\pi}\cos nx\Big|_0^{\pi}$$

$$= \frac{1}{n^2\pi}(\cos n\pi - 1) = \begin{cases} -\dfrac{2}{n^2\pi}, 当 n 为奇数时 \\ 0, \qquad 当 n 为偶数时 \end{cases}$$

$$b_n = \frac{1}{\pi}\int_{-\pi}^{\pi} f(x)\sin nx\mathrm{d}x = \frac{1}{\pi}\int_0^{\pi} x\sin nx\mathrm{d}x$$

$$= -\frac{1}{n\pi} x\cos nx\Big|_0^{\pi} + \frac{1}{n\pi}\int_0^{\pi}\cos nx\mathrm{d}x = \frac{(-1)^{n+1}}{n} + \frac{1}{n^2\pi}\int_0^{\pi}\cos nx\mathrm{d}x = \frac{(-1)^{n+1}}{n}.$$

所以函数 $f(x)$ 的傅里叶级数为

$$\frac{\pi}{4} - (\frac{2}{\pi}\cos x - \sin x) - \frac{1}{2}\sin 2x - (\frac{2}{9\pi}\cos 3x - \frac{1}{3}\sin 3x)\cdots$$

因为周期函数 $f(x)$ 在 $[-\pi, \pi]$ 上满足收敛定理条件, 所以它的傅里叶级数在其连续点

$x \neq (2k+1)\pi(k = 0, \pm 1, \pm 2, \cdots)$ 处收敛于 $f(x)$ 本身, 即

$$f(x) = \frac{\pi}{4} - (\frac{2}{\pi}\cos x - \sin x) - \frac{1}{2}\sin 2x - (\frac{2}{9\pi}\cos 3x - \frac{1}{3}\sin 3x)\cdots$$

在其间断点 $x = (2k+1)\pi\ (k = 0, \pm 1, \pm 2, \cdots)$ 处收敛于

$$\frac{f(\pi-0)+f(-\pi+0)}{2}=\frac{\pi+0}{2}=\frac{\pi}{2}$$

于是，$f(x)$ 的傅里叶级数的和函数图像如图 9.3 所示（注意它与图 9.2 的差别）.

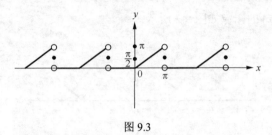

图 9.3

【例 9.28】 把周期为 2π，振幅为 1 的矩形波展开成傅里叶级数

解 由图 9.1 知矩形波在 $(-\pi,\pi]$ 上的表达式为

$$f(x)=\begin{cases}-1, & -\pi<x\leqslant 0 \\ 1, & 0<x\leqslant\pi\end{cases}$$

$f(x)$ 的傅里叶系数为

$$a_0=\frac{1}{\pi}\int_{-\pi}^{\pi}f(x)\mathrm{d}x=\frac{1}{\pi}\int_{-\pi}^{0}(-1)\mathrm{d}x+\frac{1}{\pi}\int_{0}^{\pi}1\mathrm{d}x=0$$

$$a_n=\frac{1}{\pi}\int_{-\pi}^{\pi}f(x)\cos nx\mathrm{d}x=\frac{1}{\pi}\int_{-\pi}^{0}(-\cos nx)\mathrm{d}x+\frac{1}{\pi}\int_{0}^{\pi}\cos nx\mathrm{d}x=0$$

$$b_n=\frac{1}{\pi}\int_{-\pi}^{\pi}f(x)\sin nx\mathrm{d}x=\frac{1}{\pi}\int_{-\pi}^{0}(-\sin nx)\mathrm{d}x+\frac{1}{\pi}\int_{0}^{\pi}\sin nx\mathrm{d}x$$

$$=\frac{1}{\pi}\frac{\cos nx}{n}\Big|_{-\pi}^{0}+\frac{1}{\pi}\frac{-\cos nx}{n}\Big|_{0}^{\pi}=\frac{2}{n\pi}\left(1-(-1)^n\right)=\begin{cases}\dfrac{4}{n\pi}, & n\text{为奇数} \\ 0, & n\text{为偶数}\end{cases}$$

于是周期函数 $f(x)$ 的傅里叶级数为

$$\frac{4}{\pi}\sum_{k=0}^{\infty}\frac{\sin(2k+1)x}{2k+1}=\frac{4}{\pi}\left(\sin x+\frac{\sin 3x}{3}+\frac{\sin 5x}{5}+\cdots\right)$$

由收敛定理知上述傅里叶级数收敛，且

$$\frac{4}{\pi}\sum_{k=0}^{\infty}\frac{\sin(2k+1)x}{2k+1}=\begin{cases}f(x), & x\neq 0,\pm\pi,\pm 2\pi,\cdots \\ 0, & x=0,\pm\pi,\pm 2\pi,\cdots\end{cases}$$

9.5.3 正弦级数和余弦级数

若以 2π 为周期的函数 $f(x)$ 为偶函数，则

$$a_n=\frac{1}{\pi}\int_{-\pi}^{\pi}f(x)\cos nx\mathrm{d}x=\frac{2}{\pi}\int_{0}^{\pi}f(x)\cos nx\mathrm{d}x \qquad (n=0,1,2,\cdots) \qquad (9.20)$$

$$b_n = \frac{1}{\pi}\int_{-\pi}^{\pi} f(x)\sin nx\mathrm{d}x = 0 \qquad\qquad (n = 0,1,2,\cdots)$$

于是，偶函数的傅里叶级数只有余弦函数项和常数项，把这种三角级数称为**余弦级数**. 类似地，若以 2π 为周期的函数 $f(x)$ 为奇函数，则

$$a_n = \frac{1}{\pi}\int_{-\pi}^{\pi} f(x)\cos nx\mathrm{d}x = 0 \qquad\qquad (n = 0,1,2,\cdots)$$

$$b_n = \frac{1}{\pi}\int_{-\pi}^{\pi} f(x)\sin nx\mathrm{d}x = \frac{2}{\pi}\int_0^{\pi} f(x)\sin nx\mathrm{d}x \quad (n = 0,1,2,\cdots) \qquad (9.21)$$

其傅里叶级数只有正弦函数项，称之为
正弦级数.

【**例 9.29**】 设 $f(x)$ 是周期为 2π 的周期函数，在 $(-\pi,\pi)$ 上 $f(x) = x$，把 $f(x)$ 展开为傅里叶级数.

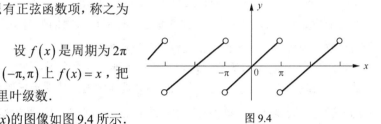

图 9.4

解 函数 $f(x)$ 的图像如图 9.4 所示.

由函数的图像可看出它是奇函数，$b_n = \dfrac{2}{\pi}\int_0^{\pi} x\sin nx\mathrm{d}x = -\dfrac{2}{n}\cos nx = (-1)^{n+1}\dfrac{2}{n}$

$n = 1,2,\cdots$

于是，$f(x)$ 的傅里叶级数为正弦级数

$$2\sum_{n=1}^{\infty}\frac{(-1)^{n+1}}{n}\sin nx = 2\left(\sin x - \frac{1}{2}\sin 2x + \frac{\sin 3x}{3} - \cdots\frac{(-1)^{n+1}}{n}\sin nx + \cdots\right)$$

$$f(x) = 2\left(\sin x - \frac{1}{2}\sin 2x + \frac{\sin 3x}{3} - \cdots\frac{(-1)^{n+1}}{n}\sin nx + \cdots\right)$$

$$x \neq (2k+1)\pi \qquad (k = 0,\pm 1,\pm 2,\cdots)$$

前面讨论函数 $f(x)$ 的傅里叶级数时，要求 $f(x)$ 是定义在 $(-\infty,+\infty)$ 上且以 2π 为周期的周期函数. 但在实际应用中，所给函数 $f(x)$ 往往只在 $(-\pi,\pi]$（或 $[-\pi,\pi)$）上有定义，此时读者应理解为它是定义在整个数轴上以 2π 为周期的函数. 即在 $(-\pi,\pi]$ 以外的部分按函数在 $(-\pi,\pi]$ 上的对应关系做周期延拓. 如 $f(x)$ 为 $(-\pi,\pi]$ 上的解析表达式，那么周期延拓后的函数为

$$\hat{f}(x) = \begin{cases} f(x) & x \in (-\pi,\pi] \\ f(x - 2k\pi) & x \in ((2k-1)\pi,(2k+1)\pi], k = \pm 1,\pm 2,\cdots \end{cases}$$

$f(\hat{x})$ 函数图像如图 9.5 所示. 因此我们说函数 $f(x)$ 的傅里叶级数就是指函数 $\hat{f}(x)$ 的傅里叶级数.

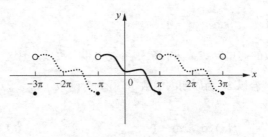

图 9.5

若函数 $f(x)$ 只在 $(0,\pi]$ 有定义，则先要补充函数在 $(-\pi,0]$ 上的值，在区间 $(-\pi,0]$ 上，我们可以任意地补充函数的值，但通常我们可以补充函数在 $(-\pi,0]$ 的值使所得函数为 $(-\pi,\pi]$ 上的偶函数或奇函数，然后再做周期延拓得到以 2π 为周期的偶函数或奇函数，从而得到余弦级数或正弦级数.

把定义在 $(0,\pi]$ 上的函数展开为余弦级数或正弦级数时，由于傅里叶系数仅与函数 $f(x)$ 在 $(0,\pi]$ 上的值有关，因此，不必具体做出上述偶延拓或奇延拓以及周期延拓的过程，只要分别直接由（9.20）或（9.21）式计算出函数的傅里叶系数即可.

【例 9.30】 把定义在 $(0,\pi]$ 上的函数 $f(x)=x$ 展开成余弦级数

解 把函数 $f(x)$ 进行偶延拓以及周期延拓，由式（9.20）得函数 $f(x)$ 的傅里叶系数为

$$a_0 = \frac{2}{\pi}\int_0^\pi x\mathrm{d}x = \pi$$

$$a_n = \frac{2}{\pi}\int_0^\pi x\cos nx\mathrm{d}x = \left(x\frac{\sin nx}{n}\bigg|_0^\pi - \int_0^\pi \frac{\sin nx}{n}\mathrm{d}x\right)$$

$$= \frac{2}{\pi}\frac{\cos nx}{n^2}\bigg|_0^\pi = \frac{2}{n^2\pi}\left((-1)^n - 1\right) = \begin{cases} -\dfrac{4}{n^2\pi}, & n\text{为奇数} \\ 0, & n\text{为偶数} \end{cases}$$

由于函数 $f(x)$ 满足收敛定理条件，因此

$$f(x) = \frac{\pi}{2} - \frac{4}{\pi}\sum_{k=0}^\infty \frac{\cos(2k+1)x}{(2k+1)^2} = \frac{\pi}{2} - \frac{4}{\pi}\left(\cos x + \frac{\cos 3x}{3^2} + \frac{\cos 5x}{5^2} + \cdots\right) \qquad x\in(0,\pi]$$

9.5.4 以 2l 为周期的函数的展开式

前面我们讨论了函数 $f(x)$ 以 2π 为周期，或是定义在 $(-\pi,\pi]$ 上然后做以 2π 为周期延拓的函数. 本节讨论以 2l 为周期的函数的傅里叶级数展开式及偶函数和奇函数的傅里叶级数展开式.

设 $f(x)$ 是以 2l 为周期的函数，通过变量置换

$$\frac{\pi x}{l} = t \ \text{或} \ x = \frac{lt}{\pi}$$

可以把 $f(x)$ 变换成以 2π 为周期的 t 的函数 $F(t) = f(\dfrac{lt}{\pi})$. 若 $f(x)$ 满足收敛定理的

条件，则，函数 $F(t)$ 的傅里叶级数展开式为

$$\frac{a_0}{2} + \sum_{n=1}^{\infty}(a_n \cos nt + b_n \sin nt) \tag{9.22}$$

其中

$$a_n = \frac{1}{\pi}\int_{-\pi}^{\pi} F(t)\cos nt\mathrm{d}t \qquad n = 0,1,2\cdots$$
$$b_n = \frac{1}{\pi}\int_{-\pi}^{\pi} F(t)\sin nt\mathrm{d}t \qquad n = 0,1,2,\cdots \tag{9.23}$$

因为 $t = \dfrac{\pi x}{l}$，所以 $F(t) = f(\dfrac{lt}{\pi}) = f(x)$. 于是由（9.22）与（9.23）式分别可得

$$\frac{a_0}{2} + \sum_{n=1}^{\infty}(a_n \cos\frac{n\pi x}{l} + b_n \sin\frac{n\pi x}{l}) \tag{9.24}$$

与

$$a_n = \frac{1}{l}\int_{-l}^{l} f(x)\cos\frac{n\pi x}{l}\mathrm{d}x \qquad n = 0,1,2,\cdots$$
$$b_n = \frac{1}{l}\int_{-l}^{l} f(x)\sin\frac{n\pi x}{l}\mathrm{d}x \qquad n = 1,2,\cdots \tag{9.25}$$

这里(9.25) 式是以 $2l$ 为周期的函数 $f(x)$ 的**傅里叶系数**, (9.24) 式是 $f(x)$ 的**傅里叶**
展开式.

定理 **9.16** 若周期为 $2l$ 的周期函数 $f(x)$ 满足收敛定理的条件，则它的傅里叶
级数展开式为

$$f(x) = \frac{a_0}{2} + \sum_{n=1}^{\infty}(a_n \cos\frac{n\pi x}{l} + b_n \sin\frac{n\pi x}{l})$$
$$a_n = \frac{1}{l}\int_{-l}^{l} f(x)\cos\frac{n\pi x}{l}\mathrm{d}x \qquad n = 0,1,2,\cdots$$

其中

$$b_n = \frac{1}{l}\int_{-l}^{l} f(x)\sin\frac{n\pi x}{l}\mathrm{d}x \qquad n = 1,2,\cdots$$

$f(x)$ 的傅里叶级数收敛于 $\dfrac{1}{2}\left[f(x^-) + f(x^+)\right]$.

若函数 $f(x)$ 只定义在区间 $(-l, l]$ 上，则也可以通过以 $2l$ 为周期的周期延拓，
把函数展开成三角级数，若 $f(x)$ 只定义在 $(0, l]$ 上，也可以通过偶延拓或奇延拓以
及周期延拓把函数展开成余弦级数或正弦级数 $\dfrac{a_0}{2} + \sum\limits_{n=1}^{\infty} a_n \cos\dfrac{n\pi x}{l}$ 或 $\sum\limits_{n=1}^{\infty} b_n \sin\dfrac{n\pi x}{l}$.

其中

$$a_n = \frac{2}{l}\int_{0}^{l} f(x)\cos\frac{n\pi x}{l}\mathrm{d}x \qquad n = 0,1,2,\cdots$$
$$b_n = \frac{2}{l}\int_{0}^{l} f(x)\sin\frac{n\pi x}{l}\mathrm{d}x \qquad n = 1,2,\cdots$$

【例 9.31】 把定义在 $(-l,l)$ 上的函数 $f(x)=x^2$ 展开成傅里叶级数

解 因为函数是 $(-l,l)$ 上的偶函数，所以其傅里叶级数只含余弦项，其傅里叶系数为

$$a_0 = \frac{2}{l}\int_0^l x^2 \mathrm{d}x = \frac{2}{3}l^2$$

$$a_n = \frac{2}{l}\int_0^l x^2 \cos\frac{n\pi x}{l}\mathrm{d}x = \frac{2}{l}x^2\frac{l}{n\pi}\sin\frac{n\pi x}{l}\Big|_0^l - \frac{4}{n\pi}\int_0^l x\sin\frac{n\pi x}{l}\mathrm{d}x$$

$$= \frac{4}{n\pi}x\frac{l}{n\pi}\cos\frac{n\pi x}{l}\Big|_0^l - \frac{4l}{n^2\pi^2}\int_0^l \cos\frac{n\pi x}{l}\mathrm{d}x = \frac{4l^2}{n^2\pi^2}(-1)^n \quad (n=1,2,\cdots)$$

于是 $f(x)$ 的傅里叶级数为余弦级数且 $x^2 = \frac{l^2}{3} + \frac{4l^2}{\pi^2}\sum_{n=1}^{\infty}\frac{(-1)^n}{n^2}\cos\frac{n\pi x}{l}$ $x\in(-l,l)$

$f(x)$ 函数的和函数图像如图 9.6 所示

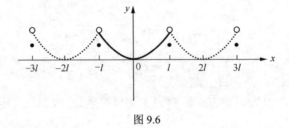

图 9.6

【例9.32】 将函数

$$f(x) = \begin{cases} 0, & -5 \leqslant x < 0 \\ 3, & 0 \leqslant x < 5 \end{cases}$$

展开成傅里叶级数.

解 将函数做周期延拓使其成为以 10 为周期的函数

$$a_n = \frac{1}{5}\int_{-5}^0 0\cdot\cos\frac{n\pi x}{5}\mathrm{d}x + \frac{1}{5}\int_0^5 3\cos\frac{n\pi x}{5}\mathrm{d}x = \frac{3}{5}\cdot\frac{5}{n\pi}\sin\frac{n\pi x}{5}\Big|_0^5 = 0 \quad n=1,2,\cdots$$

$$a_0 = \frac{1}{5}\int_{-5}^5 f(x)\mathrm{d}x = \frac{1}{5}\int_0^5 3\mathrm{d}x = 3,$$

$$b_n = \frac{1}{5}\int_0^5 3\sin\frac{n\pi x}{5}\mathrm{d}x = \frac{3}{5}[-\frac{5}{n\pi}\cos\frac{n\pi x}{5}]\Big|_0^5 = \frac{3(1-\cos n\pi)}{n\pi}$$

$$= \begin{cases} \dfrac{6}{(2k-1)\pi}, & n=2k-1, k=1,2,\cdots \\ 0, & n=2k, k=1,2,\cdots \end{cases}$$

所以

$$f(x) = \frac{3}{2} + \sum_{n=1}^{\infty}\frac{6}{(2k-1)\pi}\sin\frac{(2k-1)\pi x}{5} = \frac{3}{2} + \frac{6}{\pi}(\sin\frac{\pi x}{5} + \frac{1}{3}\sin\frac{3\pi x}{5} + \frac{1}{5}\sin\frac{5\pi x}{5} + \cdots) \text{ 这}$$

里 $x \in (-5,0) \bigcup (0,5)$．当 $x = 0$ 和 ± 5 时级数收敛于 $\dfrac{3}{2}$．

习题 9-5

1．设 $s(x)$ 是以 2π 为周期的周期函数 $f(x)$ 的傅里叶级数的和函数，$f(x)$ 在一个周期内的表达式为 $f(x) = \begin{cases} 0, 2 < |x| \leqslant \pi \\ x, |x| \leqslant 2 \end{cases}$，写出 $s(x)$ 在 $[-\pi, \pi]$ 上的表达式．

2．设函数 $f(x)$ 是以 2π 为周期的周期函数，在 $[-\pi, \pi)$ 表达式 $f(x) = |\sin x|$，求 $f(x)$ 的傅里叶级数展开式

3．把函数 $f(x) = \dfrac{\pi}{4} - \dfrac{x}{2}$ 在 $(0, \pi)$ 上展为正弦级数；在 $(0, \pi)$ 上展为余弦级数．

4．在 $[-1,1]$ 上将函数 $f(x) = \begin{cases} 1, -1 \leqslant x < 0 \\ x, 0 \leqslant x \leqslant 1 \end{cases}$ 展开为傅里叶级数．

本 章 小 结

一、知识体系建构

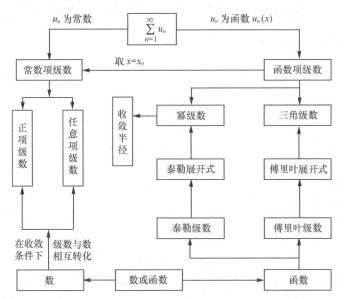

二、基本内容回顾

1．数项级数．

（1）数项级数

① 定义 $\displaystyle\sum_{n=1}^{\infty} u_n = u_1 + u_2 + \ldots + u_n + \ldots$．

② 收敛的充分必要条件：$\sum\limits_{n=1}^{\infty} u_n$ 收敛 $\Leftrightarrow \lim\limits_{n\to\infty} s_n = s$.

③ 收敛级数的性质.

④ 收敛级数的必要条件：若 $\sum\limits_{n=1}^{\infty} u_n$ 收敛，则 $\lim\limits_{n\to\infty} u_n = 0$.

（2）正项级数

① 定义 $\sum\limits_{n=1}^{\infty} u_n = u_1 + u_2 + ... + u_n + ...$ 其中 $u_n \geqslant 0$.

② 收敛的充要条件：正项级数 $\sum\limits_{n=1}^{\infty} u_n$ 收敛 $\Leftrightarrow$ 部分和数列 $\{s_n\}$ 有界.

③ 正项级数审敛法：比较审敛法（不等式形式，极限形式）；比值判别法（极限形式）；根值判别法（极限形式）.

（3）任意项级数

① 交错级数：$\sum\limits_{n=1}^{\infty} (-1)^{n-1} u_n$ ，其中 $u_n \geqslant 0$.

② 收敛判别法（莱布尼兹定理）.

③ 绝对收敛与条件收敛；绝对收敛与收敛关系：若正项级数 $\sum\limits_{n=1}^{\infty} |u_n|$ 收敛，则

任意项级数 $\sum\limits_{n=1}^{\infty} u_n$ 必收敛.

（4）两个重要级数的敛散性

① 等比级数（几何级数）$\sum\limits_{n=0}^{\infty} aq^n$ 当 $|q| < 1$ 时收敛于 $\dfrac{a}{1-q}$；当 $|q| \geqslant 1$ 时，发散.

② $p-$级数 $\sum\limits_{n=1}^{\infty} \dfrac{1}{n^p}$ $(p > 0)$ 当 $p > 1$ 时收敛，当 $p \leqslant 1$ 时发散.

2. 函数项级数.

（1）幂级数

① 收敛半径及收敛域.

若已知幂级数 $\sum\limits_{n=0}^{\infty} a_n x^n$ ，若 $\lim\limits_{n\to\infty} \left| \dfrac{a_{n+1}}{a_n} \right| = \rho$ 则 $R = \begin{cases} \dfrac{1}{\rho}, & \rho \neq 0 \\ +\infty, & \rho = 0 \\ 0, & \rho = +\infty \end{cases}$.

② 幂级数的和函数 $s(x) = \lim\limits_{n\to\infty} s_n(x)$.

③ 和函数的性质：连续性；可微性；可积性.

④ 将函数展开成幂级数.

⑤ 几个常用的函数及其 x 的幂级数.

$$\frac{1}{1-x} = 1 + x + x^2 + \cdots + x^n + \cdots \quad x \in (-1,1)$$

$$e^x = 1 + \frac{1}{1!}x + \frac{1}{2!}x^2 + \cdots + \frac{1}{n!}x^n + \cdots \quad x \in (-\infty, +\infty)$$

$$\sin x = x - \frac{x^3}{3!} + \frac{x^5}{5!} + \cdots + (-1)^{n+1}\frac{x^{2n-1}}{(2n-1)!} + \cdots \quad x \in (-\infty, \infty)$$

$$\cos x = 1 - \frac{x^2}{2!} + \frac{x^4}{4!} + \cdots + (-1)^n\frac{x^{2n}}{(2n)!} + \cdots \quad x \in (-\infty, \infty)$$

$$\ln(1+x) = 1 - \frac{x^2}{2} + \frac{x^3}{3} + \cdots (-1)^{n-1}\frac{x^n}{n} + \cdots \quad x \in (-1,1]$$

（2）傅里叶级数.

① 三角函数系及其正交性.

② 收敛定理.

③ 周期为 2π 的周期函数 $f(x)$ 的傅里叶级数 $\frac{a_0}{2} + \sum_{n=1}^{\infty}(a_n\cos nx + b_n\sin nx)$,

其中

$$a_n = \frac{1}{\pi}\int_{-\pi}^{\pi} f(x)\cos nx\mathrm{d}x(n=0,1,2,\cdots), \quad b_n = \frac{1}{\pi}\int_{-\pi}^{\pi} f(x)\sin nx\mathrm{d}x \quad (n=1,2,\cdots)$$

④ 余弦级数与正弦级数.

⑤ 周期为 $2l$ 的周期函数 $f(x)$ 的傅里叶级数 $\frac{a_0}{2} + \sum_{n=1}^{\infty}(a_n\cos\frac{n\pi x}{l} + b_n\sin\frac{n\pi x}{l})$,

其中

$$a_n = \frac{1}{l}\int_{-l}^{l} f(x)\cos\frac{n\pi x}{l}\mathrm{d}x \quad (n=0,1,2,\cdots), \quad b_n = \frac{1}{l}\int_{-l}^{l} f(x)\sin\frac{n\pi x}{l}\mathrm{d}x \quad (n=1,2,\cdots)$$

三、解题方法总结

1. 判别正项级数的敛散性.

步骤 1　考察 $\lim_{n\to\infty}u_n$ 是否为零，如果不为零则发散；如果为零，则转下一步.

步骤 2　用比值审敛法判定，若 $\lim_{n\to\infty}\frac{u_{n+1}}{u_n} = \rho > 1$ 则发散；若 $\lim_{n\to\infty}\frac{u_{n+1}}{u_n} = \rho < 1$ 则收

敛，若 $\lim_{n\to\infty}\frac{u_{n+1}}{u_n} = 1$ 或 $\lim_{n\to\infty}\frac{u_{n+1}}{u_n}$ 不存在则改用其他方法判定.

步骤 3　若 $\lim_{n\to\infty}\frac{u_{n+1}}{u_n}$ 不存在，可改用根值审敛法；若 $\lim_{n\to\infty}\sqrt[n]{u_n} = \rho < 1$ 则收敛，若

$\lim_{n\to\infty}\sqrt[n]{u_n} = \rho > 1$ 则发散.

步骤 4　若上述方法都失效，可改用比较审敛法的极限形式判定，极限形式失效时可考虑用不等式形式判别.

步骤 5　利用正项级数收敛的充要条件或按收敛定义求 $\lim\limits_{n\to\infty} s_n$.

2. 判别任意项级数的敛散性.

步骤 1　考察 $\lim\limits_{n\to\infty} u_n$ 是否为零，如果不为零则发散；如果为零，则转下一步.

步骤 2　用正项级数审敛法考察级数 $\sum\limits_{n=1}^{\infty}|u_n|$ 是否收敛，如果收敛则 $\sum\limits_{n=1}^{\infty} u_n$ 绝对收敛，$\sum\limits_{n=1}^{\infty} u_n$ 收敛.

步骤 3　若 $\sum\limits_{n=1}^{\infty}|u_n|$ 发散，且发散的结论是由比值或根值审敛法得出的，则 $\sum\limits_{n=1}^{\infty} u_n$ 发散.

步骤 4　若 $\sum\limits_{n=1}^{\infty}|u_n|$ 发散，观察 $\sum\limits_{n=1}^{\infty} u_n$ 是否为交错级数，若满足莱布尼兹条件，则 $\sum\limits_{n=1}^{\infty} u_n$ 条件收敛.

步骤 5　以上方法失效时可用定义考察 $\lim\limits_{n\to\infty} s_n$ 是否存在.

3. 将函数展开成 x 的幂级数

直接展法：按公式 $a_n = \dfrac{1}{n!} f^{(n)}(0)$ 计算幂级数的系数，最后考察余项 $\lim\limits_{n\to\infty} R_n(x)$ 是否等于零，最后写出 x 的幂级数 $\sum\limits_{n=0}^{\infty} a_n x^n$，并确定展开式成立的区间.

间接展法：利用几个已知的函数展开式，通过幂级数的运算（四则运算，逐项积分，逐项求导）以及变量代换，将所给的函数展开.

4. 将周期函数展开成傅里叶级数.

按公式求出傅里叶系数 a_n 和 b_n，按公式写出傅里叶级数，并确定展开式成立的范围.

本 章 测 试

一、选择题

1. 正项级数 $\sum\limits_{n=1}^{\infty} u_n$ 收敛是级数 $\sum\limits_{n=1}^{\infty} u_n^2$ 收敛的_____.

A. 必要条件　　　　　　　　　　B. 充分条件

C. 充分必要条件　　　　　　　　D. 既非充分又非必要条件

2. 利用级数收敛的必要条件，指出下面哪个级数一定发散_____.

A. $\displaystyle\sum_{n=1}^{\infty}\sin\frac{\pi}{3^n}$

B. $\displaystyle\sum_{n=1}^{\infty}\frac{n\times 2^n}{3^n}$

C. $\displaystyle\sum_{n=1}^{\infty}\arctan\frac{1}{n^2}$

D. $1-\dfrac{3}{2}+\dfrac{4}{3}-\ldots+(-1)^{n+1}\dfrac{n+1}{n}+\ldots$

3. $\displaystyle\sum_{n=1}^{\infty}u_n$ 为正项级数，则下列说法错误的是_____．

A. 若部分和 $\{s_n\}$ 有界，则 $\displaystyle\sum_{n=1}^{\infty}u_n$ 收敛

B. 若 $\displaystyle\sum_{n=1}^{\infty}u_n$ 发散，则一定发散于 $+\infty$

C. 若 $\displaystyle\sum_{n=1}^{\infty}u_n$ 收敛，则 $\displaystyle\sum_{n=0}^{\infty}u_nx^n$ 在 $(-1,1)$ 内必收敛

D. 若 $\displaystyle\sum_{n=1}^{\infty}u_n$ 发散，则 $\displaystyle\sum_{n=1}^{\infty}(-1)^n u_n$ 发散

4. 若幂级数 $\displaystyle\sum_{n=0}^{\infty}a_nx^n$ 在 $x=-2$ 处收敛，则该级数在 $x=\dfrac{3}{2}$ 处_____．

A. 发散   B. 条件收敛   C. 敛散性无法确定   D. 绝对收敛

5. 下列级数中条件收敛的是_____．

A. $\displaystyle\sum_{n=1}^{\infty}(-1)^n\frac{n+1}{n}$

B. $\displaystyle\sum_{n=1}^{\infty}(-1)^n\sqrt{n+1}$

C. $\displaystyle\sum_{n=1}^{\infty}(-1)^n\frac{1}{\sqrt{n}}$

D. $\displaystyle\sum_{n=1}^{\infty}(-1)^n\frac{1}{n^2}$

6. 幂级数 $\displaystyle\sum_{n=1}^{\infty}\frac{(x-2)^2}{3n^3-n}$ 的收敛半径 R 为_____．

A. 1   B. $\dfrac{1}{3}$ C. 3   D. 不能确定

7. 级数 $1+\left(\dfrac{1}{2}\right)^3+\left(\dfrac{1}{3}\right)^3+\cdots+\left(\dfrac{1}{n}\right)^3+\cdots$ 是_____．

A. 等比级数   B. 等差级数   C. 调和级数   D. p-级数

二、填空题

1. 若 $\displaystyle\sum_{n=1}^{\infty}u_n$ 收敛， $s_n=u_1+u_2+\ldots+u_n$ ，则 $\displaystyle\lim_{n\to\infty}\left(s_{n+1}+s_{n-1}-2s_n\right)=$ _____．

2. 若 $\displaystyle\sum_{n=1}^{\infty}u_n$ 收敛于 s ，则级数 $\displaystyle\sum_{n=1}^{\infty}(u_n+u_{n+2})$ 收敛于_____．

3. 级数 $\displaystyle\sum_{n=1}^{\infty}\frac{(-1)^n}{n^{2p}}$ 当_____时，绝对收敛，当_____时条件收敛．

4. 幂级数 $\sum\limits_{n=0}^{\infty}\dfrac{2^n+3^n}{n}x^n$ 的收敛半径为_____．

5. 函数 $f(x)=\mathrm{e}^{-x^2}$ 展开成 x 的幂级数是_____．

三、计算题

1. 设 $f(x)=\begin{cases}\pi x+x^2,\ -\pi\leqslant x<0\\ \pi x-x^2,\ 0\leqslant x<\pi\end{cases}$ 试求其傅里叶级数的和函数 $s(x)$ 在 $x=\pi,\dfrac{3\pi}{2}$，

-10 各点处的值．

2. 求级数 $\sum\limits_{n=1}^{\infty}\dfrac{(-1)^n x^{2n+1}}{2n+1}$ 的收敛区间及在收敛区间内的和函数．

3. 将函数 $f(x)=\ln(1+x-2x^2)$ 展开成 x 的幂级数．

4. 将函数 $f(x)=\dfrac{1}{x}$ 展开成 $x-3$ 的幂级数．

5. 将函数 $f(x)=\begin{cases}1,\quad 0\leqslant x\leqslant h\\ 0,\quad h<x\leqslant\pi\end{cases}$ 分别展开成正弦级数和余弦级数．

数学史话

　　微积分在创立的初期就为级数理论的开展提供了基本的素材．它通过自己的基本运算与级数运算的纯形式的结合，实现了一批初等函数的（幂）级数展开．从此以后级数便作为函数的分析等价物，用以计算函数的值，用以代表函数参加运算，并以所得结果阐释函数的性质．在运算过程中，级数被视为多项式的直接的代数推广，并且也被当作通常的多项式来对待．这些基本观点的运用一直持续到 19 世纪初期，取得了丰硕的成果，这主要归功于欧拉、伯努利、拉格朗日、傅里叶．

　　同时，悖论性等式的不时出现，如 $\dfrac{1}{2}=1-1+1-1+1-1+\ldots=(1-1)+(1-1)+$ $\ldots=0$，$-1=1+2+4+8+\ldots$ 之类，促使人们逐渐地认识到级数的无限多项之和有别于有限多项之和这一基本事实，注意到函数的级数展开的有效性表现为级数的部分和无限趋近于函数值这一收敛现象，提出了收敛定义的确切陈述，从而开始了分析学的严密化运动，代表人物为柯西、阿贝尔．

　　微积分基本运算与级数运算结合的需要，导致人们加强或缩小收敛性．威尔斯特拉斯提出一致收敛的概念，级数理论中的基本概念总是在林森其朴素意义获得有效的使用的过程中形成和发展的．

第 10 章　微 分 方 程

　　微积分研究的对象是函数关系,利用函数关系又可以对客观事物的规律性进行研究.但实际问题中,往往很难直接得到所研究的变量之间的函数关系,却比较容易建立这些变量与它们的导数或微分之间的联系,从而得到一个关于未知函数的导数或微分的方程,即微分方程. 微分方程建立以后,对它进行研究,找出未知函数,这就是解微分方程.

　　微分方程是一门独立的数学学科,有完整的理论体系. 本章主要介绍微分方程的一些基本概念和几种常用的微分方程的解法.

重点难点提示

知　识　点	重　　点	难　　点	要　　求
微分方程概念	●		理解
一阶微分方程	●	●	掌握
可降阶的微分方程	●		理解
常系数线性微分方程	●	●	掌握
微分方程建模的一般方法		●	了解
应用 Matlab 求解微分方程			了解

10.1　微分方程的基本概念

　　什么是微分方程? 它与学过的方程有何联系与区别? 我们已经熟悉的代数方程、三角方程等,例如,

$$x^2 + 3x - 4 = 0 , \quad \lg(x-2)^2 = 2 , \quad \sin 3x - 2\cos x + \sin^2 x - 1 = 0$$

以及本章所讲的是含有未知函数的导数或微分的方程,即微分方程. 例如

$$y' + y\tan x = \cos x$$

$$x\mathrm{d}x + \sin y\mathrm{d}y = 0$$

$$y'' + 5y' + 6y = e^{5x}.$$

　　定义 10.1　凡表示未知函数、未知函数的导数与自变量之间的关系的方程,称为**微分方程**.

　　下面我们通过两个具体的例子来说明微分方程的有关概念.

　　【例 10.1】　一曲线通过点(1,2),且在该曲线上任一点 M(x, y)处的切线的

斜率为$2x$，求这曲线的方程.

解 设所求曲线的方程为$y = y(x)$. 根据导数的几何意义，可知未知函数$y = y(x)$应满足关系式（称为微分方程）

$$\frac{\mathrm{d}y}{\mathrm{d}x} = 2x \tag{10.1}$$

此外，未知函数$y=y(x)$还应满足下列条件

$$x = 1时，\quad y = 2 \quad 简记为 y\big|_{x=1} = 2 \tag{10.2}$$

把（10.1）式两端积分，得

$$y = \int 2x\mathrm{d}x，\ 即\ y = x^2 + C \tag{10.3}$$

该表达式称为微分方程的通解，其中C是任意常数.

把条件"$x = 1时，\ y = 2$"代入（10.3）式，得

$$2 = 1^2 + C$$

由此求出$C=1$. 把$C=1$代入（10.3）式，得所求曲线方程

$$y = x^2 + 1$$

此表达式称为微分方程满足条件$y\big|_{x=1} = 2$的解.

【例10.2】 列车在直线路上以$20\mathrm{m/s}$（相当于$72\mathrm{km/h}$）的速度行驶，当制动时列车获得加速度$-4\mathrm{m/s}^2$. 请问，开始制动后多少时间列车才能停住？列车在这段时间里行驶了多少路程？

解 设列车在开始制动后t秒行驶了s米. 根据题意，反映制动阶段列车运动规律的函数$s = s(t)$应满足关系式

$$\frac{\mathrm{d}^2 s}{\mathrm{d}t^2} = -0.4 \tag{10.4}$$

此外，未知函数$s = s(t)$还应满足下列条件：

$$t = 0时，\quad s = 0，\quad v = \frac{\mathrm{d}s}{\mathrm{d}t} = 20. \ 简记为\ s\big|_{t=0} = 0，\ s'\big|_{t=0} = 20 \tag{10.5}$$

把（10.4）式两端积分一次，得

$$v = \frac{\mathrm{d}s}{\mathrm{d}t} = -0.4t + C_1 \tag{10.6}$$

再积分一次，得

$$s = -0.2t^2 + C_1 t + C_2 \tag{10.7}$$

这里C_1，C_2都是任意常数.

把条件$v\big|_{t=0} = 20$代入式（10.6）得$20 = C_1$.

把条件$s\big|_{t=0} = 0$代入式（10.7）得$0 = C_2$.

把 C_1、C_2 的值代入（10.6）及（10.7）式得

$$v = -0.4t + 20 \qquad (10.8)$$

$$s = -0.2t^2 + 20t \qquad (10.9)$$

在（10.8）式中令 $v = 0$，得到列车从开始制动到完全停住所需的时间

$$t = \frac{20}{0.4} = 50\,(\text{s})$$

再把 t=50 代入式（10.9），得到列车在制动阶段行驶的路程

$$s = -0.2 \times 50^2 + 20 \times 50 = 500(\text{m})$$

上面两个例子中，都是通过建立一个含有未知函数的导数方程，然后通过这个方程，求满足所给的条件的未知函数.

定义 10.2 未知函数为一元函数的微分方程称为**常微分方程**. 类似地，未知函数为多元函数的微分方程称为偏微分方程，本章只讨论常微分方程，简称微分方程.

定义 10.3 微分方程中所出现的未知函数的导数的最高阶数，称为微分方程的**阶**.

例如方程 $y' + y\tan x = \cos x$ 为一阶微分方程，方程 $y'' + 5y' + 6y = e^{5x}$ 为二阶微分方程.

一阶微分方程一般形式为

$$F(x, y, y') = 0$$

二阶微分方程一般形式为

$$F(x, y, y', y'') = 0$$

n 阶微分方程一般形式为

$$F(x, y, y', y'', \cdots, y^{(n)}) = 0 \qquad (10.10)$$

其中 x 为自变量，$y = y(x)$ 是未知函数.在方程（10.10）中 $y^{(n)}$ 必须出现，而其他变量可以不出现，例如 n 阶微分方程 $y^{(n)} = e^x$.

定义 10.4 满足微分方程的函数（把函数代入微分方程能使该方程成为恒等式）叫做该微分方程的解. 确切地说，设函数 $y = \varphi(x)$ 在区间 I 上有 n 阶连续导数，如果在区间 I 上

$$F(x, \varphi(x), \varphi'(x), \varphi''(x), \cdots, \varphi^{(n)}(x)) \equiv 0$$

那么函数 $y = \varphi(x)$ 就叫作微分方程 $F(x, y, y', y'', \cdots, y^{(n)}) = 0$ 在区间 I 上的解.

微分方程的解可能含有也可能不含有任意常数. 一般的，微分方程不含有任意常数的解称为微分方程的**特解**.

定义 10.5 如果微分方程的解中含有相互独立的任意常数，且任意常数的个数与微分方程的阶数相同，这样的解叫做微分方程的**通解（一般解）**.

许多实际问题中都要求寻找满足某些附加条件的解，此时，这类附加条件就可

以确定通解中的任意常数，这类附加条件称为初始条件，也称为定解条件.例如，条件（10.2）和（10.5）分别是微分方程（10.1）和（10.4）的初始条件.

初始条件通常表示为：

$$x=x_0 时，\quad y = y_0，\quad y' = y_0'$$

一般写成

$$y\big|_{x=x_0} = y_0，\quad y'\big|_{x=x_0} = y_0'$$

定义 10.6 带有初始条件的微分方程称为微分方程的**初值问题**.

如求微分方程 $y'=f(x, y)$ 满足初始条件 $y\big|_{x=x_0} = y_0$ 的解的问题，记为

$$\begin{cases} y' = f(x, y) \\ y\big|_{x=x_0} = y_0 \end{cases}$$

微分方程的解的图像是一条曲线，叫做微分方程的积分曲线. 由于通解中含有任意常数，所以它的图像是具有某种共同性质的积分曲线族. 如例 1 中的通解 $y=x^2+C$ 是抛物线族，此图像的共性是每一条抛物线上任意一点 $M(x,y)$ 处的斜率均为 $2x$，而方程的特解是过点（1，2）的一条抛物线，也就是说，特解是积分曲线中满足初始条件的某一条特定的积分曲线.

【**例 10.3**】 试指出下列哪些方程是微分方程，并指出微分方程的阶数.

（1） $\dfrac{\mathrm{d}y}{\mathrm{d}x} = x^2 + y$ 　　　　　（2） $x\left(\dfrac{\mathrm{d}y}{\mathrm{d}x}\right)^2 - 2\dfrac{\mathrm{d}y}{\mathrm{d}x} + 4x = 0$

（3） $x\dfrac{\mathrm{d}^2 y}{\mathrm{d}x^2} - 2\left(\dfrac{\mathrm{d}y}{\mathrm{d}x}\right)^3 + 5xy = 0$ 　　　　（4） $\cos(y'') + \ln y = x+1$

（5） $x + \sin xy - y = 0$

解 （1）是一阶微分方程；

（2）是一阶微分方程；

（3）是二阶微分方程；

（4）是二阶微分方程；

（5）不是微分方程.

【**例 10.4**】 验证函数 $x = C_1 \cos kt + C_2 \sin kt$ 是微分方程

$$\frac{\mathrm{d}^2 x}{\mathrm{d}t^2} + k^2 x = 0$$

的解.

解 求所给函数的导数

$$\frac{\mathrm{d}x}{\mathrm{d}t} = -kC_1 \sin kt + kC_2 \cos kt$$

$$\frac{\mathrm{d}^2 x}{\mathrm{d}t^2} = -k^2 C_1 \cos kt - k^2 C_2 \sin kt = -k^2 (C_1 \cos kt + C_2 \sin kt)$$

将 $\dfrac{\mathrm{d}^2 x}{\mathrm{d}t^2}$ 及 x 的表达式代入所给方程，得

$$-k^2(C_1 \cos kt + C_2 \sin kt) + k^2(C_1 \cos kt + C_2 \sin kt) = 0$$

这表明函数 $x = C_1 \cos kt + C_2 \sin kt$ 满足方程 $\dfrac{\mathrm{d}^2 x}{\mathrm{d}t^2} + k^2 x = 0$，因此所给函数是所给方程的解.

【例 10.5】 已知函数 $x = C_1 \cos kt + C_2 \sin kt (k \neq 0)$ 是微分方程 $\dfrac{\mathrm{d}^2 x}{\mathrm{d}t^2} + k^2 x = 0$ 的通解，求满足初始条件

$$x\big|_{t=0} = A, x'\big|_{t=0} = 0$$

的特解.

解 由条件 $x\big|_{t=0} = A$ 及 $x = C_1 \cos kt + C_2 \sin kt$，得

$$C_1 = A$$

再由条件 $x'\big|_{t=0} = 0$，及 $\dfrac{\mathrm{d}x}{\mathrm{d}t} = -kC_1 \sin kt + kC_2 \cos kt$，得

$$C_2 = 0$$

把 C_1、C_2 的值代入 $x = C_1 \cos kt + C_2 \sin kt$ 中，得

$$x = A \cos kt$$

习题 10-1

1．选择题

（1）微分方程 $xy''' + (y'')^2 = x^5$ 的阶数是_____.

A．2   B．3   C．4   D．5

（2）微分方程 $3x^2 \mathrm{d}x + 3y^2 \mathrm{d}y = 0$ 的阶数是_____.

A．1   B．3   C．2   D．0

（3）下列方程中，不是微分方程的是_____.

A．$(y')^2 + 3y = 0$ B．$\dfrac{1}{x}\mathrm{d}x + \mathrm{d}y = 2\mathrm{d}x$

C．$y'' = \mathrm{e}^{x-y}$ D．$x^2 + y^2 = K^2$，$K \in R$

（4）下列函数中，哪个是微分方程 $\mathrm{d}y - 2x\mathrm{d}x = 0$ 的解_____.

A．$y = 2x$ B．$y = -2x$

C．$y = -x$ D．$y = x^2$

（5）方程 $\dfrac{\mathrm{d}^3 y}{\mathrm{d}x^3} + 3\dfrac{\mathrm{d}^2 y}{\mathrm{d}x^2} + \dfrac{\mathrm{d}y}{\mathrm{d}x} + \mathrm{e}^x = 0$ 的通解中应该包含的常数的个数为_____.

A．2   B．3   C．1   D．0

2. 指出下列方程哪些是微分方程，并指出方程的阶数.

（1）$xy''' + (y'')^2 - y^4 y' = 0$ （2）$\dfrac{dy}{dx} \cos x + y \sin x = 0$

（3）$y^2 - \dfrac{y}{x} = \dfrac{x}{y}$ （4）$3x^2 dx + 3y^2 dy = 1$

（5）$(x - 2y)y''' = 2x^4 - y$ （6）$y' = 3y^{\frac{2}{3}}$

3. 下列各题中，给出了微分方程的通解，按照所给的初值条件确定特解.

（1）$x^2 - 4y^2 = C, y\big|_{x=0} = 1$.

（2）$y = Ce^{\int p(x)dx}, y\big|_{x=x_0} = y_0$.

（3）$y = (C_1 + C_2 x)e^{2x}, y\big|_{x=0} = 0, y'\big|_{x=0} = 1$.

4. 已知曲线过点（1，2），且在该曲线上任意点 (x, y) 处的切线斜率为 $3x^2$，求此曲线方程.

10.2　一阶微分方程

微分方程的类型是多种多样的，它们的解法也各不相同. 本节我们将介绍可分离变量的微分方程以及一些可以化为这类方程的微分方程.

10.2.1　可分离变量的微分方程

设有一阶微分方程 $\dfrac{dy}{dx} = F(x, y)$，如果其右端函数能分解成 $F(x, y) = f(x)g(y)$，即 $\dfrac{dy}{dx} = f(x)g(y)$，从而能够写成

$$\frac{dy}{g(y)} = f(x)dx \tag{10.11}$$

这样的微分方程称为**可分离变量的微分方程**.

该微分方程的特征是左端只含有 y 的函数和微分 dy，右端只含有 x 的函数和微分 dx. 设函数 $f(x)$，$g(y)$ 是连续的，两边同时积分，即有

$$\int \frac{dy}{g(y)} = \int f(x)dx$$

方程两边同时求原函数便得到了关于 x，y 的方程，它便是微分方程（10.11）的通解.

【例 10.6】　求微分方程 $\dfrac{dy}{dx} = 2xy$ 的通解.

解　此方程为可分离变量方程，当 $y \neq 0$ 时，分离变量后得

$$\frac{1}{y}\mathrm{d}y = 2x\mathrm{d}x$$

两边积分得

$$\int \frac{1}{y}\mathrm{d}y = \int 2x\mathrm{d}x$$

即 $\qquad\qquad \ln|y| = x^2 + C_1$

从而 $\qquad\qquad y = \pm\mathrm{e}^{x^2+C_1} = \pm\mathrm{e}^{C_1}\mathrm{e}^{x^2}$

因为 $\pm\mathrm{e}^{C_1}$ 仍是任意常数，把它记作 C_2，便得所给方程的通解 $y = C_2\mathrm{e}^{x^2}$，当 $y = 0$ 时，也是原方程的解，故通解为 $y = C\mathrm{e}^{x^2}$（C 为任意常数）.

注：为了书写方便，可以不必先取绝对值 $\ln|y|$，再去掉绝对值后令 $C = \pm\mathrm{e}^{C_1}$，而在两边积分时就写成 $\ln y$，把常数 C_1 写成 $\ln C$，这样方程 $\int \frac{1}{y}\mathrm{d}y = \int 2x\mathrm{d}x$ 的解为 $\ln y = x^2 + \ln C$，即可以得到 $y = C\mathrm{e}^{x^2}$. 但要记住，最后得到的常数 C 是可以取负值的任意常数. 以后遇到这种情况均可以这样表示.

【例 10.7】 铀的衰变速度与当时未衰变的原子的含量 M 成正比. 已知 $t=0$ 时铀的含量为 M_0，求在衰变过程中铀含量 $M(t)$ 随时间 t 变化的规律.

解 铀的衰变速度就是 $M(t)$ 对时间 t 的导数 $\dfrac{\mathrm{d}M}{\mathrm{d}t}$.

由于铀的衰变速度与其含量成正比，故得微分方程

$$\frac{\mathrm{d}M}{\mathrm{d}t} = -\lambda M$$

其中 $\lambda(\lambda>0)$ 是常数，λ 前的负号表示当 t 增加时 M 单调减少，即 $\dfrac{\mathrm{d}M}{\mathrm{d}t} < 0$.

由题意，初始条件为 $M\big|_{x=0} = M_0$.

将方程分离变量得

$$\frac{\mathrm{d}M}{M} = -\lambda\mathrm{d}t$$

两边积分，得 $\int \dfrac{\mathrm{d}M}{M} = \int (-\lambda)\mathrm{d}t$

即 $\qquad\qquad \ln M = -\lambda t + \ln C$，也即 $M = C\mathrm{e}^{-\lambda t}$

由初始条件，得 $M_0 = C\mathrm{e}^0 = C$.

所以铀含量 $M(t)$ 随时间 t 变化的规律 $M = M_0\mathrm{e}^{-\lambda t}$.

【例 10.8】 求 $(1+\mathrm{e}^x)yy' = \mathrm{e}^x$ 满足 $y\big|_{x=0} = 0$ 的特解.

解 方程属于可分离变量的微分方程. 分离变量后可得

$$ydy = \frac{e^x}{1+e^x}dx$$

两边积分得

$$\int ydy = \int \frac{e^x}{1+e^x}dx$$

所以通解为

$$\frac{y^2}{2} = \ln(1+e^x) + \ln C = \ln C(1+e^x)$$

再由 $y|_{x=0} = 0$，得

$$0 = \ln 2C，即 C = \frac{1}{2}$$

故所求的特解为 $\frac{y^2}{2} = \ln\frac{1+e^x}{2}$.

【例 10.9】 求微分方程 $\frac{dy}{dx} = 1 + x + y^2 + xy^2$ 的通解.

解 方程可化为

$$\frac{dy}{dx} = (1+x)(1+y^2)$$

分离变量得

$$\frac{1}{1+y^2}dy = (1+x)dx$$

两边积分得

$$\int \frac{1}{1+y^2}dy = \int(1+x)dx，即 \arctan y = \frac{1}{2}x^2 + x + C$$

于是原方程的通解为 $y = \tan\left(\frac{1}{2}x^2 + x + C\right)$.

10.2.2 齐次方程

有的微分方程通过适当的变量代换后，也可以转化为可分离变量的微分方程.

【例 10.10】 求下列微分方程的通解

$$x(\ln x - \ln y)dy - ydx = 0.$$

解 原方程变形为 $\ln\frac{y}{x}dy + \frac{y}{x}dx = 0$，令 $u = \frac{y}{x}$，$y = ux$，则 $\frac{dy}{dx} = u + x\frac{du}{dx}$，

代入原方程并整理 $\frac{\ln u}{u(\ln u + 1)}du = -\frac{dx}{x}$

两边积分得

$$\ln u - \ln(\ln u + 1) = -\ln x + \ln C$$

即

$$y = C(\ln u + 1)$$

变量回代得所求通解 $y = C\left(\ln\dfrac{y}{x} + 1\right)$.

可知，如果一阶微分方程 $\dfrac{\mathrm{d}y}{\mathrm{d}x} = f(x,y)$ 中的函数 $f(x,y)$ 可化为 $\varphi\left(\dfrac{y}{x}\right)$，则称方

程为齐次方程. 齐次方程通过变量替换 $u = \dfrac{y}{x}$ 转化为可分离变量方程求解.

在齐次方程 $\dfrac{\mathrm{d}y}{\mathrm{d}x} = \varphi\left(\dfrac{y}{x}\right)$ 中，令 $u = \dfrac{y}{x}$，即 $y = ux$，有

$$u + x\frac{\mathrm{d}u}{\mathrm{d}x} = \varphi(u)$$

分离变量，得 $\dfrac{\mathrm{d}u}{\varphi(u) - u} = \dfrac{\mathrm{d}x}{x}$

两端积分，得 $\displaystyle\int\frac{\mathrm{d}u}{\varphi(u) - u} = \int\frac{\mathrm{d}x}{x}$

求出积分后，再用 $\dfrac{y}{x}$ 代替 u，便得所给齐次方程的通解.

如果一阶微分方程 $\dfrac{\mathrm{d}y}{\mathrm{d}x} = f(x,y)$ 中的函数 $f(x,y)$ 可写成 $\dfrac{y}{x}$ 的函数，即

$f(x,y) = \varphi\left(\dfrac{y}{x}\right)$，则称这方程为**齐次方程**.

【例 10.11】 下列哪些是齐次方程？

（1） $xy' - y - \sqrt{y^2 - x^2} = 0$ （2） $\sqrt{1-x^2}\,y' = \sqrt{1-y^2}$

（3） $(x^2+y^2)\mathrm{d}x - xy\mathrm{d}y = 0$ （4） $(2x+y-4)\mathrm{d}x + (x+y-1)\mathrm{d}y = 0$

解 （1）是齐次方程. 原式 $\Rightarrow \dfrac{\mathrm{d}y}{\mathrm{d}x} = \dfrac{y+\sqrt{y^2-x^2}}{x} \Rightarrow \dfrac{\mathrm{d}y}{\mathrm{d}x} = \dfrac{y}{x} + \sqrt{\left(\dfrac{y}{x}\right)^2 - 1}$.

（2）不是齐次方程. 由原式 $\Rightarrow \dfrac{\mathrm{d}y}{\mathrm{d}x} = \sqrt{\dfrac{1-y^2}{1-x^2}}$.

（3）是齐次方程. 由原式 $\Rightarrow \dfrac{\mathrm{d}y}{\mathrm{d}x} = \dfrac{x^2+y^2}{xy} \Rightarrow \dfrac{\mathrm{d}y}{\mathrm{d}x} = \dfrac{x}{y} + \dfrac{y}{x}$.

（4）不是齐次方程. 由原式 $\Rightarrow \dfrac{\mathrm{d}y}{\mathrm{d}x} = -\dfrac{2x+y-4}{x+y-1}$.

【例 10.12】 解方程 $y^2 + x^2 \dfrac{dy}{dx} = xy \dfrac{dy}{dx}$.

解 原方程可写成

$$\frac{dy}{dx} = \frac{y^2}{xy - x^2} = \frac{\left(\dfrac{y}{x}\right)^2}{\dfrac{y}{x} - 1}$$

因此原方程是齐次方程. 令 $\dfrac{y}{x} = u$，则

$$y = ux, \qquad \frac{dy}{dx} = u + x\frac{du}{dx}$$

于是原方程变为

$$u + x\frac{du}{dx} = \frac{u^2}{u - 1}$$

即 $x\dfrac{du}{dx} = \dfrac{u}{u - 1}$，分离变量，得

$$\left(1 - \frac{1}{u}\right)du = \frac{dx}{x}$$

两边积分，得 $u - \ln|u| + C = \ln|x|$，或写成 $\ln|xu| = u + C$.

以 $\dfrac{y}{x}$ 代上式中的 u，便得所给方程的通解

$$\ln|y| = \frac{y}{x} + C$$

10.2.3 一阶线性微分方程

形如

$$\frac{dy}{dx} + P(x)y = Q(x) \qquad\qquad (10.12)$$

的方程称为**一阶线性微分方程**. 其中函数 $P(x)$，$Q(x)$ 是某一区间的连续函数. 一阶线性微分方程中若 $Q(x) \equiv 0$，方程（10.12）成为

$$\frac{dy}{dx} + P(x)y = 0 \qquad\qquad (10.13)$$

这个方程称为一阶齐次线性方程. 相应的，方程（10.12）称为**一阶非齐次线性方程**. 先求一阶齐次线性方程（10.13）的通解.

方程（10.13）是一个可分离变量的方程. 分离变量，有

$$\frac{\mathrm{d}y}{y} = -P(x)\mathrm{d}x$$

两端积分，得

$$\ln y = -\int P(x)\mathrm{d}x + \ln C$$

故一阶齐次线性微分方程（10.13）的通解为

$$y = Ce^{-\int P(x)\mathrm{d}x}$$

其中 C 为任意常数.

　　容易验证，不论 C 取什么值，$y = Ce^{-\int P(x)\mathrm{d}x}$ 只能是齐次线性方程的解. 如果我们希望非齐次线性方程 $\dfrac{\mathrm{d}y}{\mathrm{d}x} + P(x)y = Q(x)$ 具有类似 $Ce^{-\int P(x)\mathrm{d}x}$ 结构的解，那么 C 不应该是常数，而应该是 x 的函数，只要能够确定这个函数即可.

　　设一阶非齐次线性方程通解为

$$y = u(x)e^{-\int P(x)\mathrm{d}x} \tag{10.14}$$

于是 $\qquad\qquad y' = u'(x)e^{-\int P(x)\mathrm{d}x} + u(x)e^{-\int P(x)\mathrm{d}x}(-P(x))$

把 y，y'的表达式代入方程（2），得

$$u'(x)e^{-\int P(x)\mathrm{d}x} + u(x)e^{-\int P(x)\mathrm{d}x}(-P(x)) + P(x)u(x)e^{-\int P(x)\mathrm{d}x} = Q(x)$$

即 $u'(x)e^{-\int P(x)\mathrm{d}x} = Q(x)$ 或 $u'(x) = Q(x)e^{\int P(x)\mathrm{d}x}$

积分可得 $u(x) = \int Q(x)e^{\int P(x)\mathrm{d}x}\mathrm{d}x + C$.

将所得 $u(x)$ 代入方程（10.14）中，我们就得到一阶非齐次线性方程的通解公式

$$y = \left(\int Q(x)e^{\int P(x)\mathrm{d}x}\mathrm{d}x + C\right)e^{-\int P(x)\mathrm{d}x} \tag{10.15}$$

　　上述求解一阶非齐次线性微分方程通解的方法称为常数变易法：即在求出对应齐次方程的通解后，将通解中的常数 C 变易为待定函数 $u(x)$，然后求出非齐次的通解.

　　将一阶非齐次线性方程的通解（10.15）展开，得

$$y = Ce^{-\int P(x)\mathrm{d}x} + e^{-\int P(x)\mathrm{d}x}\int Q(x)e^{\int P(x)\mathrm{d}x}\mathrm{d}x$$

　　一阶非齐次线性方程（10.12）的通解由两部分组成：第一项是对应的齐次线性方程（10.13）的通解；第二项可以看成在一阶非齐次线性方程（10.12）的通解中取 $C = 0$ 得到的解，所以它是一阶非齐次线性方程（10.12）的一个特解. 于是我们得到如下结论：

　　定理 10.1　　（**一阶非齐次线性微分方程的解的结构**）一阶非齐次线性方程（10.12）的通解等于对应的齐次线性方程（10.13）的通解与一阶非齐次线性方程（10.12）的一个特解之和.

【例 10.13】 求方程 $\dfrac{dy}{dx} - \dfrac{2y}{x+1} = (x+1)^{\frac{5}{2}}$ 的通解.

解 方法一（常数变易法）这是一个非齐次线性方程.

先求对应的齐次线性方程 $\dfrac{dy}{dx} - \dfrac{2y}{x+1} = 0$ 的通解.

分离变量得

$$\frac{dy}{y} = \frac{2dx}{x+1}$$

两边积分得

$$\ln y = 2\ln(x+1) + \ln C$$

齐次线性方程的通解为

$$y = C(x+1)^2$$

用常数变易法，把 C 换成 $u(x)$，即令 $y = u(x) \cdot (x+1)^2$，代入所给非齐次线性方程，得

$$u'(x) \cdot (x+1)^2 + 2u(x) \cdot (x+1) - \frac{2}{x+1} u(x) \cdot (x+1)^2 = (x+1)^{\frac{5}{2}}$$

$$u'(x) = (x+1)^{\frac{1}{2}}$$

两边积分，得

$$u(x) = \frac{2}{3}(x+1)^{\frac{3}{2}} + C$$

再把上式代入 $y = u(x)(x+1)^2$ 中，即得所求方程的通解为

$$y = (x+1)^2 \left[\frac{2}{3}(x+1)^{\frac{3}{2}} + C \right]$$

方法二（公式法）这里 $P(x) = -\dfrac{2}{x+1}$，$Q(x) = (x+1)^{\frac{5}{2}}$

因为

$$\int P(x)dx = \int \left(-\frac{2}{x+1} \right) dx = -2\ln(x+1)$$

$$e^{-\int P(x)dx} = e^{2\ln(x+1)} = (x+1)^2$$

$$\int Q(x)e^{\int P(x)dx}dx = \int (x+1)^{\frac{5}{2}}(x+1)^{-2}dx = \int (x+1)^{\frac{1}{2}}dx = \frac{2}{3}(x+1)^{\frac{3}{2}}$$

所以通解为

$$y = e^{-\int P(x)dx} \left[\int Q(x)e^{\int P(x)dx}dx + C \right] = (x+1)^2 \left[\frac{2}{3}(x+1)^{\frac{3}{2}} + C \right]$$

【例 10.14】 求方程 $x\ln x dy + (y - \ln x)dx = 0$ 在条件 $y\big|_{x=e} = 1$ 下的特解.

解 将方程标准化为 $y + \dfrac{1}{x\ln x}y = \dfrac{1}{x}$，于是

$$y = e^{-\int \frac{dx}{x\ln x}}\left(\int \frac{1}{x}e^{\int \frac{dx}{x\ln x}}dx + C \right)$$

$$= e^{-\ln\ln x}\left(\int \frac{1}{x}e^{\ln\ln x}dx + C \right)$$

$$= \frac{1}{\ln x}\left(\frac{1}{2}\ln^2 x + C \right)$$

由初始条件 $y|_{x=e} = 1$，得 $C = \dfrac{1}{2}$，故所求特解为 $y = \dfrac{1}{2}\left(\dfrac{1}{\ln x} + \ln x \right)$.

【**例 10.15**】 求方程 $y^3 dx + (2xy^2 - 1)dy = 0$ 的通解.

解 当将 y 看作 x 的函数时，方程变为

$$\frac{dy}{dx} = \frac{y^2}{1 - 2xy^2}$$

这个方程不是一阶线性微分方程，不便于求解. 如果将 x 看作 y 的函数，方程改写为

$$\frac{dx}{dy} + \frac{2}{y}x = \frac{1}{y^3}$$

则为一阶线性微分方程，令 $P(y) = \dfrac{2}{y}$，$Q(y) = \dfrac{1}{y^3}$.

由公式得原方程的通解为

$$x = e^{-\int P(y)dy}\left[\int Q(y)e^{\int P(y)dy}dy + C \right]$$

$$= e^{-\int \frac{2}{y}dy}\left[\int \frac{1}{y^3}e^{\int \frac{2}{y}dy}dy + C \right]$$

故得 $x = \dfrac{1}{y^2}(\ln y + C)$，其中 C 为任意常数.

10.2.4 伯努利方程

方程

$$\frac{dy}{dx} + P(x)y = Q(x)y^n \quad (n \neq 0,\ 1)$$

叫做**伯努利方程**.

下列方程是什么类型的方程？

（1）$\dfrac{dy}{dx} + \dfrac{1}{3}y = \dfrac{1}{3}(1 - 2x)y^4$，是伯努利方程.

（2）$\dfrac{\mathrm{d}y}{\mathrm{d}x} = y + xy^5$，$\Rightarrow \dfrac{\mathrm{d}y}{\mathrm{d}x} - y = xy^5$，是伯努利方程.

（3）$y' = \dfrac{x}{y} + \dfrac{y}{x}$，$\Rightarrow y' - \dfrac{1}{x}y = xy^{-1}$，是伯努利方程.

（4）$\dfrac{\mathrm{d}y}{\mathrm{d}x} - 2xy = 4x$，是线性方程，不是伯努利方程.

伯努利方程的解法：以 y^n 除方程的两边，得

$$y^{-n}\dfrac{\mathrm{d}y}{\mathrm{d}x} + P(x)y^{1-n} = Q(x)$$

令 $z = y^{1-n}$，得线性方程

$$\dfrac{\mathrm{d}z}{\mathrm{d}x} + (1-n)P(x)z = (1-n)Q(x)$$

【例 10.16】 求方程 $\dfrac{\mathrm{d}y}{\mathrm{d}x} + \dfrac{y}{x} = a(\ln x)y^2$ 的通解.

解 以 y^2 除方程的两端，得

$$y^{-2}\dfrac{\mathrm{d}y}{\mathrm{d}x} + \dfrac{1}{x}y^{-1} = a\ln x$$

即

$$-\dfrac{\mathrm{d}(y^{-1})}{\mathrm{d}x} + \dfrac{1}{x}y^{-1} = a\ln x$$

令 $z = y^{-1}$，则上述方程成为

$$\dfrac{\mathrm{d}z}{\mathrm{d}x} - \dfrac{1}{x}z = -a\ln x$$

这是一个线性方程，它的通解为

$$z = x\left[C - \dfrac{a}{2}(\ln x)^2\right]$$

以 y^{-1} 代 z，得所求方程的通解为

$$yx\left[C - \dfrac{a}{2}(\ln x)^2\right] = 1$$

经过变量代换，某些方程可以转化为变量可分离的方程，或转化为已知其求解方法的方程.

【例 10.17】 解方程 $\dfrac{\mathrm{d}y}{\mathrm{d}x} = \dfrac{1}{x+y}$.

解 若把所给方程变形为

$$\dfrac{\mathrm{d}x}{\mathrm{d}y} = x + y$$

即为一阶线性方程，则按一阶线性方程的解法可求得通解. 这里用变量代换来解所给方程.

令 $x+y=u$，则原方程化为

$$\frac{\mathrm{d}u}{\mathrm{d}x} - 1 = \frac{1}{u}, \quad 即 \frac{\mathrm{d}u}{\mathrm{d}x} = \frac{u+1}{u}$$

分离变量，得

$$\frac{u}{u+1}\mathrm{d}u = \mathrm{d}x$$

两端积分得

$$u - \ln|u+1| = x - \ln|C|$$

以 $u=x+y$ 代入上式，得

$$y - \ln|x+y+1| = -\ln|C|，\quad 或\ x = Ce^y - y - 1$$

习题 10-2

1. 选择题.

（1）方程 $x\mathrm{d}y - y\mathrm{d}x = 0$ 的通解是_____.

A. $y = Cx$ 　　　B. $y = \dfrac{C}{x}$ 　　　C. $y = Ce^x$ 　　　D. $y = C\ln x$

（2）方程 $\sin x \cos y\mathrm{d}x = \cos x \sin y\mathrm{d}y$ 满足 $y\big|_{x=0} = \dfrac{\pi}{4}$ 的特解是_____.

A. $\sin y = \dfrac{\sqrt{2}}{2}\sin x$ 　　　　　　　B. $\cos y = \dfrac{\sqrt{2}}{2}\cos x$

C. $\sin y = \dfrac{\sqrt{2}}{2}\cos x$ 　　　　　　　D. $\cos y = \dfrac{\sqrt{2}}{2}\sin x$

（3）微分方程 $xy' + y - e^x = 0$ 的通解为_____.

A. $y = \dfrac{1}{x}(e^x + C)$ 　　　　　　　B. $y = Cxe^{-x}$

C. $y = Ce^{-x}$ 　　　　　　　　　　D. $y = Ce^x$

（4）方程 $x\mathrm{d}y + \mathrm{d}x = e^x\mathrm{d}x$ 的通解为_____.

A. $1 - e^{-y} = Cx$ 　　B. $1 + e^y = Cx$ 　　C. $x = Ce^{-y}$ 　　D. $x + 1 = Ce^y$

2. 求下列微分方程的通解.

（1）$y' = e^{x+y}$ 　　　　　　　　　　　（2）$x\ln y\mathrm{d}y + y\ln x\mathrm{d}x = 0$

（3）$\cos^2 x\dfrac{\mathrm{d}y}{\mathrm{d}x} + y = 0$ 　　　　　　　（4）$x(y^2 - 1)\mathrm{d}x + y(x^2 - 1)\mathrm{d}y = 0$

（5）$x\dfrac{\mathrm{d}y}{\mathrm{d}x} + y = 2\sqrt{xy}$ 　　　　　　　（6）$\dfrac{\mathrm{d}y}{\mathrm{d}x} = \dfrac{2x^2y + 3y^3}{x^3 + 2xy^2}$

（7）$y' - \dfrac{1}{x} y = \dfrac{1}{1+x}$ 　　　　　（8）$y' = -2xy + 2xe^{-x^2}$

（9）$\dfrac{dy}{dx} + 2xy + xy^4 = 0$ 　　　　　（10）$\dfrac{dy}{dx} + y = y^2(\cos x - \sin x)$

3. 求下列微分方程满足所给初始条件的特解.

（1）$\begin{cases} (y+3)dx + \cot x\, dy = 0 \\ y\big|_{x=0} = 1 \end{cases}$ 　　　　（2）$\begin{cases} \cos y\, dx + (1+e^{-x})\sin y\, dy = 0 \\ y\big|_{x=0} = \dfrac{\pi}{4} \end{cases}$

（3）$\begin{cases} xy' + y = 3 \\ y\big|_{x=1} = 0 \end{cases}$ 　　　　　（4）$\begin{cases} y' = \dfrac{x^2 + y^2}{xy} \\ y\big|_{x=1} = 1 \end{cases}$

（5）$\begin{cases} \dfrac{dy}{dx} - y\tan x = \sec x \\ y\big|_{x=0} = 0 \end{cases}$ 　　　　（6）$\begin{cases} xy' + y = \sin x \\ y\big|_{x=\frac{\pi}{2}} = 0 \end{cases}$

4. 已知函数 $y(x)$ 满足方程 $y = e^x + \displaystyle\int_0^x y(t)dt$ （因未知函数出现在积分号下，故称它为积分方程），求 $y(x)$.

5. 设函数 $f(x)$ 可微且满足关系式 $\displaystyle\int_0^x [2f(t)-1]dt = f(x) - 1$，求 $f(x)$.

6. 设函数 $f(x)$ 可导且满足关系式 $\displaystyle\int_1^x f^2(t)dt = x^2 f(x) - f(1)$，求 $f(x)$.

10.3　可降阶的高阶微分方程

10.3.1　$y^{(n)} = f(x)$ 型的微分方程

微分方程 　　　　　　　　　$y^{(n)} = f(x)$ 　　　　　　　　　　（10.16）

其中 $f(x)$ 是连续函数.容易看出只要把 $y^{(n-1)}$ 作为新的未知函数，那么（10.16）式就是新未知函数的一阶微分方程. 将（10.16）式写成

$$dy^{(n-1)} = f(x)dx$$

两边积分，就得到一个 $n-1$ 阶的微分方程

$$y^{(n-1)} = \int f(x)dx + C_1$$

依照此法继续进行两边积分，经过 n 次积分后，可得到（10.16）式的含有 n 个任意常数的通解.

【例 10.18】　求微分方程 $y''' = e^{2x} - \cos x$ 的通解.

解　对所给方程连续积分 3 次，得

$$y'' = \frac{1}{2}e^{2x} - \sin x + C_1$$

$$y' = \frac{1}{4}e^{2x} + \cos x + C_1 x + C_2$$

$$y = \frac{1}{8}e^{2x} + \sin x + \frac{1}{2}C_1 x^2 + C_2 x + C_3$$

其中 C_1，C_2，C_3 是任意常数，这就是所给方程的通解.

10.3.2　$y'' = f(x, y')$ 型的微分方程

微分方程

$$y'' = f(x, y')$$

该方程特点是不显含未知函数 y. 如果设 $y' = p$ 则方程化为

$$p' = f(x, p)$$

设 $p' = f(x, p)$ 的通解为 $p = \varphi(x, C_1)$，则

$$\frac{\mathrm{d}y}{\mathrm{d}x} = \varphi(x, C_1)$$

原方程的通解为

$$y = \int \varphi(x, C_1)\mathrm{d}x + C_2$$

【例 10.19】　求微分方程 $(1 + x^2)y'' = 2xy$ 满足初始条件 $y\big|_{x=0} = 1$，$y'\big|_{x=0} = 3$ 的特解.

解　所给方程是 $y'' = f(x, y')$ 型的. 设 $y' = p$ 代入方程并分离变量后，有

$$\frac{\mathrm{d}p}{p} = \frac{2x}{1 + x^2}\mathrm{d}x$$

两边积分，得

$$\ln|p| = \ln(1 + x^2) + C$$

即　　　　　　　　　$p = y' = C_1(1 + x^2)　(C_1 = \pm e^C)$

由条件 $y'\big|_{x=0} = 3$，得 $C_1 = 3$

所以　　　　　　　　　$y' = 3(1 + x^2)$

两边再积分，得　$y = x^3 + 3x + C_2$

又由条件 $y\big|_{x=0} = 1$ $y|_{x=0} = 1$，得 $C_2 = 1$

于是所求的特解为

$$y = x^3 + 3x + 1$$

10.3.3　$y'' = f(y, y')$ 型的微分方程

微分方程

$$y'' = f(y, y')$$

该方程特点是不显含未知函数 x. 为了求它的解，我们设 $y' = p$，有

$$y'' = \frac{dp}{dx} = \frac{dp}{dy} \cdot \frac{dy}{dx} = p\frac{dp}{dy}$$

原方程化为

$$p\frac{dp}{dy} = f(y, p)$$

设方程 $p\dfrac{dp}{dy} = f(y, p)$ 的通解为 $y' = p = \varphi(y, C_1)$，则原方程的通解为

$$\int \frac{dy}{\varphi(y, C_1)} = x + C_2$$

【**例 10.20**】　求微分 $yy'' - y'^2 = 0$ 的通解.

解　设 $y' = p$，则原方程化为

$$yp\frac{dp}{dy} - p^2 = 0$$

当 $y \neq 0$，$p \neq 0$ 时，有

$$\frac{dp}{dy} - \frac{1}{y}p = 0$$

于是

$$p = e^{\int \frac{1}{y}dy} = C_1 y$$

即

$$y' - C_1 y = 0$$

从而原方程的通解为

$$y = C_2 e^{\int C_1 dx} = C_2 e^{C_1 x}$$

习题 10-3

1. 求下列微分方程的通解.

（1）$y''' = xe^{-x}$

（2）$\dfrac{2x}{1-x^2}y' = y''$

（3）$y''x\ln x = y'$

（4）$y' = (x+1)y''$

（5）$(y'')^2 = y'$

（6）$yy'' + 2(1-y)(y')^2 = 0$

2．求下列微分方程满足所给初值条件的特解．

（1）$y''' = e^{-2x}$　$(y|_{x=1} = 0, y'|_{x=1} = 0, y''|_{x=1} = 0)$

（2）$2y'' = \sin 2y$　$\left(y|_{x=0} = \dfrac{\pi}{2}, y'|_{x=0} = 1 \right)$

（3）$(1-x^2)y'' - xy' = 0$　$(y|_{x=0} = 0, y'|_{x=0} = 1)$

10.4　线性常系数微分方程

10.4.1　解的结构

二阶线性常系数微分方程的一般形式为

$$\frac{d^2 y}{dx^2} + p\frac{dy}{dx} + qy = f(x) \text{ 或 } y'' + py' + qy = f(x) \tag{10.17}$$

其中 p、q 是常数，$f(x)$ 是自变量 x 的函数，函数 $f(x)$ 称为方程（10.17）的自由项．当 $f(x) \equiv 0$ 时，方程（10.17）化为

$$\frac{d^2 y}{dx^2} + p\frac{dy}{dx} + qy = 0 \tag{10.18}$$

这个方程称为**二阶齐次线性微分方程**．相应地，方程（10.17）称为**二阶非齐次线性微分方程**．

定理 10.2　如果函数 $y_1(x)$ 与 $y_2(x)$ 是方程（10.18）的两个解，那么

$$y = C_1 y_1(x) + C_2 y_2(x) \tag{10.19}$$

也是方程（10.18）的解，其中 C_1、C_2 是任意常数．

齐次线性方程的这个性质表明它的解符合叠加原理．

证明　因为 $y_1(x)$ 与 $y_2(x)$ 是方程（10.18）的两个解，则

$$y_1'' + py_1' + qy_1 = 0 , \quad y_2'' + py_2' + qy_2 = 0$$

将（10.19）代入（10.18）式左端，得

$$左端 = (C_1 y_1''(x) + C_2 y_2''(x)) + p(C_1 y_1'(x) + C_2 y_2'(x)) + q(C_1 y_1(x) + C_2 y_2(x))$$

$$= C_1(y_1'' + py_1' + qy_1) + C_2(y_2'' + py_2' + qy_2)$$

$$= C_1 \cdot 0 + C_2 \cdot 0 \equiv 0 = 右端$$

故 $y = C_1 y_1(x) + C_2 y_2(x)$ 是方程（10.18）的解．

【例 10.21】　对于二阶线性微分方程

$$y'' - 3y' + 2y = 0$$

验证 $y_1 = e^x$，$y_2 = e^{2x}$，$y_3 = e^{x+2}$ 是它的解，并证明 $C_1 e^{2x} + C_2 e^x$ 是原方程的通解，而 $C_1 e^{x+2} + C_2 e^x$ 是原方程的解但不是通解．

证明　把 $y_1 = e^x$ 代入方程的左端，得

$$y'' - 3y' + 2y = (e^x)'' - 3(e^x)' + 2(e^x) = e^x - 3e^x + 2e^x \equiv 0$$

故 $y_1 = \mathrm{e}^x$ 是 $y'' - 3y' + 2y = 0$ 的解.

同理 $y'' - 3y' + 2y = (\mathrm{e}^{2x})'' - 3(\mathrm{e}^{2x})' + 2(\mathrm{e}^{2x}) = 4\mathrm{e}^{2x} - 3 \cdot 2\mathrm{e}^{2x} + 2\mathrm{e}^{2x} \equiv 0$

$$y'' - 3y' + 2y = (\mathrm{e}^{x+2})'' - 3(\mathrm{e}^{x+2})' + 2(\mathrm{e}^{x+2}) = \mathrm{e}^{x+2} - 3\mathrm{e}^{x+2} + 2\mathrm{e}^{x+2} \equiv 0$$

所以 $y_2 = \mathrm{e}^{2x}$，$y_3 = \mathrm{e}^{x+2}$ 也是原微分方程的解.

由定理 10.2 可得，$C_1 \mathrm{e}^{2x} + C_2 \mathrm{e}^x$ 是原方程的解. 又因为两个任意常数 C_1、C_2 不可能合并为一个任意常数，而所给的方程是二阶的，因此 $C_1 \mathrm{e}^{2x} + C_2 \mathrm{e}^x$ 是 $y'' - 3y' + 2y = 0$ 的通解.

而 $C_1 \mathrm{e}^x + C_3 \mathrm{e}^{x+2} = C_1 \mathrm{e}^x + C_3 \mathrm{e}^2 \cdot \mathrm{e}^x = C\mathrm{e}^x$（其中 $C = C_1 + C_3 \mathrm{e}^2$）实质上只含有一个任意常数，故 $C_1 \mathrm{e}^x + C_3 \mathrm{e}^{x+2}$ 是微分方程的解，但不是通解.

可知 $\dfrac{y_1}{y_2} = \dfrac{\mathrm{e}^x}{\mathrm{e}^{2x}} = \mathrm{e}^{-x}$ 不恒为常数（称 $y_1 = \mathrm{e}^x$ 与 $y_2 = \mathrm{e}^{2x}$ 是线性无关的），所以 $C_1 y_1 + C_2 y_2$ 是 $y'' - 3y' + 2y = 0$ 的通解. 而 $\dfrac{y_3}{y_1} = \dfrac{\mathrm{e}^{x+2}}{\mathrm{e}^x} = \mathrm{e}^2$ 恒为常数（称 $y_1 = \mathrm{e}^x$ 与 $y_3 = \mathrm{e}^{x+2}$ 是线性相关的），所以 $C_1 y_1 + C_3 y_3$ 中的常数可以合并为一个常数，从而它不能构成原方程的通解.

对于一般情形，我们有如下定理.

定理 10.3 如果函数 $y_1(x)$ 与 $y_2(x)$ 是方程（10.18）的两个线性无关的特解，那么

$$y = C_1 y_1(x) + C_2 y_2(x)$$

就是方程（10.18）的通解，其中 C_1、C_2 是任意常数.

【例 10.22】 已知 $y_1 = \mathrm{e}^{2x} + \mathrm{e}^{-x}$，$y_2 = 2\mathrm{e}^{2x} + \mathrm{e}^{-x}$，$y_3 = \mathrm{e}^{2x} - 2\mathrm{e}^{-x}$ 是某二阶齐次线性微分方程的三个特解.

（1）求此方程的通解；

（2）写出此微分方程；

（3）求此微分方程满足 $y(0) = 7$，$y'(0) = 5$ 的特解.

解 （1）由题设知，$\mathrm{e}^{2x} = y_2 - y_1$，$\mathrm{e}^{-x} = \dfrac{1}{3}(y_1 - y_3)$ 是相应的齐次线性方程的两个线性无关的解，故所求方程的通解为

$$y = C_1 \mathrm{e}^{2x} + C_2 \mathrm{e}^{-x}，\text{其中 } C_1、C_2 \text{ 是任意常数}$$

（2）因为 $y = C_1 \mathrm{e}^{2x} + C_2 \mathrm{e}^{-x}$，

所以 $y' = 2C_1 \mathrm{e}^{2x} - C_2 \mathrm{e}^{-x}$，$y'' = 4C_1 \mathrm{e}^{2x} + C_2 \mathrm{e}^{-x}$

从这两个式子中消去 C_1，C_2，即得所求方程为 $y'' - y' - 2y = 0$.

（3）在 $y = C_1 \mathrm{e}^{2x} + C_2 \mathrm{e}^{-x}$ 和 $y' = 2C_1 \mathrm{e}^{2x} - C_2 \mathrm{e}^{-x}$ 中代入初始条件 $y(0) = 7$，$y'(0) = 5$，得 $C_1 + C_2 = 7$，$2C_1 - C_2 = 5 \Rightarrow C_1 = 4, C_2 = 3$

从而所求特解为 $y = 4\mathrm{e}^{2x} + 3\mathrm{e}^{-x}$.

定理 10.4 设 $y^*(x)$ 是二阶非齐次线性方程 $y'' + py' + qy = f(x)$ 的一个特解，$Y(x)$ 是对应的齐次方程的通解，那么 $y = Y(x) + y^*(x)$ 是二阶非齐次线性微分方程的通解.

证明 将 $y = Y(x) + y^*(x)$ 代入方程 $y'' + py' + qy = f(x)$ 左端 ，得

$$[Y(x) + y^*(x)]'' + p[Y(x) + y^*(x)]' + q[Y(x) + y^*(x)]$$
$$= (Y'' + pY' + qY') + (y^{*''} + py^{*'} + qy^*)$$
$$= 0 + f(x) = f(x).$$

例如， $Y = C_1 \cos x + C_2 \sin x$ 是齐次方程 $y'' + y = 0$ 的通解， $y^*(x) = x^2 - 2$ 是 $y'' + y = x^2$ 的一个特解，因此

$$y = C_1 \cos x + C_2 \sin x + x^2 - 2$$

是方程 $y'' + y = x^2$ 的通解.

定理 10.5 设非齐次线性微分方程 $y'' + py' + qy = f(x)$ 的右端 $f(x)$ 是几个函数之和，如

$$y'' + py' + qy = f_1(x) + f_2(x)$$

而 $y_1^*(x)$ 与 $y_2^*(x)$ 分别是方程

$$y'' + py' + qy = f_1(x) \ \text{与} \ y'' + py' + qy = f_2(x)$$

的特解，那么 $y_1^*(x) + y_2^*(x)$ 就是原方程的特解.

证明 将 $y_1^*(x) + y_2^*(x)$ 代入方程 $y'' + py' + qy = f_1(x) + f_2(x)$ 的左端，得

$$[y_1^*(x) + y_2^*(x)]'' + p[y_1^*(x) + y_2^*(x)]' + q[y_1^*(x) + y_2^*(x)]$$
$$= (y_1^{*''} + py_1^{*'} + qy_1^*) + (y_2^{*''} + py_2^{*'} + qy_2^*)$$
$$= f_1(x) + f_2(x)$$

10.4.2 二阶常系数齐次线性微分方程的解法

现在我们来研究二阶常系数齐次线性微分方程 $y'' + py' + qy = 0$ 的解法. 如何求得方程的两个线性无关的特解？我们知道，指数函数 $y = e^{rx}$ （ r 为常数）的各阶导数仍为指数函数 e^{rx} 乘以一个常数. 又因为方程的系数 p , q 都是常数. 因此，要使方程的右端 $y'' + py' + qy$ 等于零，可以设想方程的一个特解为 $y = e^{rx}$ ，其中 r 为待定系数.

我们把 $y = e^{rx}$ 代入方程 $y'' + py' + qy = 0$ ，得

$$(e^{rx})'' + p(e^{rx})' + q(e^{rx}) = 0, \ \text{即} \ e^{rx}(r^2 + pr + q) = 0$$

由于 $e^{rx} \neq 0$ ，故得

$$r^2 + pr + q = 0$$

由此可见，只要待定系数 r 满足方程 $r^2 + pr + q = 0$，所得到的函数 $y = e^{rx}$ 就是微分方程的解，我们称方程 $r^2 + pr + q = 0$ 为微分方程的特征方程，特征方程的根称为方程的特征根.

特征方程的两个根 r_1，r_2 可用公式 $r_{1,2} = \dfrac{-p \pm \sqrt{p^2 - 4q}}{2}$ 求出. 所以特征根 r_1，r_2 就有 3 种不同的情形，现分别讨论如下.

（1） $p^2 - 4q > 0$ 时，特征方程有两个不相等的实根：$r_1 \neq r_2$.

这时方程有两个特解 $y_1 = e^{r_1 x}$，$y_2 = e^{r_2 x}$，又 $\dfrac{y_1}{y_2} = \dfrac{e^{r_1 x}}{e^{r_2 x}} = e^{(r_1 - r_2)x}$ 不恒为常数，这两个解是方程的两个线性无关的解.

因此方程的通解为

$$y = C_1 e^{r_1 x} + C_2 e^{r_2 x}$$

（2） $p^2 - 4q = 0$ 时，特征方程有两个相等的实根 $r_1 = r_2 = -\dfrac{p}{2}$. 这时方程只有一个特解 $y_1 = e^{r_1 x}$，还要找出与 y_1 线性无关的另一个特解 y_2（即满足 $\dfrac{y_2}{y_1}$ 不是恒常数）.

设 $y_2 = u(x)e^{r_1 x}$（这时 $\dfrac{y_2}{y_1} = u(x)$ 不恒为常数）是方程的另一个解.

由 $y_2 = u(x)e^{r_1 x}$ 求导，得

$$y_2' = \left[u'(x) + r_1 u(x) \right] e^{r_1 x}$$
$$y_2'' = \left[u''(x) + 2r_1 u'(x) + r_1^2 u(x) \right] e^{r_1 x}$$

将 y_2，y_2' 和 y_2'' 代入方程，得

$$e^{r_1 x}[(u''(x) + 2r_1 u'(x) + r_1^2 u(x)) + p(u'(x) + r_1 u(x)) + qu(x)] = 0$$

整理得

$$u''(x) + (2r_1 + p)u'(x) + (r_1^2 + pr_1 + q)u(x) = 0$$

因为 r_1 是特征方程的重根，所以有

$$r_1^2 + pr_1 + q = 0$$

和

$$2r_1 + p = 0$$

于是由 $u''(x) = 0$，对上式积分两次，得

$$u(x) = C_1 x + C_2$$

其中 C_1、C_2 是任意常数. 因为只需要找出一个与 y_1 线性无关的特解，也就是找出一个不为常数的 $u(x)$，所以可取 $C_1 = 1$，$C_2 = 0$，$u(x) = x$，由此得到方程的另一个特解为

$$y_2 = xe^{r_1 x}$$

故当特征根 $r_1 = r_2$ 时，方程的通解为

$$y = C_1 e^{r_1 x} + C_2 x e^{r_1 x}$$

或写成

$$y = (C_1 + C_2 x) e^{r_1 x}$$

（3） $p^2 - 4q < 0$ 时，特征方程有一对共轭复根： $r_1 = \alpha + i\beta$, $r_2 = \alpha - i\beta$.

这时 $y_1 = e^{(\alpha+i\beta)x}$, $y_2 = e^{(\alpha-i\beta)x}$ 是方程的两个线性无关的复数形式的特解. 根据欧拉公式

$$e^{i\beta} = \cos\beta + i\sin\beta$$

将 y_1, y_2 改写为

$$y_1 = e^{(\alpha+i\beta)x} = e^{\alpha x} e^{i\beta x} = e^{\alpha x}(\cos\beta x + i\sin\beta x)$$

$$y_2 = e^{(\alpha-i\beta)x} = e^{\alpha x} e^{-i\beta x} = e^{\alpha x}(\cos\beta x - i\sin\beta x)$$

取方程的另两个特解

$$\overline{y}_1 = \frac{1}{2}(y_1 + y_2) = e^{\alpha x}\cos\beta x$$

$$\overline{y}_2 = \frac{1}{2i}(y_1 - y_2) = e^{\alpha x}\sin\beta x$$

$\dfrac{\overline{y}_2}{\overline{y}_1} = \tan\beta x$ （不恒为常数），即 $\overline{y}_1$, $\overline{y}_2$ 是方程的线性无关解.

因此方程的通解为

$$y = e^{\alpha x}(C_1\cos\beta x + C_2\sin\beta x)$$

综上所述，求二阶常系数齐次线性微分方程的通解的步骤为:

第一步　写出微分方程的特征方程 $r^2 + pr + q = 0$；

第二步　求出特征根 r_1, r_2；

第三步　按下表写出微分方程的通解.

特征方程 $r^2 + pr + q = 0$	$y'' + py' + qy = 0$ 的解
$r_1 \neq r_2$	$y = C_1 e^{r_1 x} + C_2 e^{r_2 x}$
$r_1 = r_2$	$y = (C_1 + C_2 x) e^{r_1 x}$
$r_1 = \alpha + i\beta, r_2 = \alpha - i\beta$	$y = e^{\alpha x}(C_1\cos\beta x + C_2\sin\beta x)$

【例 10.23】　求微分方程 $y'' - 2y' - 3y = 0$ 的通解.

解　所给微分方程的特征方程为

$$r^2 - 2r - 3 = 0, \quad 即 (r+1)(r-3) = 0$$

其根 $r_1 = -1$, $r_2 = 3$ 是两个不相等的实根，因此所求通解为

$$y = C_1 e^{-x} + C_2 e^{3x}.$$

【例 10.24】　求方程 $y'' + 2y' + y = 0$ 满足初始条件 $y|_{x=0} = 4$、$y'|_{x=0} = -2$ 的特解.

解　所给方程的特征方程为

$$r^2 + 2r + 1 = 0, \quad 即 (r+1)^2 = 0$$

其根 $r_1 = r_2 = -1$ 是两个相等的实根，因此所给微分方程的通解为

$$y = (C_1 + C_2 x)e^{-x}$$

将条件 $y|_{x=0} = 4$ 代入通解，得 $C_1 = 4$，从而

$$y = (4 + C_2 x)e^{-x}$$

将上式对 x 求导，得

$$y' = (C_2 - 4 - C_2 x)e^{-x}$$

再把条件 $y'|_{x=0} = -2$ 代入上式，得 $C_2 = 2$．于是所求特解为

$$y = (4 + 2x)e^{-x}$$

【例 10.25】　求微分方程 $y'' - 2y' + 5y = 0$ 的通解.

解　所给方程的特征方程为

$$r^2 - 2r + 5 = 0$$

特征方程的根为 $r_1 = 1 + 2i$，$r_2 = 1 - 2i$ 是一对共轭复根，因此所求通解为

$$y = e^x(C_1 \cos 2x + C_2 \sin 2x)$$

10.4.3　n 阶常系数齐次线性微分方程的解法

n 阶常系数齐次线性微分方程的一般形式为

$$y^{(n)} + p_1 y^{(n-1)} + p_2 y^{(n-2)} + \cdots + p_{n-1} y' + p_n y = 0$$

其特征方程为

$$r^n + p_1 r^{n-1} + p_2 r^{n-2} + \cdots + p_{n-1} r + p_n = 0$$

其中 $p_1, p_2, \cdots, p_{n-1}, p_n$ 都是常数.

根据特征方程的根，可按下表方式直接写出其对应的微分方程的解.

特征方程的根	通解中的对应项
是 k 重根 r	$(C_0 + C_1 x + \cdots + C_{k-1} x^{k-1})e^{rx}$
是 k 重共轭复根 $\alpha \pm i\beta$	$[(C_0 + C_1 x + \cdots + C_{k-1} x^{k-1})\cos \beta x$ $+ (D_0 + D_1 x + \cdots + D_{k-1} x^{k-1})\sin \beta x]e^{\alpha x}$

【例 10.26】　求方程 $y^{(4)} - 2y''' + 5y'' = 0$ 的通解.

解　特征方程为

$$r^4 - 2r^3 + 5r^2 = 0, \quad 即 (r^2 - 2r + 5)r^2 = 0$$

它的根是 $r_1 = r_2 = 0$ 和 $r_3 = 1 + 2i$，$r_4 = 1 - 2i$．

因此所给微分方程的通解为

$$y = C_1 + C_2 x + e^x (C_3 \cos 2x + C_4 \sin 2x)$$

【例 10.27】 求方程 $y^{(4)} + \beta^4 y = 0$ 的通解，其中 $\beta > 0$.

解 特征方程为 $r^4 + \beta^4 = 0$. 由于

$$r^4 + \beta^4 = r^4 + 2r^2\beta^2 + \beta^4 - 2r^2\beta^2 = (r^2 + \beta^2)^2 - 2r^2\beta^2$$
$$= (r^2 - \sqrt{2}\beta r + \beta^2)(r^2 + \sqrt{2}\beta r + \beta^2)$$

特征方程为

$$(r^2 - \sqrt{2}\beta r + \beta^2)(r^2 + \sqrt{2}\beta r + \beta^2) = 0$$

特征根为 $r_{1,2} = \dfrac{\beta}{\sqrt{2}}(1 \pm i)$，$r_{3,4} = -\dfrac{\beta}{\sqrt{2}}(1 \pm i)$.

因此所给微分方程的通解为

$$y = e^{\frac{\beta}{\sqrt{2}}x}\left(C_1 \cos \frac{\beta}{\sqrt{2}}x + C_2 \sin \frac{\beta}{\sqrt{2}}x\right) + e^{-\frac{\beta}{\sqrt{2}}x}\left(C_3 \cos \frac{\beta}{\sqrt{2}}x + C_4 \sin \frac{\beta}{\sqrt{2}}x\right)$$

【例 10.28】 求下列微分方程的通解.

（1） $y^{(5)} + 2y''' + y' = 0$；

（2） $y^{(6)} - 2y^{(4)} - y'' + 2y = 0$.

解 （1）特征方程为 $r^5 + 2r^3 + r = 0$，即 $r(r^2 + 1)^2 = 0$

特征根 $r_1 = 0, r_2 = r_3 = i, r_4 = r_5 = -i$，

通解为

$$y = C_1 + (C_2 + C_3 x)\cos x + (C_4 + C_5 x)\sin x$$

（2）特征方程为 $r^6 - 2r^4 - r^2 + 2 = 0$，即 $(r^2 - 2)(r^4 - 1) = 0$

特征根 $r_1 = \sqrt{2}, r_2 = -\sqrt{2}, r_3 = 1, r_4 = -1, r_5 = i, r_6 = -i$.

通解为

$$y = C_1 e^{\sqrt{2}x} + C_2 e^{-\sqrt{2}x} + C_3 e^x + C_4 e^{-x} + C_5 \cos x + C_6 \sin x$$

【例 10.29】 已知一个四阶常系数齐次线性微分方程的四个线性无关的特解为

$$y_1 = e^x，\quad y_2 = xe^x，\quad y_3 = \cos 2x，\quad y_4 = 3\sin 2x，$$

求这个四阶微分方程及其通解.

解 由 y_1 与 y_2 可知，它们对应的特征根为二重根 $r_1 = r_2 = 1$.

由 y_3 与 y_4 可知，它们对应的特征根为一对共轭复根 $r_{3,4} = \pm 2i$.

所以特征方程为 $(r-1)^2(r^2+4) = 0$，即 $r^4 - 2r^3 + 5r^2 - 8r + 4 = 0$.

它所对应的微分方程为 $\qquad y^{(4)} - 2y''' + 5y'' - 8y' + 4y = 0$.

其通解为 $\qquad y = (C_1 + C_2 x)e^x + C_3 \cos 2x + C_4 \sin 2x$.

10.4.4　二阶常系数非齐次线性微分方程

方程

$$y'' + py' + qy = f(x), (f(x) \neq 0)$$

称为**二阶常系数非齐次线性微分方程**，其中 p、q 是常数.

二阶常系数非齐次线性微分方程的通解是对应的齐次方程的通解 $y = Y(x)$ 与非齐次方程本身的一个特解 $y = y^*(x)$ 之和，即

$$y = Y(x) + y^*(x)$$

当 $f(x)$ 为两种特殊形式时，方程的特解的求法如下。

1．$f(x) = P_m(x)e^{\lambda x}$ 型

当 $f(x) = P_m(x)e^{\lambda x}$ 时，可以猜想，方程的特解也应具有这种形式．因此，设特解形式为 $y^*(x) = Q(x)e^{\lambda x}$，将其代入方程，得等式

$$Q''(x) + (2\lambda + p)Q'(x) + (\lambda^2 + p\lambda + q)Q(x) = P_m(x)$$

（1）如果 λ 不是特征方程 $\lambda^2 + p\lambda + q = 0$ 的根，则 $\lambda^2 + p\lambda + q \neq 0$. 要使上式成立，$Q(x)$ 应设为 m 次多项式

$$Q_m(x) = b_0 x^m + b_1 x^{m-1} + \cdots + b_{m-1}x + b_m$$

通过比较等式两边同次项系数，可确定 $b_0, b_1, \cdots, b_m$，并得所求特解

$$y^* = Q(x)e^{\lambda x}$$

（2）如果 λ 是特征方程 $\lambda^2 + p\lambda + q = 0$ 的单根，则 $\lambda^2 + p\lambda + q = 0$，但 $2\lambda + p \neq 0$，要使等式

$$Q''(x) + (2\lambda + p)Q'(x) + (\lambda^2 + p\lambda + q)Q(x) = P_m(x)$$

成立，$Q(x)$ 应设为 $m+1$ 次多项式

$$Q(x) = xQ_m(x)$$

$$Q_m(x) = b_0 x^m + b_1 x^{m-1} + \cdots + b_{m-1}x + b_m$$

通过比较等式两边同次项系数，可确定 b_0，b_1，$\cdots$，b_m，并得所求特解

$$y^* = xQ_m(x)e^{\lambda x}$$

（3）如果 λ 是特征方程 $\lambda^2 + p\lambda + q = 0$ 的二重根，则 $\lambda^2 + p\lambda + q = 0$，$2\lambda + p = 0$，要使等式

$$Q''(x) + (2\lambda + p)Q'(x) + (\lambda^2 + p\lambda + q)Q(x) = P_m(x)$$

成立，$Q(x)$ 应设为 $m+2$ 次多项式

$$Q(x) = x^2 Q_m(x)$$

$$Q_m(x) = b_0 x^m + b_1 x^{m-1} + \cdots + b_{m-1}x + b_m$$

通过比较等式两边同次项系数，可确定 b_0，b_1，$\cdots$，b_m，并得所求特解

$$y^* = x^2 Q_m(x) \mathrm{e}^{\lambda x}$$

综上所述，我们有如下结论：如果 $f(x) = P_m(x)\mathrm{e}^{\lambda x}$，则二阶常系数非齐次线性微分方程 $y'' + py' + qy = f(x)$ 有形如

$$y^* = x^k Q_m(x) \mathrm{e}^{\lambda x}$$

的特解，其中 $Q_m(x)$ 是与 $P_m(x)$ 同次的多项式，而 k 按 λ 不是特征方程的根、是特征方程的单根或是特征方程的重根依次取为 0、1 或 2.

【例 10.30】 求微分方程 $y'' - 2y' - 3y = 3x + 1$ 的一个特解.

解 这是二阶常系数非齐次线性微分方程，且函数 $f(x)$ 是 $P_m(x)\mathrm{e}^{\lambda x}$ 型 (其中 $P_m(x) = 3x + 1$，$\lambda = 0$).

与所给方程对应的齐次方程为

$$y'' - 2y' - 3y = 0$$

它的特征方程为

$$\lambda^2 - 2\lambda - 3 = 0，特征根为 \lambda_1 = 3，\lambda_2 = -1$$

由于这里 $\lambda = 0$ 不是特征方程的根，所以应设特解为

$$y^* = b_0 x + b_1$$

把它代入所给方程，得

$$-3b_0 x - 2b_0 - 3b_1 = 3x + 1$$

比较两端 x 同次幂的系数，得

$$\begin{cases} -3b_0 = 3 \\ -2b_0 - 3b_1 = 1 \end{cases}$$

由此求得 $b_0 = -1$，$b_1 = \dfrac{1}{3}$. 于是求得所给方程的一个特解为

$$y^* = -x + \frac{1}{3}$$

【例 10.31】 求微分方程 $y'' - 4y' + 4y = 3x\mathrm{e}^{2x}$ 的通解.

解 所给方程是二阶常系数非齐次线性微分方程，且 $f(x)$ 是 $P_m(x)\mathrm{e}^{\lambda x}$ 型 (其中 $P_m(x) = 3x$，$\lambda = 2$).

与所给方程对应的齐次方程为

$$y'' - 4y' + 4y = 0$$

它的特征方程为

$$\lambda^2 - 4\lambda + 4 = 0$$

特征根为 $\lambda_1 = \lambda_2 = 2$. 于是所给方程对应的齐次方程的通解为

$$y = \mathrm{e}^{2x}(C_1 + C_2 x)$$

由于 $\lambda = 2$ 是特征方程的二重根，故可设方程的特解为

$$y^* = x^2(b_0x + b_1)e^{2x}$$

把它代入所给方程，得

$$6b_0x + 2b_1 = 3x$$

比较两端 x 同次幂的系数，得

$$\begin{cases} 6b_0 = 3 \\ 2b_1 = 0 \end{cases}$$

由此求得 $b_0 = \dfrac{1}{2}$，$b_1 = 0$．于是求得所给方程的一个特解为

$$y^* = \frac{1}{2}x^3e^{2x}$$

从而所给方程的通解为

$$y = e^{2x}(C_1 + C_2x) + \frac{1}{2}x^3e^{2x}$$

2. $f(x) = e^{\lambda x}[P_l(x)\cos\omega x + P_n(x)\sin\omega x]$ 型，则二阶常系数非齐次线性微分方程的特解为

$$y* = x^ke^{\lambda x}[R_{1m}(x)\cos\omega x + R_{2m}(x)\sin\omega x]$$

其中 $R_{1m}(x)$，$R_{2m}(x)$ 是 m 次多项式，$m = \max\{l,\ n\}$，而 k 按 $\lambda + i\omega$（或 $\lambda - i\omega$）不是特征单根或是特征单根依次取 0 或 1.

【例 10.32】 求微分方程 $y'' + y = x\cos 2x$ 的一个特解.

解 所给方程是二阶常系数非齐次线性微分方程，且 $f(x) = x\cos 2x$．

属于 $e^{\lambda x}[P_l(x)\cos\omega x + P_n(x)\sin\omega x]$ 型（其中 $\lambda = 0$，$\omega = 2$，$P_l(x) = x$，$P_n(x) = 0$）

与所给方程对应的齐次方程为

$$y'' + y = 0$$

它的特征方程为

$$r^2 + 1 = 0，\text{特征根为 } r = \pm i$$

由于这里 $\lambda + i\omega = 2i$ 不是特征方程的根，所以应设特解为

$$y^* = (ax + b)\cos 2x + (cx + d)\sin 2x$$

把它代入所给方程，得

$$(-3ax - 3b + 4c)\cos 2x - (3cx + 3d + 4a)\sin 2x = x\cos 2x$$

比较两端同类项的系数，得 $a = -\dfrac{1}{3}$，$b = 0$，$c = 0$，$d = \dfrac{4}{9}$．

于是求得一个特解为 $y^* = -\dfrac{1}{3}x\cos 2x + \dfrac{4}{9}\sin 2x$．

【例 10.33】 设函数 $y(x)$ 满足 $y'(x) = 1 + \int_0^x [6\cos^2 t - y(t)]\mathrm{d}t$，$y(0) = 1$，求 $y(x)$.

解 将方程两端对 x 求导，得微分方程 $y'' + y = 6\cos^2 x$，即 $y'' + y = 3 + 3\cos 2x$.
方程对应的齐次方程的特征方程为 $r^2 + 1 = 0$，特征根为 $r = \pm i$，所以，对应的齐次方程的通解为

$$\overline{y} = C_1 \cos x + C_2 \sin x \qquad (C_1、C_2 \text{是任意常数})$$

注意到 $f(x) = 3 + 3\cos 2x = f_1(x) + f_2(x)$，我们先考虑求方程 $y'' + y = 3$ 的特解.
其中 $f_1(x) = 3$ 是 $P_m(x)\mathrm{e}^{\lambda x}$ 型，其中 $P_m(x) = 3$，$\lambda = 0$，故可以设其特解为 $y_1^* = a$.

将 $y_1^* = a$ 代入方程，可得 $a = 3$，即

$$y_1^* = 3$$

然后我们再考虑方程 $y'' + y = 3\cos 2x$，注意到 $f(x) = 3\cos 2x$ 属于 $\mathrm{e}^{\lambda x}[P_l(x)$ $\cos \omega x + P_n(x)\sin \omega x]$ 型（其中 $\lambda = 0$，$\omega = 2$），因为 $\lambda \pm i\omega = \pm 2i$ 不是特征根，故可设方程的特解

$$y_2^* = b\cos 2x + c\sin 2x$$

将其代入方程，可得

$$-3b\cos 2x - 3c\sin 2x = 3\cos 2x$$

比较两端同类项的系数，可得

$$b = -1, \ c = 0$$

故

$$y_2^* = -\cos 2x$$

最后由前面定理得方程的通解为

$$y = \overline{y} + y_1^* + y_2^* = C_1 \cos x + C_2 \sin x + 3 - \cos 2x$$

习题 10-4

1. 选择题.

（1）下列函数中，哪个是微分方程 $s''(t) = -g$ 的解_____.

A. $S = -gt$ 　　　　　　　　　　B. $S = -gt^2$

C. $S = -\dfrac{1}{2}gt^2$ 　　　　　　　　D. $S = \dfrac{1}{2}gt^2$

（2）下列函数中，哪个是微分方程 $y'' - 7y' + 12y = 0$ 的解_____.

A. $y = \mathrm{e}^{3x}$ 　　　　　　　　　　B. $y = x^2$

C. $y = x^3$ 　　　　　　　　　　D. $y = \mathrm{e}^{2x}$

（3）下列函数中，哪个是微分方程 $y'' + y = 0$ 的解函数_____.

A. $y = 1$ 　　　　　　　　　　　B. $y = \sin x$

C. $y = x$ 　　　　　　　　　　　D. $y = \mathrm{e}^x$

（4）微分方程 $y''-4y'+4y=0$ 的两个线性无关的解是_____．

A. $e^{2x},2e^{2x}$ B. e^{-2x},xe^{-2x}

C. $e^{-2x},4e^{-2x}$ D. e^{2x},xe^{2x}

（5）$y''-2y'+5y=e^x\cos 2x$ 的一个特解应具有形式 _____．

A. $Ae^x\cos 2x$ B. $e^x(A\cos 2x+B\sin 2x)$

C. $xe^x(A\cos 2x+B\sin 2x)$ D. $x^2e^x(A\cos 2x+B\sin 2x)$

2．求下列微分方程的通解．

（1）$4y''+4y'+y=0$ （2）$y''-4y'+13y=0$

（3）$y''-5y'=0$ （4）$y''-10y'-11y=0$

（5）$y''-3y'+2y=2x+4$ （6）$y''+9y=e^x$

（7）$y''+y'-2y=8\sin 2x$ （8）$y''-2y'+5y=e^x\sin 2x$

3．求下列微分方程满足所给初始条件的特解：

（1）$y''-3y'-4y=0$，$y\big|_{x=0}=0$，$y'\big|_{x=0}=-5$

（2）$y''+25y'=0$，$y\big|_{x=0}=2$，$y'\big|_{x=0}=15$

（3）$y''+4y'+29y=0$，$y\big|_{x=0}=0$，$y'\big|_{x=0}=15$

（4）$y''-5y'+6y=2e^x$，$y\big|_{x=0}=0$，$y'\big|_{x=0}=1$

（5）$y''+4y=\cos 2x$，$y\big|_{x=0}=0$，$y'\big|_{x=0}=2$

（6）$y''+3y'+2y=3\sin x$，$y\big|_{x=0}=0$，$y'\big|_{x=0}=-\dfrac{1}{2}$

4．设函数 $y(x)$ 具有连续的二阶导数，满足 $y(x)=1-\dfrac{1}{5}\int_0^x[y''(t)+4y(t)]\,\mathrm{d}t$，$y'(0)=0$，试确定此函数．

5．设 $f(x)=x\sin x-\int_0^x(x-t)f(t)\mathrm{d}t$，其中 $f(x)$ 连续，求 $f(x)$．

6．设函数 $f(x)$ 连续，满足 $f(x)=e^x+\int_0^x tf(t)\mathrm{d}t-x\int_0^x f(t)\mathrm{d}t$，求 $f(x)$．

10.5 微分方程建模的一般方法及示例

微分方程在物理学、力学、经济学和管理科学等实际问题中具有广泛的的应用，本节我们将集中讨论微分方程的实际应用，尤其是微分方程在经济学中的应用．读者可从中感受到应用数学建模的理论和方法解决实际问题的魅力．

1．自由落体运动的数学模型

【例 10.34】 设一质量为 m 的物体只受重力的作用由静止开始自由垂直降落．根据牛顿第二定律：物体所受的力 F 与物体的质量和物体运动的加速度 α 成正比，即 $F=m\alpha$．若取物体降落的铅垂线为 x 轴，其正向朝下，物体下落的起点为原点，并设开始下落的时间 $t = 0$，物体下落的距离 x 与时间 t 的函数关系为 $x = x(t)$，则可建立起函数 $x(t)$ 满足的微分方程

$$\frac{\mathrm{d}^2 x}{\mathrm{d}t^2} = g$$

其中 g 为重力加速度常数.

根据题意，$x = x(t)$ 还需要满足条件

$$x(0) = 0, \frac{\mathrm{d}x}{\mathrm{d}t}\Big|_{t=0} = 0.$$

2. 商品的价格调整模型

【例 10.35】 如果设某商品在时刻 t 的售价为 P，社会对该商品的需求量和供给量分别为 P 的函数 $Q(P)$，$S(P)$．一般情况下，商品供给量 S 是价格 P 的单调递增函数，商品需求量 Q 是价格 P 的单调递减函数，为简单起见，设该商品的供给函数与需求函数分别为

$$S(P) = a + bP \ , \quad Q(P) = \alpha - \beta P \qquad (10.20)$$

其中 a, b, α, β 均为常数，且 $b > 0, \beta > 0$．

当供给量与需求量相等时，由式（10.20）可得供求平衡时的价格

$$P_e = \frac{\alpha - a}{\beta + b}$$

并称 P_e 为均衡价格.

一般地说，当某种商品供不应求，即 $S < Q$ 时，该商品的价格要上涨，当供大于求，即 $S > Q$ 时，该商品价格要下跌．因此，假设 t 时刻的价格 $P(t)$ 的变化率与超额需求量 $Q - S$ 成正比，于是有方程

$$\frac{\mathrm{d}P}{\mathrm{d}t} = k[Q(P) - S(P)]$$

其中 $k > 0$，用来反映价格的调整速度.

将（10.20）代入方程，可得

$$\frac{\mathrm{d}P}{\mathrm{d}t} = \lambda(P_e - P) \qquad (10.21)$$

其中常数 $\lambda = (\beta + b)k > 0$，方程（10.21）的通解为

$$P(t) = P_e + Ce^{-\lambda t}$$

假设初始价格 $P(0) = P_0$，代入上式，得 $C = P_0 - P_e$，于是上述价格调整模型的解为

$$P(t) = P_e + (P_0 - P)e^{-\lambda t}$$

由 $\lambda > 0$ 知，$t \to +\infty$ 时，$P(t) \to P_e$．这说明随着时间不断推延，实际价格 $P(t)$

将逐渐趋近于均衡价格 P_e.

3. 物体冷却的数学模型

【例 10.36】 设一物体的温度为 100℃，将其放置在空气温度为 20℃的环境中冷却，根据冷却定律：物体温度的变化率与物体和当时空气之差成正比. 设物体的温度 T 与时间 t 的函数关系为 $T = T(t)$，则可建立起函数 $T(t)$ 满足的微分方程

$$\frac{\mathrm{d}T}{\mathrm{d}t} = -k(T - 20) \tag{10.22}$$

其中 $k > 0$ 是比例常数.

根据题意，$T = T(t)$ 还需满足条件

$$T\big|_{t=0} = 100 \tag{10.23}$$

下面来求上述初值问题的解. 分离变量，得 $\dfrac{\mathrm{d}T}{T - 20} = -k\mathrm{d}t$.

两边积分 $\displaystyle\int \frac{\mathrm{d}T}{T - 20} = \int -k\mathrm{d}t$，得 $\ln|T - 20| = -kt + C_1$（其中 C_1 为任意常数）.

即 $T - 20 = \pm \mathrm{e}^{-kt + C_1} = \pm \mathrm{e}^{C_1}\mathrm{e}^{-kt} = C\mathrm{e}^{-kt}$（其中 $C = \pm \mathrm{e}^{C_1}$）.

从而 $T = 20 + C\mathrm{e}^{-kt}$，再将条件式（10.23）代入，得 $C = 100 - 20 = 80$.

于是，所求规律为 $T = 20 + 80\mathrm{e}^{-kt}$.

4. 人才分配问题模型

每年大学毕业生中都要有一定比例的人员留在学校充实教师队伍，其余人员将分配到国民经济其他部门从事经济和管理工作. 设 t 年教师人数为 $x_1(t)$，科学技术和管理人员数目为 $x_2(t)$，又设一名教员每年平均培养 α 个毕业生，每年教育、科技和经济管理岗位退休、死亡或调出人员的比率为 $\delta(0 < \delta < 1)$，β $(0 < \beta < 1)$ 表示每年大学毕业生中从事教师职业所占比率，于是有方程

$$\frac{\mathrm{d}x_1}{\mathrm{d}t} = \alpha\beta x_1 - \delta x_1 \tag{10.24}$$

$$\frac{\mathrm{d}x_2}{\mathrm{d}t} = \alpha(1 - \beta)x_1 - \delta x_2 \tag{10.25}$$

方程（10.24）有通解

$$x_1 = C_1 \mathrm{e}^{(\alpha\beta - \delta)t} \tag{10.26}$$

若设 $x_1(0) = x_0^1$，则 $C_1 = x_0^1$，于是特解为

$$x_1 = x_0^1 \mathrm{e}^{(\alpha\beta - \delta)t} \tag{10.27}$$

将（10.27）代入（10.25）方程变为

$$\frac{\mathrm{d}x_2}{\mathrm{d}t} + \delta x_2 = \alpha(1 - \beta)x_0^1 \mathrm{e}^{(\alpha\beta - \delta)t} \tag{10.28}$$

求解方程（10.25），得通解

$$x_2 = C_2 e^{-\delta t} + \frac{(1-\beta)x_0^1}{\beta} e^{(\alpha\beta-\delta)t} \qquad (10.29)$$

若设 $x_2(0) = x_0^2$，则 $C_2 = x_0^2 - \frac{(1-\beta)}{\beta} x_0^1$，于是得特解

$$x_2 = \left[x_0^2 - \frac{(1-\beta)}{\beta} x_0^1 \right] e^{-\delta t} + \frac{(1-\beta)x_0^1}{\beta} e^{(\alpha\beta-\delta)t} \qquad (10.30)$$

（10.27）式和（11.30）式分别表示在初始人数分别为 $x_1(0)$，$x_2(0)$ 情况，对应于 β 的取值，在 t 年教师队伍的人数和科技经济管理人员人数. 从结果看出，如果取 $\beta = 1$，即毕业生全部留在教育界，则当 $t \to \infty$ 时，由于 $\alpha > \delta$，必有 $x_1(t) \to +\infty$，而 $x_2(t) \to 0$，说明教师队伍将迅速增加. 而科技和经济管理队伍不断萎缩，势必要影响经济发展，反过来也会影响教育事业的发展. 如果将 β 接近于零，则 $x_1(t) \to 0$，同时也导致 $x_2(t) \to 0$，说明如果不选择好比率 β，以保证适当比例的毕业生充实教师，将关系到两支队伍的建设以及整个国民经济建设的大局.

10.6　利用 Matlab 解微分方程

一、基本命令

s=dsovle（'方程 1'，'方程 2'，...，'方程 n'，'初始条件 1'，...，'初始条件 n'，'自变量'）：其中一阶导数用 'D' 表示，二阶导数用 'D2' 表示。

二、例题

【例 10.37】　求 $\dfrac{\mathrm{d}u}{\mathrm{d}t} = 1 + u^2$，$u(0) = 1$ 的特解.

解　>> u=dsolve('Du=1+u^2','u(0)=1')

输出结果：u =

tan(pi/4 + t)

【例 10.38】　求解微分方程组 $\begin{cases} \dfrac{\mathrm{d}x}{\mathrm{d}t} = 2x - 3y \\ \dfrac{\mathrm{d}y}{\mathrm{d}t} = 4x - 5y \end{cases}$ 的通解.

解　s=dsolve('Dx=2*x-3*y','Dy=4*x-5*y');

>> s.x

输出结果：ans =

C5/exp(t) + (3*C6)/(4*exp(2*t))

>> s.y

输出结果：ans =

C5/exp(t) + C6/exp(2*t)

【例 10.39】 求解二阶微分方程 $y'' - 3y' + 2y = 3\sin x$

解 >>s=dsolve('D2y=-2*y+3*Dy+3*sin(x)','x')

输出结果：s =

(9*cos(x))/10 + (3*sin(x))/10 + C9*exp(x) + C8*exp(2*x)

本 章 小 结

一、知识体系

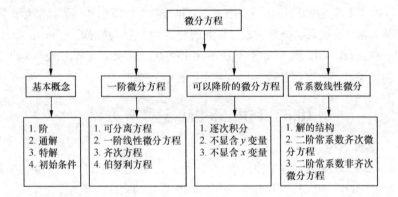

二、主要内容

1．微分方程的基本概念．

微分方程的解，通解，特解，初始条件．

2．一阶微分方程．

（1）可分离变量微分方程：$\dfrac{\mathrm{d}y}{\mathrm{d}x} = f(x)g(y)$

（2）一阶线性微分方程：$\dfrac{\mathrm{d}y}{\mathrm{d}x} + P(x)y = Q(x)$

（3）齐次方程：$\dfrac{\mathrm{d}y}{\mathrm{d}x} = \varphi\left(\dfrac{y}{x}\right)$

（4）伯努利方程：$\dfrac{\mathrm{d}y}{\mathrm{d}x} + P(x)y = Q(x)y^n \ (n \neq 0, 1)$

3．可降阶的高阶微分方程．

（1）逐次积分微分方程：$y^{(n)} = f(x)$

（2）不显含 y 的微分方程：$y'' = f(x, y')$

（3）不显含 x 的微分方程：$y'' = f(y, y')$

4．常系数线性方程．

（1）二阶常系数齐次线性微分方程：$y'' + py' + qy = 0$

（2）二阶常系数非齐次线性微分方程：$y'' + py' + qy = f(x)$

三、解题方法总结

求解微分方程时，首先判别方程的类别，再按照下列解题方法解题．

1．可分离变量微分方程．

第一步：分离变量 $\dfrac{\mathrm{d}y}{g(y)} = f(x)\mathrm{d}x$；

第二步：两边积分 $\displaystyle\int \dfrac{\mathrm{d}y}{g(y)} = \int f(x)\mathrm{d}x$，求解．

2．齐次方程：$\dfrac{\mathrm{d}y}{\mathrm{d}x} = \varphi\left(\dfrac{y}{x}\right)$．

第一步：$u = \dfrac{y}{x}$，即 $y = ux$，则 $u + x\dfrac{\mathrm{d}u}{\mathrm{d}x} = \varphi(u)$；

第二步：分离变量 $\dfrac{\mathrm{d}u}{\varphi(u) - u} = \dfrac{\mathrm{d}x}{x}$；

第三步：两端积分 $\displaystyle\int \dfrac{\mathrm{d}u}{\varphi(u) - u} = \int \dfrac{\mathrm{d}x}{x}$，求解．

3．伯努利方程．

第一步：以 y^n 除方程的两边

$$y^{-n}\dfrac{\mathrm{d}y}{\mathrm{d}x} + P(x)y^{1-n} = Q(x)$$

第二步：$z = y^{1-n}$，得线性方程

$\dfrac{\mathrm{d}z}{\mathrm{d}x} + (1-n)P(x)z = (1-n)Q(x)$，转化为一阶线性微分方程求解．

4．一阶线性微分方程的通解．

$$y = \mathrm{e}^{-\int P(x)\mathrm{d}x}\left(\int Q(x)\mathrm{e}^{\int P(x)\mathrm{d}x}\mathrm{d}x + C\right)$$

5．二阶常系数齐次线性微分方程通解．

特征方程 $r^2 + pr + q = 0$	$y'' + py' + qy = 0$ 的解
$r_1 \neq r_2$	$y = C_1\mathrm{e}^{r_1 x} + C_2\mathrm{e}^{r_2 x}$
$r_1 = r_2$	$y = (C_1 + C_2 x)\mathrm{e}^{r_1 x}$
$r_1 = \alpha + \mathrm{i}\beta, r_2 = \alpha - \mathrm{i}\beta$	$y = \mathrm{e}^{\alpha x}(C_1\cos\beta x + C_2\sin\beta x)$

6．n 阶常系数齐次线性微分方程通解．

特征方程的根	通解中的对应项
是 k 重根 r	$(C_0 + C_1 x + \cdots + C_{k-1} x^{k-1}) \mathrm{e}^{rx}$
是 k 重共轭复根 $\alpha \pm \mathrm{i}\beta$	$[(C_0 + C_1 x + \cdots + C_{k-1} x^{k-1})\cos \beta x$ $+ (D_0 + D_1 x + \cdots + D_{k-1} x^{k-1})\sin \beta x]\mathrm{e}^{\alpha x}$

7. 二阶常系数非齐次线性微分方程特解.

$f(x)$ 的形式	特解 $y^*(x)$ 的形式
$f(x) = P_n(x)$， $P_n(x)$ 为 n 次多项式	0 不是特征根：$y^*(x) = R_n(x)$ 0 是特征单根：$y^*(x) = x R_n(x)$ 0 是特征重根：$y^*(x) = x^2 R_n(x)$
$f(x) = M\mathrm{e}^{\alpha x}$， 常数 M 与 $\alpha \neq 0$	α 不是特征根：$y^*(x) = A\mathrm{e}^{\alpha x}$ α 是特征单根：$y^*(x) = Ax\mathrm{e}^{\alpha x}$ α 是特征重根：$y^*(x) = Ax^2\mathrm{e}^{\alpha x}$
$f(x) = \mathrm{e}^{\alpha x}[P_l(x)\cos \beta x + P_n(x)\sin \beta x]$	$\alpha \pm \mathrm{i}\beta$ 不是特征根： $\quad y^* = \mathrm{e}^{\alpha x}[R_{1m}(x)\cos \beta x + R_{2m}(x)\sin \beta x]$ $\alpha \pm \mathrm{i}\beta$ 是特征单根： $\quad y^* = x\mathrm{e}^{\alpha x}[R_{1m}(x)\cos \beta x + R_{2m}(x)\sin \beta x]$ 其中 $m = \max\{l, n\}$

本 章 测 试

一、选择题

（1）微分方程 $xyy'' - x(y')^3 - y^4 y' = 0$ 的阶数是_____.

A. 2　　　　　　B. 3　　　　　　C. 4　　　　　　D. 1

（2）微分方程 $y' = -y + x\mathrm{e}^{-x}$ 是_____方程.

A. 可分离　　　　　　　　　　　B. 齐次

C. 一阶线性非齐次　　　　　　　D. 一阶线性齐次

（3）微分方程 $y' + y\cos x = \mathrm{e}^{-\sin x}$ 的通解_____.

A. $y = \mathrm{e}^{-\sin x}(x + C)$　　　　　　B. $y = C\mathrm{e}^{-\sin x}$

C. $y = C\cos x$　　　　　　　　　D. $y = Cx\mathrm{e}^{-\sin x}$

（4）方程 $xy''' - xy' - x^2 = 0$ 通解中常数的个数为_____.

A. 2　　　　　　B. 3　　　　　　C. 4　　　　　　D. 1

（5）微分方程 $y' = 3x^2$ 满足 $y|_{x=2} = 1$ 的特解是_____.

A. $y = x^3 + C$ B. $y = x^3$

C. $y = x^3 + 7$ D. $y = x^3 - 7$

（6）方程 $y' \sin x = y \ln y$ 满足定解条件 $y\left(\dfrac{\pi}{2}\right) = e$ 的特解是_____.

A. $\dfrac{e}{\sin x}$ B. $e^{\sin x}$ C. $\dfrac{e}{\tan x}$ D. $e^{\tan \frac{x}{2}}$

（7）函数_____可以看作是某个二阶微分方程的通解.

A. $y = C_1 x^2 + C_2 x + C_3$ B. $x^2 + y^2 = C$

C. $y = \ln(C_1 x) + \ln(C_2 \sin x)$ D. $y = C_1 \sin^2 x + C_2 \cos^2 x$

（8）方程 $y'' - 2y' + 3y = e^x \sin(\sqrt{2}x)$ 的特解形式为_____.

A. $y = e^x(A \cos 2x + B \sin 2x)$ B. $xe^x[A \cos(\sqrt{2}x) + B \sin(\sqrt{2}x)]$

C. $Ae^x \cos(\sqrt{2}x)$ D. $Ae^x \cos(\sqrt{2}x)$

（9）下列微分方程中，_____的通解是 $y = e^x(C_1 \cos 2x + C_2 \sin 2x)$.

A. $y'' - 2y' - 3y = 0$ B. $y'' - 2y' + 5y = 0$

C. $y'' + y' - 2y = 0$ D. $y'' + 6y' + 13y = 0$

（10）已知二阶线性微分方程的 3 个特解是 $y_1 = e^{3x}$ 、$y_2 = e^{3x} + e^{2x}$ 、$y_3 = e^{3x} + e^{-x}$ ，则该方程的解为_____.

A. $y'' - 4y' + 4y = e^{3x}$ B. $y'' - y' - 2y = 4e^{3x}$

C. $y'' - 2y' - 3y = 2e^{3x}$ D. $y'' - 5y' + 6y = -e^{-x}$

二、填空题

（1）方程 $y' = [\sin(\ln x) + \cos(\ln x) + 1]y$ 的通解是_____.

（2）方程 $xy' + y = e^x$ 满足初始条件 $y|_{x=1} = 2$ 的特解是_____.

（3）方程 $xy' + 2y = \sin x$ 的通解是_____.

（4）方程 $y' + \dfrac{1}{x}y = \dfrac{\ln x}{x}$ 的通解是_____.

（5）方程 $xy' + 2y = arc \tan x$ 的通解是_____.

（6）方程 $\dfrac{dy}{dx} = \dfrac{y}{2x + \arctan y}$ 的通解是_____.

（7）方程 $xy' - 4y = x^2 \sqrt{y}$ 的通解是_____.

（8）方程 $x^2 y dx - (x^3 + y^3)dy = 0$ 的通解是_____.

（9）$(1 + x^2)y'' = 2xy'$ 方程满足初始条件 $y(0) = 1$，$y' = 3$ 的特解是_____.

（10）方程 $yy'' - (y')^2 = y^2 \ln y$ 的通解是_____.

（11）方程 $y'' = \dfrac{2y - 1}{y^2 + 1}(y')^2$ 的通解是_____.

（12）方程 $y'' + 6y' + 4y = 0$ 的通解是_____.

（13）方程 $y''+6y'+25y=0$ 的通解是_____.

（14）方程 $y''+4y'+4y=0$ 的通解是_____.

（15）方程 $y''+16y'=\sin\left(4x+\dfrac{\pi}{3}\right)$ 的特解形式是_____.

（16）方程 $y''+4y'=2e^x\cos^2 2x$ 的特解形式是_____.

三、解答题

1．已知函数 $f(x)$ 满足 $\displaystyle\int_0^1 f(tx)\mathrm{d}t=\dfrac{1}{2}f(x)+1$，求 $f(x)$.

2．设二阶常系数线性微分方程 $y''+\alpha y'+\beta y=\gamma e^x$ 的一个特解为 $y''=e^{2x}+(1+x)e^x$，是确定常系数 α,β,γ，并求该方程的通解.

3．设函数 $f(x)$ 在 $[1,+\infty)$ 上连续，若由曲线 $y=f(x)$、直线 $x=1$、$x=t(t>1)$ 与 x 轴围成的平面图形绕 x 轴旋转形成的旋转体体积 $V(t)=\dfrac{\pi}{3}[t^2 f(t)-f(1)]$，求 $y=f(x)$ 满足的微分方程，并求满足 $\left.y\right|_{x=2}=\dfrac{2}{9}$ 的解.

附录 习题及测试题参考答案

习题 6-1

1.（1）-11. （2）0.

2. $x=1, y=-1$.

习题 6-2

1.（1）垂直 （2）同向 （3）反向.

2. 略.

3. $4\boldsymbol{a}-\boldsymbol{b}$.

4. $\left|\overrightarrow{M_1 M_2}\right|=2$, $\left(-\dfrac{1}{2}, -\dfrac{\sqrt{2}}{2}, \dfrac{1}{2}\right)$, $\cos\alpha=-\dfrac{1}{2}, \cos\beta=-\dfrac{\sqrt{2}}{2}, \cos\gamma=\dfrac{1}{2}$.

习题 6-3

1.（1）3；$5\boldsymbol{i}+\boldsymbol{j}+7\boldsymbol{k}$； （2）$\dfrac{\sqrt{21}}{14}$.

2. $\lambda=2\mu$.

3. 略.

4. $\dfrac{3\sqrt{6}}{2}$.

习题 6-4

1.（1）$\dfrac{z^2}{4}-\dfrac{x^2+y^2}{9}=1$； （2）$(x-a)^2+y^2+z^2=a^2$；

（3）$x^2+y^2-6z=0$.

2. 略.

习题 6-5

1.（1）母线平行于 Z 轴的圆柱面； （2）双曲柱面；

（3）抛物柱面； （4）OZ 轴；

（5）中心在坐标原点的 xOy 平面上的椭圆.

2. 略.

3. （1）$(x-2)^2 + (y+1)^2 + (z-5)^2 = 9$；

　　（2）$(x-4)^2 + (y+4)^2 + (z+2)^2 = 36$；

　　（3）$(x-3)^2 + (y+2)^2 + (z-1)^2 = 18$.

习题 6-6

1. $x - 2y - 3z + 20 = 0$；

2. $2x - y - 2z + 6 = 0$；

3. $x + z - 1 = 0$；

4. $3x + 2z - 5 = 0$；

5. $2x + 3y + 5z - 10 = 0$；

6. 1；

7. $\dfrac{\pi}{3}$.

习题 6-7

1.（1）参数方程 $\begin{cases} x = 2 - t \\ y = -1 + 2t \\ z = t \end{cases}$ 　一般方程 $\begin{cases} 2x + y - 3 = 0 \\ y - 2z + 1 = 0 \end{cases}$；

　（2）参数方程 $\begin{cases} x = -5 \\ y = -1 + t \\ z = 1 + 2t \end{cases}$ 　一般方程 $\begin{cases} x = -5 \\ 2y - z + 3 = 0 \end{cases}$.

2. $\dfrac{x-2}{1} = \dfrac{y-2}{1} = \dfrac{z+1}{-2}$；

3. $\dfrac{x}{3} = \dfrac{y}{0} = \dfrac{z}{-1}$；

4. $\dfrac{19\sqrt{14}}{98}$；

5. $x - 2y + 4z - 12 = 0$；

6. $\dfrac{1}{3}$.

第 6 章　本章测试

一、1. D；　2. C；　3. A；　4. A；　5. B.

二、1. $\sqrt{5}$；

2. ± 27；

3. $(-3,3,-5)$；

4. $2x-3y+z-2=0$；

5. 平行；

6. 直线在平面内；

7. $z=4(x^2+y^2)$．

三、1. $|\overrightarrow{M_1M_2}|=2, \cos\alpha=-\dfrac{1}{2}, \cos\beta=\dfrac{\sqrt{2}}{2}, \cos\gamma=\dfrac{1}{2}, \alpha=\dfrac{2\pi}{3}, \beta=\dfrac{3\pi}{4}, \gamma=\dfrac{\pi}{3}$；

2. $b=\pm\left\{0,-\dfrac{4}{5},\dfrac{3}{5}\right\}$；

3. $\dfrac{\sqrt{19}}{2}$；

4. $2x+3y+z-1=0$；

5. $\dfrac{x-1}{1}=\dfrac{y-2}{2}=\dfrac{z-3}{3}$；

6. 5.

四、略.

习题 7-1

1.（1）开集，无界集；（2）既非开集，又非闭集，有界集；

（3）开集，区域，无界集；（4）闭集，有界集.

2.（1）$\left\{(x,y)\,|\,y^2-2x+1>0\right\}$

（2）$\left\{(x,y)\,|\,x+y>0, x-y>0\right\}$

（3）$\left\{(x,y)\,|\,y-x>0, x\geqslant 0, x^2+y^2<1\right\}$

（4）$\left\{(x,y,z)\,|\,x^2+y^2-z^2\geqslant 0, x^2+y^2\neq 0\right\}$

3.（1）1　　　（2）ln2　　　（3）$-\dfrac{1}{4}$　　　（4）2

4.（1）$\left\{(x,y)\,|\,x^2+y^2-1=0\right\}$　　　（2）$\left\{(x,y)\,|\,y^2-2x=0\right\}$

习题 7-2

1.（1）$\dfrac{\partial z}{\partial x}=3x^2y-y^3, \dfrac{\partial z}{\partial y}=x^3-3xy^2$；　　　（2）$\dfrac{\partial s}{\partial u}=\dfrac{1}{v}-\dfrac{v}{u^2}, \dfrac{\partial s}{\partial v}=\dfrac{1}{u}-\dfrac{u}{v^2}$；

（3）$\dfrac{\partial z}{\partial x}=\dfrac{1}{2x\sqrt{\ln(xy)}}, \dfrac{\partial z}{\partial y}=\dfrac{1}{2y\sqrt{\ln(xy)}}$；

（4）$\dfrac{\partial z}{\partial x}=y[\cos(xy)-\sin(2xy)], \dfrac{\partial z}{\partial y}=x[\cos(xy)-\sin(2xy)]$；

（5）$\dfrac{\partial z}{\partial x} = \dfrac{2}{y}\csc\dfrac{2x}{y}$，$\dfrac{\partial z}{\partial y} = -\dfrac{2x}{y^2}\csc\dfrac{2x}{y}$；

（6）$\dfrac{\partial z}{\partial x} = y^2(1+xy)^{y-1}$，$\dfrac{\partial z}{\partial y} = (1+xy)^y[\ln(1+xy)+\dfrac{xy}{1+xy}]$；

（7）$u_x = \dfrac{y}{z}x^{\frac{y}{z}-1}$，$u_y = x^{\frac{y}{z}}\ln x\cdot\dfrac{1}{z}$，$u_z = x^{\frac{y}{z}}\ln x\left(-\dfrac{y}{z^2}\right)$；

（8）$\dfrac{\partial u}{\partial x} = \dfrac{z(x-y)^{z-1}}{1+(x-y)^{2z}}$，$\dfrac{\partial u}{\partial y} = -\dfrac{z(x-y)^{z-1}}{1+(x-y)^{2z}}$，$\dfrac{\partial u}{\partial z} = \dfrac{(x-y)^z\ln(x-y)}{1+(x-y)^{2z}}$.

2～3. 略.

4. $f_x(x,1)=1$.

5. $\dfrac{\pi}{4}$.

6. （1）$\dfrac{\partial^2 z}{\partial x^2} = 12x^2 - 8y^2$，$\dfrac{\partial^2 z}{\partial y^2} = 12y^2 - 8x^2$，$\dfrac{\partial^2 z}{\partial x\partial y} = -16xy$；

（2）$\dfrac{\partial^2 z}{\partial x^2} = \dfrac{2xy}{(x^2+y^2)^2}$，$\dfrac{\partial^2 z}{\partial y^2} = -\dfrac{2xy}{(x^2+y^2)^2}$，$\dfrac{\partial^2 z}{\partial x\partial y} = \dfrac{y^2-x^2}{(x^2+y^2)^2}$；

（3）$\dfrac{\partial^2 z}{\partial x^2} = y^x\ln^2 y$，$\dfrac{\partial^2 z}{\partial y^2} = x(x-1)y^{x-2}$，$\dfrac{\partial^2 z}{\partial x\partial y} = y^{x-1}(1+x\ln y)$；

7. （1）$\left(y+\dfrac{1}{y}\right)\mathrm{d}x + x\left(1-\dfrac{1}{y^2}\right)\mathrm{d}y$；

（2）$-\dfrac{1}{x}\mathrm{e}^{\frac{y}{x}}\left(\dfrac{y}{x}\mathrm{d}x - \mathrm{d}y\right)$；

（3）$-\dfrac{x}{(x^2+y^2)^{\frac{3}{2}}}(y\mathrm{d}x - x\mathrm{d}y)$；

（4）$yzx^{yz-1}\mathrm{d}x + zx^{yz}\ln x\mathrm{d}y + yx^{yz}\ln x\mathrm{d}z$.

8. $\dfrac{1}{3}\mathrm{d}x + \dfrac{2}{3}\mathrm{d}y$.

9. $\Delta z = -0.119$，$\mathrm{d}z = -0.125$

10. 2.039.

习题 7-3

1. （1）$\dfrac{\partial z}{\partial x} = 4x$，$\dfrac{\partial z}{\partial y} = 4y$

（2）$\dfrac{\partial z}{\partial x} = \dfrac{2x}{y^2}\ln(3x-2y) + \dfrac{3x^2}{(3x-2y)y^2}$，$\dfrac{\partial z}{\partial y} = -\dfrac{2x^2}{y^3}\ln(3x-2y) - \dfrac{2x^2}{(3x-2y)y^2}$

（3）$e^{\sin t - 2t^3}(\cos t - 6t^2)$　　　　　　（4）$\dfrac{3(1-4t^2)}{\sqrt{1-(3t-4t^3)^2}}$

（5）$\dfrac{e^x(1+x)}{1+x^2 e^{2x}}$.

2～3 略.

习题 7-4

1.（1）$\dfrac{y^2 - e^x}{\cos y - 2xy}$　　　　　　　　（2）$\dfrac{x+y}{x-y}$

（3）$\dfrac{\partial z}{\partial x} = \dfrac{yz - \sqrt{xyz}}{\sqrt{xyz} - xy}, \dfrac{\partial z}{\partial y} = \dfrac{xz - 2\sqrt{xyz}}{\sqrt{xyz} - xy}$

2～3. 略.

4. $\dfrac{2y^2 z e^z - 2xy^3 z - y^2 z^2 e^z}{(e^z - xy)^3}$

5.（1）$\dfrac{dy}{dx} = -\dfrac{x(6z+1)}{2y(3z+1)}, \dfrac{dz}{dx} = \dfrac{x}{3z+1}$

（2）$\dfrac{\partial u}{\partial x} = \dfrac{\sin v}{e^u(\sin v - \cos v) + 1}, \dfrac{\partial u}{\partial y} = \dfrac{-\cos v}{e^u(\sin v - \cos v) + 1}$

$\dfrac{\partial v}{\partial x} = \dfrac{\cos v - e^u}{u[e^u(\sin v - \cos v) + 1]}, \dfrac{\partial v}{\partial y} = \dfrac{\sin v + e^u}{u[e^u(\sin v - \cos v) + 1]}$

习题 7-5

1. 切线方程 $\dfrac{x - \frac{1}{2}}{1} = \dfrac{y-2}{-4} = \dfrac{z-1}{8}$，法平面方程 $2x - 8y + 16z - 1 = 0$.

2. 切线方程 $\dfrac{x - x_0}{1} = \dfrac{y - y_0}{\dfrac{m}{y_0}} = \dfrac{z - z_0}{-\dfrac{1}{2z_0}}$，

法平面方程 $(x - x_0) + \dfrac{m}{y_0}(y - y_0) - \dfrac{1}{2z_0}(z - z_0) = 0$.

3. 切线方程 $\dfrac{x-1}{16} = \dfrac{y-1}{9} = \dfrac{z-1}{-1}$，法平面方程 $16x + 9y - z - 24 = 0$.

4. $P_1(-1,1,-1)$ 与 $P_2\left(-\dfrac{1}{3}, \dfrac{1}{9}, -\dfrac{1}{27}\right)$.

5. 切平面方程 $x + 2y - 4 = 0$，法线方程 $\begin{cases} \dfrac{x-2}{1} = \dfrac{y-1}{2} \\ z = 0 \end{cases}$.

6. 切平面方程 $x - y + 2z = \pm\sqrt{\dfrac{11}{2}}$.

习题 7-6

1. $1 + 2\sqrt{3}$ 2. $\dfrac{1}{ab}\sqrt{2(a^2 + b^2)}$ 3. $\dfrac{98}{13}$

4. 增加最快的方向为 $n = \dfrac{1}{\sqrt{21}}(2\boldsymbol{i} - 4\boldsymbol{j} + \boldsymbol{k})$，方向导数为 $\sqrt{21}$；减少最快的方向

$-n = \dfrac{1}{\sqrt{21}}(-2\boldsymbol{i} + 4\boldsymbol{j} - \boldsymbol{k})$，方向导数为 $-\sqrt{21}$.

习题 7-7

1. 极大值 $f(2, -2) = 8$ 2. 极大值 $f(3, 2) = 36$

3. 极小值 $f\left(\dfrac{1}{2}, -1\right) = -\dfrac{e}{2}$ 4. 极大值 $z\left(\dfrac{1}{2}, \dfrac{1}{2}\right) = \dfrac{1}{4}$

5. 当两边都是 $\dfrac{l}{\sqrt{2}}$ 时，可得最大的周长.

6. 当长宽都是 $\sqrt[3]{2k}$ ，而高为 $\dfrac{1}{2}\sqrt[3]{2k}$ 时，表面积最小.

7. $\left(\dfrac{8}{5}, \dfrac{16}{5}\right)$.

8. 当长、宽、高都是 $\dfrac{2R}{\sqrt{3}}$ 时，可得最大体积.

第 7 章 本章测试

一、1. 不存在   2. $\left\{(x, y) \,\middle|\, x^2 \leqslant y, 0 < x^2 + y^2 < 1\right\}$ 3. $\dfrac{3}{8}$.

4. $-4(4\mathrm{d}x - 3\mathrm{d}y)$ 5. -8 .

二、1. B,D   2. B   3. C   4. A,D.

三、

1. （1）$\dfrac{\partial z}{\partial x} = \dfrac{1}{x + y^2}, \dfrac{\partial z}{\partial y} = \dfrac{2y}{x + y^2}, \dfrac{\partial^2 z}{\partial x^2} = -\dfrac{1}{(x + y^2)^2}, \dfrac{\partial^2 z}{\partial x \partial y} = -\dfrac{2y}{(x + y^2)^2},$

$\dfrac{\partial^2 z}{\partial y^2} = \dfrac{2(x - y^2)}{(x + y^2)^2}$.

（2）$\dfrac{\partial z}{\partial x} = yx^{y-1}, \dfrac{\partial z}{\partial y} = x^y \ln x, \dfrac{\partial^2 z}{\partial x^2} = y(y-1)x^{y-2}, \dfrac{\partial^2 z}{\partial x \partial y} = x^{y-1}(1 + y \ln x),$

$$\frac{\partial^2 z}{\partial y^2} = x^y (\ln x)^2 .$$

2. $\dfrac{1}{2}$

3. $\Delta z = 0.02, \mathrm{d}z = 0.03$.

4. $\dfrac{\mathrm{d}u}{\mathrm{d}t} = yx^{y-1}\varphi'(t) + x^y \ln x \psi'(t)$.

5. $\dfrac{\partial z}{\partial \xi} = -\dfrac{\partial z}{\partial v} + \dfrac{\partial z}{\partial w}, \dfrac{\partial z}{\partial \eta} = \dfrac{\partial z}{\partial u} - \dfrac{\partial z}{\partial w}, \dfrac{\partial z}{\partial \zeta} = -\dfrac{\partial z}{\partial u} + \dfrac{\partial z}{\partial v}$.

6. 切线方程 $\begin{cases} x = a \\ by - az = 0 \end{cases}$ ，法平面方程 $ay + bz = 0$.

7. $(-3, -1, 3), \dfrac{x+3}{1} = \dfrac{y+1}{3} = \dfrac{z-3}{1}$.   8. $\dfrac{\sqrt{2}}{3}$

9. 边长为 $\dfrac{2p}{3}$ 及 $\dfrac{p}{3}$ 时，体积最大.

10. 最大值为 $\sqrt{9 + 5\sqrt{3}}$ ，最小值 $\sqrt{9 - 5\sqrt{3}}$.

习题 8-1

1. （1） $\dfrac{\pi}{2}$ ；   （2） 8π ；   （3） $I_1 > I_2$ ；   （4） $2 \leqslant I \leqslant 8$.

2. （1） A ；   （2） C .

3. （1） $\dfrac{40}{3}$ ；   （2） $\dfrac{13}{6}$ ；   （3） 0；   （4） $\sin 1 - \cos 1$.

4. （1） $I = \displaystyle\int_0^4 \mathrm{d}x \int_{x^2}^{4x} f(x,y)\mathrm{d}y = \int_0^{16} \mathrm{d}y \int_{\frac{y}{4}}^{\sqrt{y}} f(x,y)\mathrm{d}x$ ；

   （2） $I = \displaystyle\int_0^1 \mathrm{d}x \int_{x-1}^{1-x} f(x,y)\mathrm{d}y = \int_{-1}^0 \mathrm{d}y \int_0^{y+1} f(x,y)\mathrm{d}x + \int_0^1 \mathrm{d}y \int_0^{1-y} f(x,y)\mathrm{d}x$ ；

   （3） $I = \displaystyle\int_1^2 \mathrm{d}x \int_{\frac{1}{x}}^{x} f(x,y)\mathrm{d}y = \int_{\frac{1}{2}}^1 \mathrm{d}y \int_{\frac{1}{y}}^2 f(x,y)\mathrm{d}x + \int_1^2 \mathrm{d}y \int_y^2 f(x,y)\mathrm{d}x$ ；

5. （1） $\displaystyle\int_0^1 \mathrm{d}x \int_x^1 f(x,y)\mathrm{d}y$ ；   （2） $\displaystyle\int_0^9 \mathrm{d}y \int_{\frac{y}{3}}^{\sqrt{y}} f(x,y)\mathrm{d}x$ ；   （3） $\displaystyle\int_0^1 \mathrm{d}y \int_{e^y}^{e} f(x,y)\mathrm{d}y$ ；

   （4） $\displaystyle\int_{-1}^1 \mathrm{d}x \int_0^{\sqrt{1-x^2}} f(x,y)\mathrm{d}y$ ；   （5） $\displaystyle\int_1^2 \mathrm{d}x \int_x^{2x} f(x,y)\mathrm{d}y$.

6. （1） $\dfrac{2}{3}\pi(b^3 - a^3)$ ；   （2） $2\pi^2$ ；   （3） $\dfrac{3\pi^2}{64}$ ；   （4） $2\pi\ln 2 - \pi$ ；   （5） $(\sqrt{3} - \sqrt{2})\pi$.

7. （1） $\dfrac{7}{2}$ ；   （2） 6π .

8. $2\sqrt{2}$.

习题 8-2

1.（1）$\int_{-1}^{1}dx\int_{-\sqrt{1-x^2}}^{\sqrt{1-x^2}}\int_{x^2+y^2}^{1}f(x,y)dz$ ；　（2）$\int_{-1}^{1}dx\int_{-\sqrt{1-x^2}}^{\sqrt{1-x^2}}\int_{x^2+2y^2}^{1+y^2}f(x,y)dz$.

2. 4；　3.$\dfrac{7\pi}{12}$ ；　4.$\dfrac{16\pi}{3}$ ；　5.$\dfrac{1}{48}$

习题 8-3

1.（1）$\sqrt{2}$ ；　（2）$\dfrac{1}{12}(5\sqrt{5}+6\sqrt{2}-1)$ ；　（3）$2\pi a^{2n+1}$.

2.（1）1；　（2）1；　　　　　（3）1；

3.（1）$-\dfrac{4}{3}a^3$ ；　（2）0.

4.$\dfrac{1}{2}(a^2-b^2)$ ；　5.$\int_{L}\dfrac{P(x,y)+2xQ(x,y)}{\sqrt{1+4x^2}}ds$ ；

习题 8-4

1. 略

2.$\dfrac{111}{10}\pi$ ；　3.$\dfrac{1+\sqrt{2}}{2}\pi$ ；　4.$\dfrac{2}{105}\pi$ ；　5.$\iint_{\Sigma}\left(\dfrac{3}{5}P+\dfrac{2}{5}Q+\dfrac{2\sqrt{5}}{5}R\right)ds$.

习题 8-5

1.（1）12π 　（2）$\dfrac{3}{8}\pi a^2$

2.$\dfrac{1}{2}(1-e^{-1})$ 　3. 12　4.$3a^4$

第 8 章　本章测试

一、1. C；　2. B；　3. A；　4. A；　5. A；　6. B；　7. C

二、1. 16；　　2.$I=\int_{0}^{1}dx\int_{x}^{1}f(x,y)dy$ ；

3.$I=\int_{0}^{2}dy\int_{\frac{1}{2}y}^{y}f(x,y)dx+\int_{2}^{4}dy\int_{\frac{1}{2}y}^{2}f(x,y)dx$

4.2π ；　5.$\dfrac{5}{8}\pi^2$ ；　6.-8π ；　7.-1 ；

8. Σ 的面积；9.$4\pi a^4$ ；10.$\dfrac{4}{3}\pi a^4$.

三、1. $\dfrac{64}{15}$;　2. $\dfrac{27}{64}$;　3. $\dfrac{1}{2}$;　4. $\dfrac{3}{64}\pi^2$;　5. $\dfrac{1}{2}\left(\ln 2-\dfrac{5}{8}\right)$;　6. $\dfrac{\pi}{6}$;

7. $\left(\dfrac{15}{8}+\dfrac{15}{16}\pi\right)a^4\pi$.

四、1. $\dfrac{5\sqrt{5}-1}{12}$;　2. $2a^2$;　3. $\sqrt{2}$;　4. $-\dfrac{8}{3}$

五、1. $\dfrac{\pi}{2}a^4$;　2. $\dfrac{\pi}{2}a^2$.

六、πa^2.

习题 9-1

1. （1）D　（2）C　（3）D　（4）C　（5）B

2. （1）$\dfrac{1}{(2n-1)(2n+1)}$，收敛　（2）$\sqrt{\dfrac{n}{n+1}}$，发散　（3）$\dfrac{1}{3^n}-\dfrac{2}{5^n}$，收敛

（4）$\dfrac{1}{2^n}+2^n$，发散　（5）$n^2\left(1-\cos\dfrac{1}{n}\right)$，发散

3. $\dfrac{1}{2^n}$

习题 9-2

1. （1）C　（2）C

2. （1）发散　（2）发散　（3）收敛　（4）发散

3. （1）收敛　（2）发散　（3）收敛　（4）收敛　（5）收敛

习题 9-3

1. （1）D　（2）C　（3）C　（4）B

2. （1）条件收敛　（2）发散　　（3）绝对收敛　（4）绝对收敛

（5）绝对收敛　（6）条件收敛　（7）条件收敛　（8）绝对收敛

3. 从略

习题 9-4

1. （1）D　（2）A　（3）C　（4）C

2. $[-4,4)$　$2\ln 2-\ln(4-x)$　3. $(-1,1)$　　$\dfrac{1}{2}\arctan x+\dfrac{1}{4}\ln\dfrac{1+x}{1-x}$

4. $\displaystyle\sum_{n=0}^{\infty}\dfrac{(\ln a)^n}{n!}x^n$　$x\in(-\infty,+\infty)$；　$\dfrac{1}{2}\left(1+\displaystyle\sum_{n=0}^{\infty}\dfrac{2^n}{n!}x^{2n}\right)$　$x\in(-\infty,+\infty)$

$x+\displaystyle\sum_{n=1}^{\infty}\dfrac{(-1)^{n-1}}{n(n+1)}x^{n+1}$　$x\in(-1,1]$　5. $\displaystyle\sum_{n=1}^{\infty}\dfrac{(x-1)^n}{3^n}$　$x\in[-2,4]$　$\dfrac{n!}{3^n}$

习题 9-5

1. $s(x) = \begin{cases} 0 & 2 < |x| \leqslant \pi \\ x & |x| < 2 \\ -1 & x = -1 \\ 1 & x = 2 \end{cases}$　　2. $\dfrac{2}{\pi} - \dfrac{4}{\pi}\sum\limits_{k=1}^{\infty}\dfrac{\cos 2kx}{4k^2-1}$　$x \in (-\infty, +\infty)$；

3. $\dfrac{1}{2}\sum\limits_{k=1}^{\infty}\dfrac{\sin 2kx}{k}$；$\dfrac{2}{\pi}\sum\limits_{k=0}^{\infty}\dfrac{\cos(2k+1)x}{(2k+1)^2}$　　4. $\dfrac{3}{4} + \dfrac{1}{\pi}\sum\limits_{n=1}^{\infty}\left(\dfrac{(-1)^n-1}{\pi n^2}\cos n\pi x - \dfrac{1}{n}\sin n\pi x\right)$

$x \in (-1,0)\cup(0,1)$

第 9 章　本章测试

一、1. B　2. D　3. D　4. D　5. C　6. B　7. D

二、1. 0　2. $2s - u_1 - u_2$　3. $p > \dfrac{1}{2}$；　$0 < p \leqslant \dfrac{1}{2}$　4. $\dfrac{1}{3}$

5. $\sum\limits_{n=0}^{\infty}\dfrac{(-1)^n x^{2n}}{n!}$　$x \in (-\infty, +\infty)$

三、1. 0；　$-\dfrac{\pi^2}{4}$；　$-12\pi^2 + 70\pi - 100$　2. $\arctan x - x$　3. $\sum\limits_{n=1}^{\infty}\dfrac{(-1)^{n-1}2^n-1}{n}x^n$

$x \in \left(-\dfrac{1}{2}, \dfrac{1}{2}\right]$　4. $\sum\limits_{n=0}^{\infty}\dfrac{(-1)^n(x-3)^n}{3^{n+1}}$　$0 < x < 6$　5. $f(x) = \dfrac{2}{\pi}\sum\limits_{n=1}^{\infty}\dfrac{1-\cos nh}{n}\sin nx$

$x \in (0,h)\cup(h,\pi]$；　$f(x) = \dfrac{h}{\pi} + \dfrac{2}{\pi}\sum\limits_{n=1}^{\infty}\dfrac{\sin nh}{n}\cos nx$　$x \in (0,h)\cup(h,\pi]$

习题 10-1

1.（1）B　（2）A　（3）D　（4）D　（5）B；　2.（1）是，3　（2）是，1
（3）不是　（4）不是　（5）是，3　（6）是，1；　3.（1）$x^2 - 4y^2 = -4$，
（2）$y = y_0 \mathrm{e}^{-P(x_0)}\mathrm{e}^{\int p(x)\mathrm{d}x}$　（3）$y = x\mathrm{e}^{2x}$；　4. $f(x) = x^3 + 1$

习题 10-2

1.（1）A　（2）B　（3）A　（4）A；　2.（1）$y = -\ln(-\mathrm{e}^x - C)$；　（2）$\ln y \ln x = C$；
（3）$y = C\mathrm{e}^{-\tan x}$；　（4）$(x^2-1)(y^2-1) = C$；　（5）$y = x(\ln x + C)^2$；

（6）$y = \dfrac{Cx^3}{\sqrt{x^2+y^2}}$

（7） $y = x(\ln\left|\dfrac{x}{1+x}\right| + C)$ ；　　（8） $y = e^{-x^2}(x^2 + C)$ ；　　（9） $y = \left(\dfrac{1}{-\dfrac{1}{2} + Ce^{3x^2}}\right)^{\frac{1}{3}}$

（10） $y = \dfrac{1}{Ce^x - \sin x}$ 　3.（1） $y = 4\cos x - 3$ 　　（2） $\cos y = \dfrac{\sqrt{2}}{4}(e^x + 1)$

（3） $y = 3\left(1 - \dfrac{1}{x}\right)$ 　（4） $y^2 = x^2(2\ln x + 1)$ 　（5） $y = x\sec x$ 　　（6） $y = -\dfrac{\cos x}{x}$

　　　$y = e^x(x+1)$ 　5.　$y = \dfrac{1}{2}(e^{2x} + 1)$ 　6.　$y = \dfrac{3x}{1+2x}$

习题 10-3

1.

（1） $y = -(x+3)e^{-x} + \dfrac{1}{2}C_1 x^2 + C_2 x + C_3$;　　（2） $y = \dfrac{1}{2}C_1 \ln\left|\dfrac{x+1}{x-1}\right| + C_2$;

（3） $y = C_1(x\ln x - x) + C_2$;　　　　　　　（4） $y = C_1\left(\dfrac{1}{2}x^2 + x\right) + C_2$;

（5） $y = \left(\dfrac{1}{12}x + C_1\right)^3 + C_2, y = C$;　　（6） $-\dfrac{1}{2}e^{-2y}\left(y^2 + y + \dfrac{1}{2}\right) = C_1 x + C_2$.

2.（1） $y = -\dfrac{1}{8}e^{-2x} + \dfrac{1}{4e^2}\left(x^2 - 3x + \dfrac{5}{2}\right)$;　　（2） $y = 2\arctan e^x$;　（3） $y = \arcsin x$;

（2） $y = 2 + 2\ln\dfrac{x}{2}$.

习题 10-4

1.（1）C　　（2）A　　（3）B　　（4）D　　（5）C;　　2.（1） $y = e^{-\frac{1}{2}x}(C_1 + C_2 x)$;

（2） $y = e^{2x}(C_1\cos 3x + C_2\sin 3x)$;　　（3） $y = C_1 e^{5x} + C_2$;　　（4） $y = C_1 e^{11x} + C_2 e^{-x}$;

（5） $y = C_1 e^x + C_2 e^{2x} + x + \dfrac{7}{2}$;　　（6） $y = C_1\cos 3x + C_2\sin 3x + \dfrac{e^x}{10}$;

（7） $y = C_1 e^x + C_2 e^{-2x} - \dfrac{1}{5}(2\cos 2x + 6\sin 2x)$;

（8） $y = e^x(C_1\cos 2x + C_2\sin 2x) - \dfrac{x}{4}e^x\cos 2x$. 3.（1） $y = -e^{4x} + e^{-x}$;

（2） $y = \dfrac{13}{5} - \dfrac{3}{5}e^{-25x}$;　　（3） $y = 3e^{-2x}\sin 5x$;　　（4） $y = e^x + 2e^{2x} - 3e^{3x}$;

（5） $y = \left(1 + \dfrac{x}{4}\right)\sin 2x$;　　（6） $y = e^{-x} - \dfrac{1}{10}e^{-2x} + \dfrac{3}{10}\sin x - \dfrac{9}{10}\cos x$.

4. $y = \frac{1}{3}(4e^{-x} - e^{-4x})$.

5. $f(x) = \frac{1}{4}x^2 \cos x + \frac{3}{4}x \sin x$. 6. $f(x) = \cos x + \sin x + e^x$.

第 10 章　本章测试

一、选择题

（1）A　（2）C　（3）C　（4）A　（5）D　（6）D　（7）D　（8）B

（9）B　（10）B

二、填空题

（1）$y = Ce^{x\sin(\ln x)+x}$　（2）$y = \frac{1}{x}(e^x + 2 - e)$；（3）$y = \frac{1}{x^2}(\sin x - x\cos x + C)$；

（4）$y = \frac{1}{x}(x\ln x - x + C)$；（5）$y = \frac{1}{2}\left(\arctan x - \frac{1}{x} + \frac{\arctan x}{x^2}\right) + \frac{C}{x^2}$；

（6）$x = Cy^2 - \frac{1}{2}(y + \arctan y + y^2 \arctan y)$；（7）$y = x^4\left(\frac{1}{2}\ln x + C\right)^2$；

（8）$x^3 = Cy^3 + 3y^3 \ln|y|$；　（9）$y = x^3 + 3x + 1$；

（10）$\ln(\ln y + \sqrt{\ln^2 y + C_1}) = x + C_2$；（11）$C_1 x = e^{\arctan y} + C_2$；

（12）$y = C_1 e^{(-3+\sqrt{5})x} + C_2 e^{(-3-\sqrt{5})x}$；（13）$y = e^{-3x}(C_1 \cos 4x + C_2 \sin 4x)$；

（14）$y = (C_1 + C_2 x)e^{-2x}$；（15）$y^* = (A\cos 4x + B\sin 4x)$；

（16）$y^* = e^x(A + B\cos 4x + C\sin 4x)$.

三、解答题

（1）$f(x) = cx + 2$；（2）$\alpha = -3, \beta = 2, \gamma = -1$，通解 $y = C_1 e^x + C_2 e^{2x} + xe^x$；

（3）$y = \frac{x}{1 + x^3}$.